イラレ魔法のデザイン

小尾洋平
（オビワン）

坂口拓

北川ともあき

はじめに

この度は、『イラレ 魔法のデザイン』を手に取っていただき誠にありがとうございます。
本書は、Adobe Illustratorを使ってデザインする方々に向けたアイデアレシピ集です。

Illustratorは、デザイン系のお仕事だけでなく企業の宣伝・広報や学業、趣味に至るまで幅広い場面で使われているグラフィックデザインソフトです。年々機能が充実し多彩な表現ができるようになっていますが、ソフトの使い方は分かっていても実際に使いこなせているかと言われると、なかなか上手く活用できていない人もいるかもしれません。
中には、

- イメージ通りに仕上がらない
- 作業効率が悪い気がする
- なんだかダサいかも……!?

と悩んでいる方もいらっしゃるでしょう。

そこで本書では、デザインのヒントになるような96点のアイデアレシピを集めました。現役のイラストレーター・デザイナーが内容を吟味し、日頃の制作活動で使っている実践的な内容のみを掲載しています。
「イラスト」「パターン」「ロゴ」「タイポグラフィー」「フレーム」など豊富な作例を元に、すぐに使えるテクニックやスキルアップのためのコツを丁寧に解説しています。

また、本書の内容を実践できるよう、サンプルデータをダウンロードいただけるようにしています。実際に手を動かして操作することで、クリエイティブな心が刺激されるかもしれません。

本書が、皆さまの制作をより豊かにする一助になることを心より願っております。

編者

CONTENTS

Part 3 パターンの魔法

Part 4 イラストの魔法

ショートカットキー一覧

本書で使用するショートカットキーの一覧です。

「Illustrator」メニュー

機能	Mac	Win
環境設定	command + K キー	Ctrl + K キー

「ファイル」メニュー

機能	Mac	Win
配置	shift + command + P キー	Shift + Ctrl + P キー

「編集」メニュー

機能	Mac	Win
コピー	command + C キー	Ctrl + C キー
ペースト	command + V キー	Ctrl + V キー
前面へペースト	command + F キー	Ctrl + F キー
背面へペースト	command + B キー	Ctrl + B キー
同じ位置にペースト	shift + command + V キー	Shift + Ctrl + V キー

「オブジェクト」メニュー

機能	Mac	Win
変形 ▶ 変形の繰り返し	command + D キー	Ctrl + D キー
変形 ▶ 個別に変形	option + shift + command + D キー	Alt + Shift + Ctrl + D キー
グループ	command + G キー	Ctrl + G キー
グループ解除	shift + command + G キー	Shift + Ctrl + G キー
ロック	command + 2 キー	Ctrl + 2 キー
隠す ▶ 選択	command + 3 キー	Ctrl + 3 キー
すべてを表示	option + command + 3 キー	Alt + Ctrl + 3 キー
パス ▶ 連結	command + J キー	Ctrl + J キー
ブレンド ▶ 作成	option + command + B キー	Alt + Ctrl + B キー
クリッピングマスク ▶ 作成	command + 7 キー	Ctrl + 7 キー
複合パス ▶ 作成	command + 8 キー	Ctrl + 8 キー

次ページへつづく

機能	Mac	Win
エンベロープ ▶ ワープで作成	option + shift + command + W キー	Alt + Shift + Ctrl + W キー
エンベロープ ▶ メッシュで作成	option + command + M キー	Alt + Ctrl + M キー
エンベロープ ▶ 最前面のオブジェクトで作成	option + command + C キー	Alt + Ctrl + C キー

「書式」メニュー

機能	Mac	Win
アウトラインを作成	shift + command + O キー	Shift + Ctrl + O キー

「表示」メニュー

機能	Mac	Win
アートボードの100%表示	command + 1 キー	Ctrl + 1 キー
遠近グリッド ▶ グリッドを表示／グリッドを隠す	shift + command + I キー	Shift + Ctrl + I キー
バウンディングボックスを表示／バウンディングボックスを隠す	shift + command + B キー	Shift + Ctrl + B キー
スマートガイド	command + U キー	Ctrl + U キー
ガイド ▶ ガイドを作成	command + 5 キー	Ctrl + 5 キー
グリッドにスナップ	shift + command + ¥ キー	Shift + Ctrl + ¥ キー
グリッドを表示／グリッドを隠す	command + ¥ キー	Ctrl + ¥ キー

「選択」メニュー

機能	Mac	Win
すべてを選択	command + A キー	Ctrl + A キー

本書の使い方

本書は、次のような項目でページを構成しています。
操作の流れは、番号を付けた解説とともに表示しています。

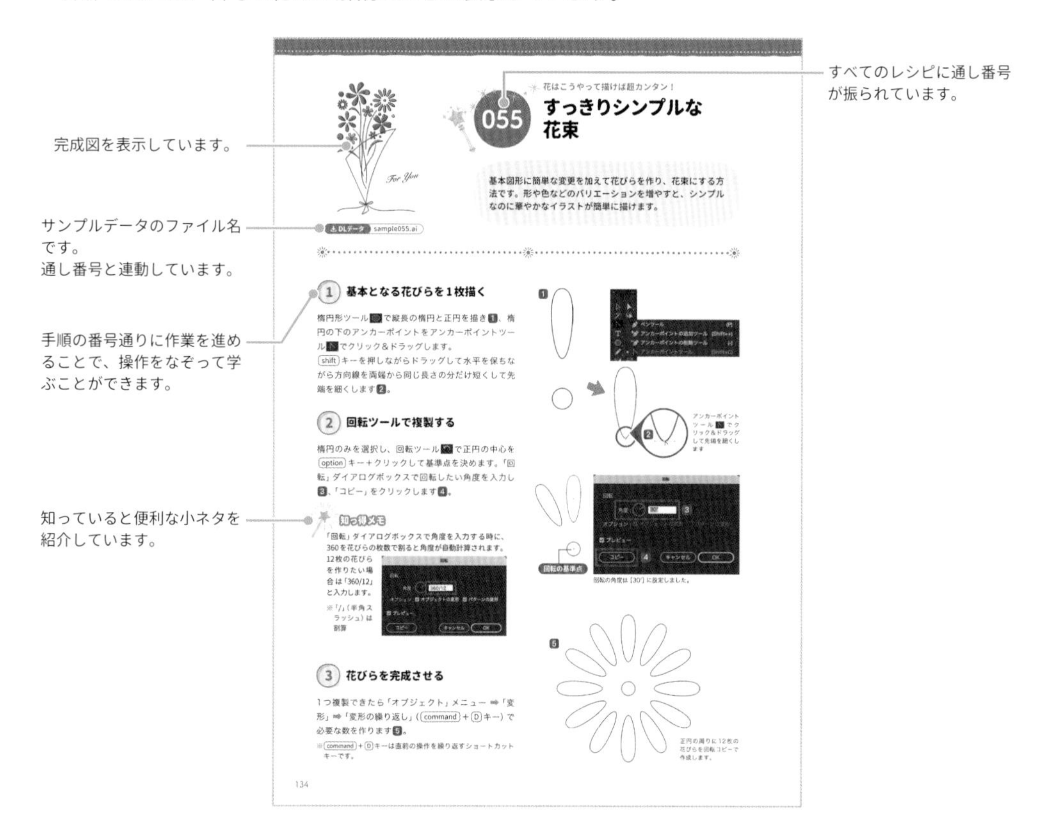

ツールパネルについて

Illustrator CC 2019以降では、ツールパネルの表示方法が使用頻度の高いツールを集めた「基本」とすべてのツールが表示される「詳細」に分かれています。

デフォルトのツールパネル「基本」では、本書で説明するツールとサブツールで表示されないものがあるため、あらかじめ表示を「詳細」に変更する必要があります。

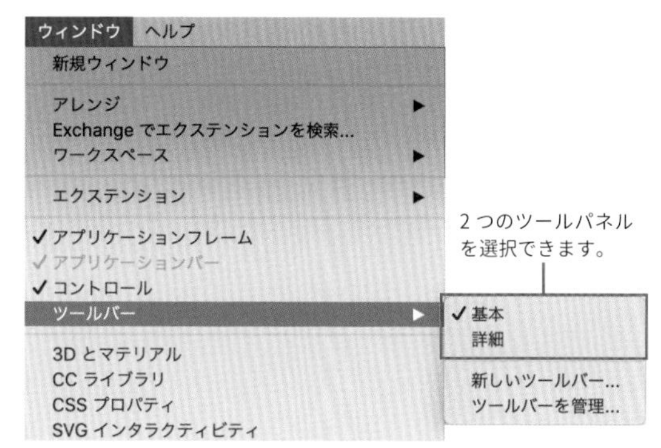

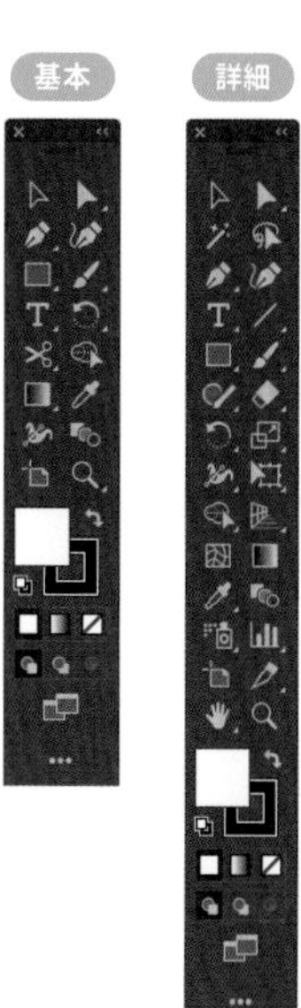

サンプルデータのダウンロードについて

本書には、学びをサポートするサンプルデータがあります。
サンプルデータは、本書のサポートページからダウンロードできます。以下のサポートサイトにアクセスし、ダウンロードを行ってください。
なお、サンプルデータはZip形式で圧縮しています。解凍してからご利用ください。
圧縮ファイルにはパスワードが設定されています。パスワードについては、サポートサイトの注意事項をご確認下さい。

●サポートサイト

http://www.sotechsha.co.jp/sp/1306/

- サンプルデータの著作権は制作者に帰属し、この著作権は法律によって保護されています。これらのデータは、本書を購入された読者が本書の内容を理解する目的に限り、お使いいただけます。営利・非営利にかかわらず、データをそのまま、あるいは加工して配布（インターネットによる公開も含む）、譲渡、貸与することはできません。
ただし、本書を紹介する目的で、サンプルデータを含む内容をSNS（長時間に及ぶ動画や連載を除きます）等に投稿することは問題ございません。

- サンプルデータについて、サポートは一切行っておりません。また、サンプルデータを使用したことによって、直接もしくは間接的な損害が生じても、ソフトウェアの開発元、サンプルデータの制作者、著者および株式会社ソーテック社は一切の責任を負いかねますのであらかじめご了承ください。

- デザインで使用しているフォントは、Adobe Creative Cloudの契約を結んでいれば追加料金なしで使用できるAdobe Fontsのフォントやフリーフォントを中心に使用しています。一部、有料のモリサワフォントを使用しています。フォントがデザインのメインになるサンプルに関しては、解説文もしくは画像のキャプションにフォント名を明記していますのでご確認ください。

Part 1

アピアランスの魔法

いろいろなことができるIllustratorのアピアランスには、便利な機能がたくさん備わっています。普段の使い方よりも、もっと効率的にする方法があるかもしれません。

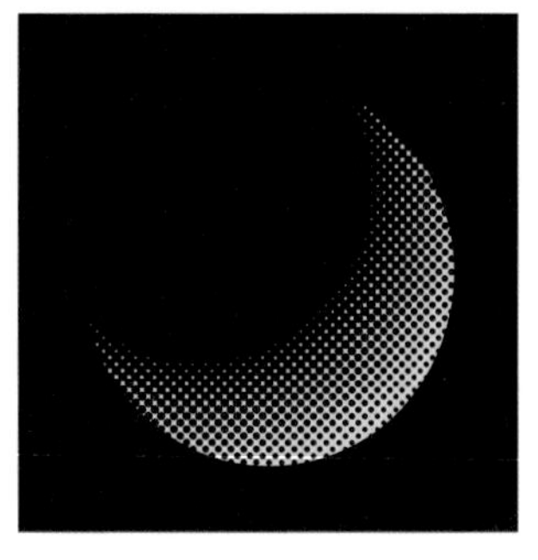

DLデータ sample001.ai

カラーハーフトーンでできる網かけ表現

001 グラデーションドットでポップな三日月を作る

カラーハーフトーンを使って、ドット（網点）の大きさでグラデーションを表現します。ポップアートやアメコミ風のグラデーション効果が楽しめます。

1 背景と正円を作る

長方形ツール でアートボード全体に黒の背景を敷きます［Y:100 K:100］。
新規レイヤー を追加し、楕円形ツール で正円［直径:150mm］［線：なし］［塗り：任意］を作成します1。

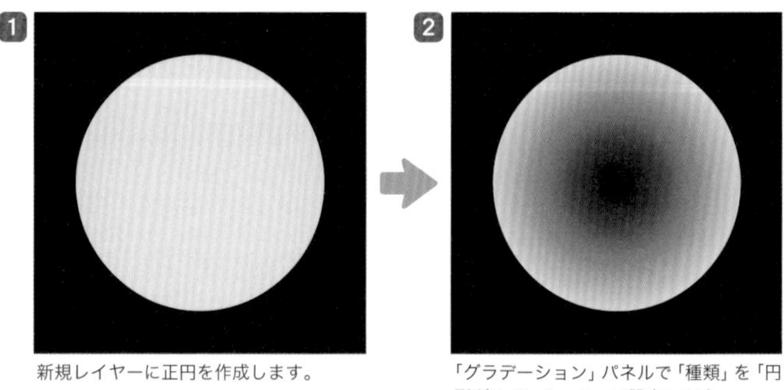

新規レイヤーに正円を作成します。

「グラデーション」パネルで「種類」を「円形グラデーション」に設定します。

2 円にグラデーションをかける

「グラデーション」パネルで「種類」を「円形グラデーション」 にします。初期設定の白黒グラデーションから「カラー」パネルで色を変更します。今回は、黒［Y:100、K:100］から黄色［Y:100］にグラデーションするよう設定しました2。

3 グラデーションの調整

グラデーションツール で正円の左上辺りから右下へドラッグして円形グラデーションの位置を決めます3。
「グラデーション」パネルでスライダーや数値を調整して色分布量、角度を決めます4。

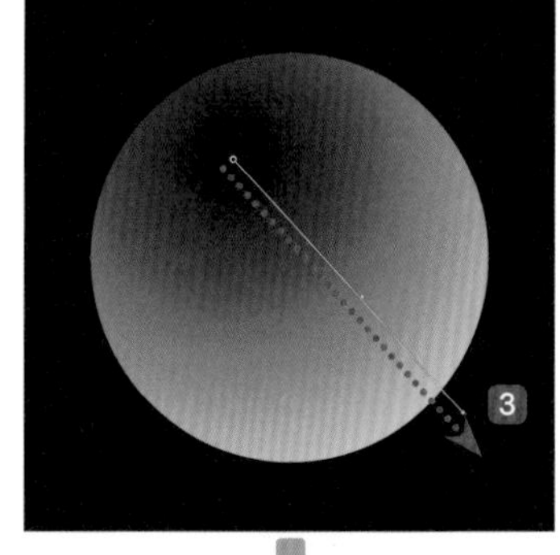

知っ得メモ

最後に調整可能なので、三日月の形状や影のかかり方などは好みで設定してください。

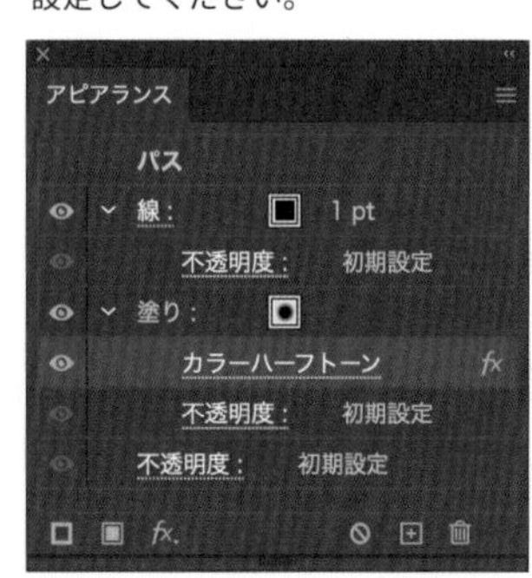

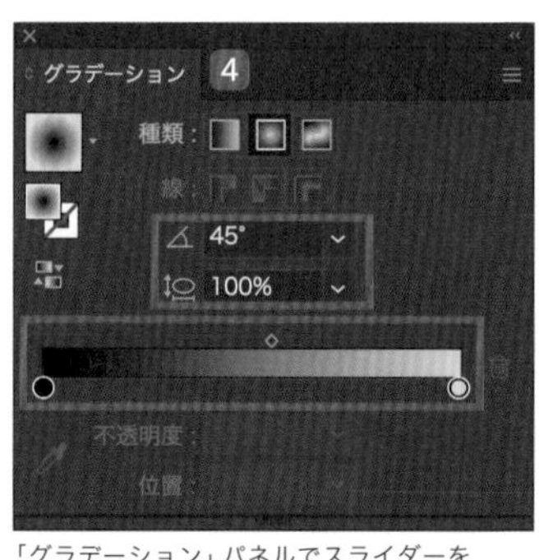

「グラデーション」パネルでスライダーをドラッグし、色分布量を設定します。

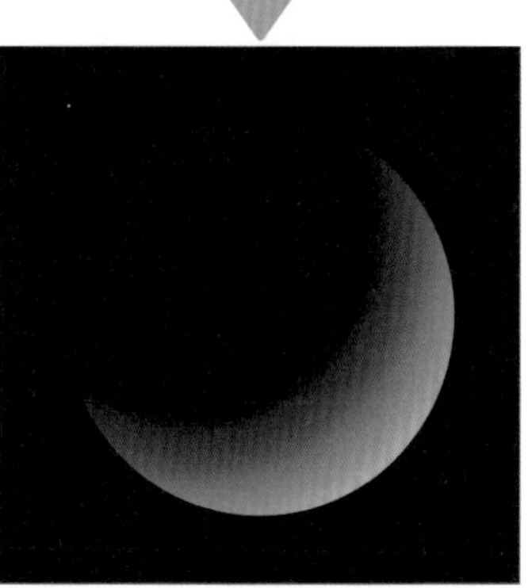

グラデーションツール で三日月形状になるよう位置を設定します。

4 カラーハーフトーンを適用する

「アピアランス」パネルの「新規効果を追加」fx ➡「ピクセレート」➡「カラーハーフトーン」を適用します。
数値は「最大半径」を [30pixel]、全チャンネルを [45] に設定しました 5。「最大半径」のピクセル値でスクリーントーンの網点の大きさが設定されます。

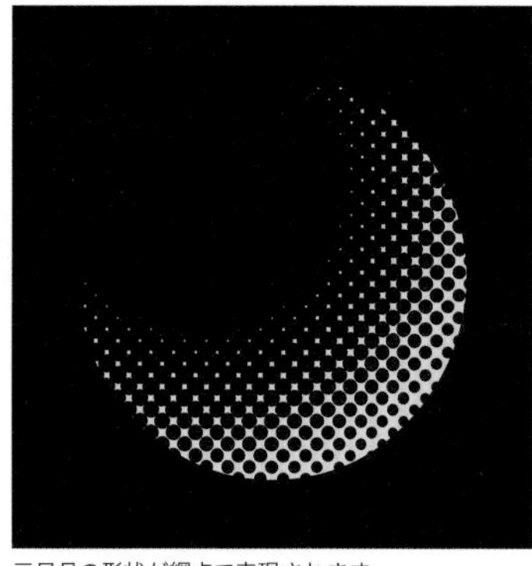
三日月の形状が網点で表現されます。

知っ得メモ

最大半径
ドット（網点）の大きさを変更します。数値が大きくなるとドット（網点）が大きくなります。

チャンネル
ドット（網点）が並ぶ角度を変更できます。4つあるチャンネルにはそれぞれ色が設定されています。CMYKはチャンネル1～4、RGBはチャンネル1～3、グレースケールはチャンネル4です。すべて同じ数値にすることで各チャンネルのドットが重なります。

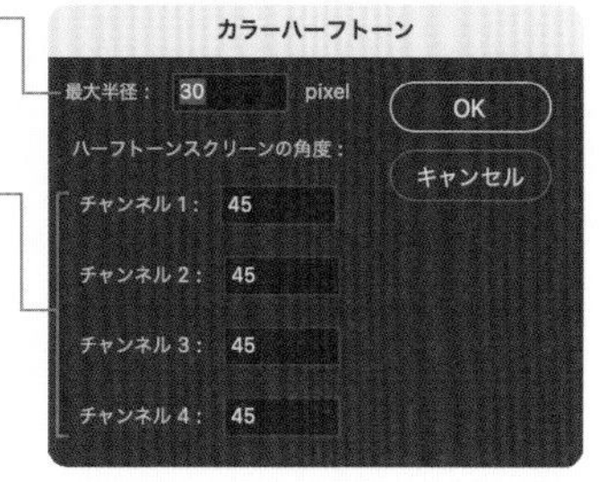

5 グラデーション、カラーハーフトーンの調整

「グラデーション」パネルでスライダーや数値を変更して色分布量、角度を調整できます。「アピアランス」パネルの「塗り」の「カラーハーフトーン」をクリックすると「カラーハーフトーン」ダイアログボックスが表示されるので、「最大半径」を変更してドット（網点）の大きさを調整できます。

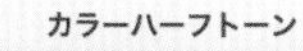

カラーハーフトーンの半径を小さくし、グラデーションの分布位置や量を変更することで三日月を作ったり、細かいドットの表現ができます。

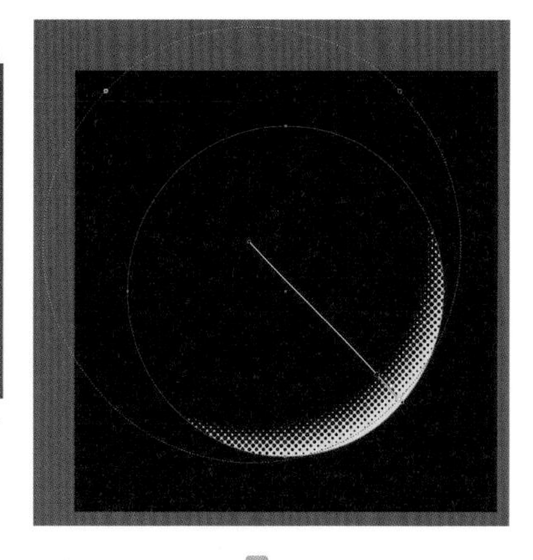

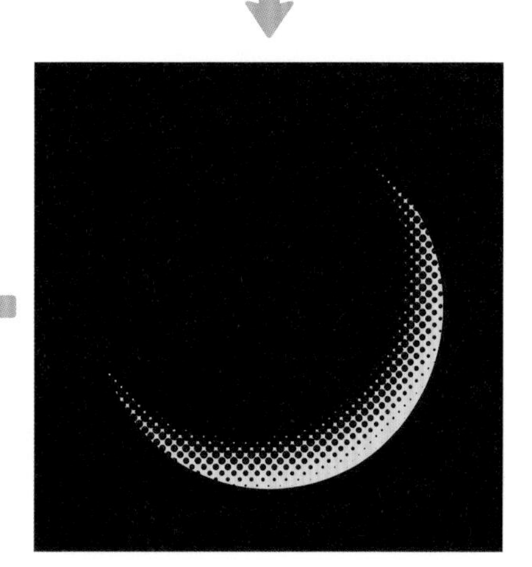

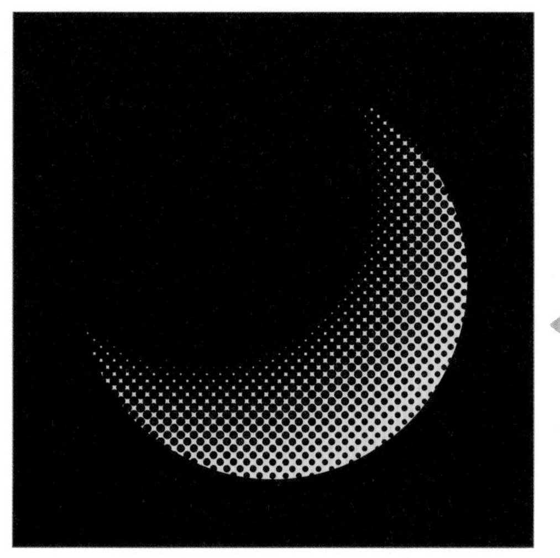

手描きの線をブラシ登録してアナログ感を演出

002 アナログ感のある手描き風イラスト

手描きの線をトレースし、ブラシとして登録しておきます。手描きブラシを描いたイラストに適用すると、オリジナリティあるタッチのイラストになります。

1 手描きの線をトレースして着色

長さやパターンを変えた手描きの線を、画像にして用意します1。
配置した手描きの線を選択し、ツールオプションバーの「トレース」ボタンをクリックすると、白黒のトレース画像に変換されます。そのまま「画像トレース」パネルでトレースの状態を調整2します。
さらに、ツールオプションバーの「拡張」ボタンをクリックするとパスに変換されます。
パスに下のように着色します3 4。

3 [C:70 M:40 K:35]

4 [M:60 Y:50]

1 手描きの画像を用意し、Illustratorドキュメントに開くか、配置します。トレースする画像を選択ツールで選択しておきます。

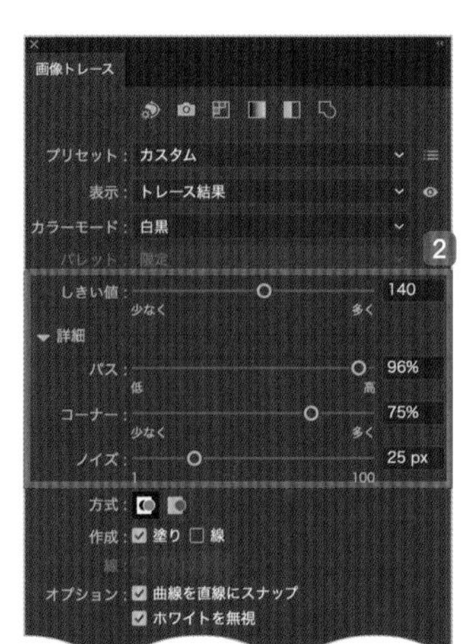

[しきい値：140]
[パス：96%]
[コーナー：75%]
[ノイズ：25px]
に設定します。「しきい値」が小さいほど白が増えます。
「パス」でトレース形状と元のピクセル形状の距離を設定します。
「コーナー」で値を大きくすると、コーナーが多くなります。
「ノイズ」で値を大きくすると、細かな部分が無視されノイズが少なくなります。

2 線をブラシに設定する

手描き線を1本ずつ「ブラシ」パネル5にドラッグ&ドロップすると、「新規ブラシ」ダイアログボックスが表示されます。
「アートブラシ」にチェックを入れて6、「OK」をクリックします7。

手描き線をブラシとして登録した「ブラシ」パネル

「アートブラシオプション」ダイアログボックスが表示されます。
「名前」にわかりやすいブラシ名を入力して8、「OK」をクリックします9。
「ブラシ」パネルに登録されます。

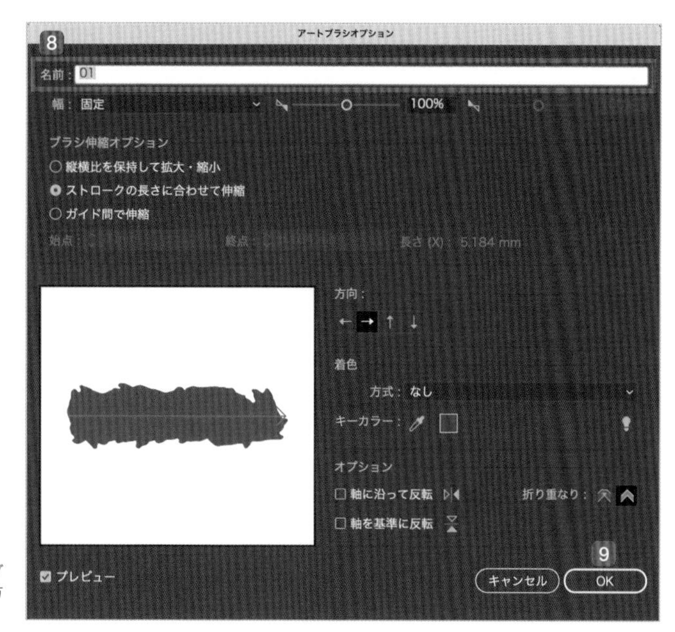

「アートブラシオプション」ダイアログボックスでは、ブラシの伸縮方法、方向、着色などについて設定します。

3 ペンツールでイラストを描く

ペンツールや楕円形ツール等を使って、イラストを描いていきます10。ペンツールでの描画ではブラシが適用された状態では描画できません。
ペンツールで描いた線を選択し、「ブラシ」パネルで登録したブラシをクリックして、②で設定したブラシにそれぞれ置き換えていきます11。

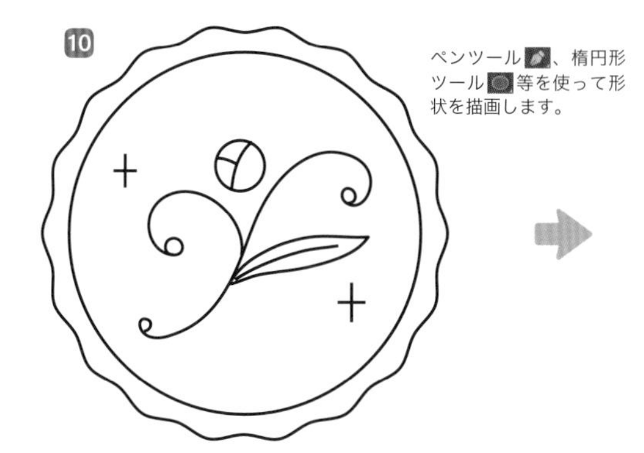

ペンツール、楕円形ツール等を使って形状を描画します。

図形オブジェクトごとに登録したブラシを適用します。必要に応じて太さを設定します。

4 飾りを加える

さらに、イラストに画像トレースしたドットなどの飾りを加えて完成です。

落書きとラフ効果で作る手描き風デザイン

003 アピアランスでパッと作る手描き風フキダシ

シンプルな図形とアピアランスで、まるで手描きのようなフキダシが簡単に作れます。変形や色の変更も自由自在です。

DLデータ sample003.ai

1 フキダシを作る

楕円形ツールで円、ペンツールで三角形を描き、三角形を楕円に重ねて選択します。
「パスファインダー」パネルで「合体」をクリックしてフキダシを作り、線と塗りの色をそれぞれ設定します1。

フキダシは楕円と三角を描いて「パスファインダー」パネルで合体するだけです。

2 塗りを手描き風に変える

「アピアランス」パネルで「塗り」2を選択し、下の「新規効果を追加」fx 3 ➡「スタイライズ」➡「落書き」を選択します。
「落書きオプション」ダイアログボックス4が開くので、角度や線幅などをお好みで調整します。

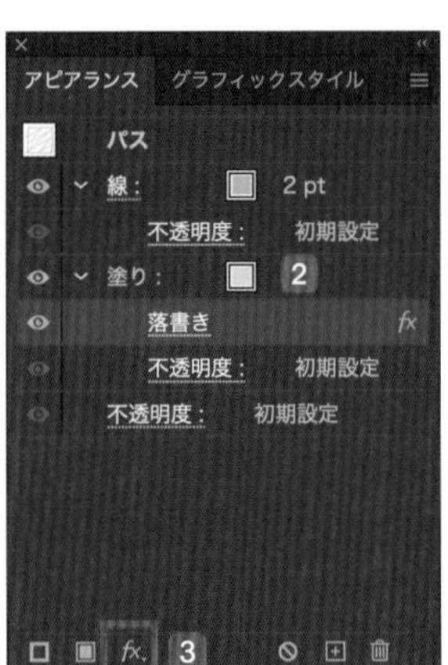

「新規効果を追加」fx ➡「スタイライズ」➡「落書き」を選びます。

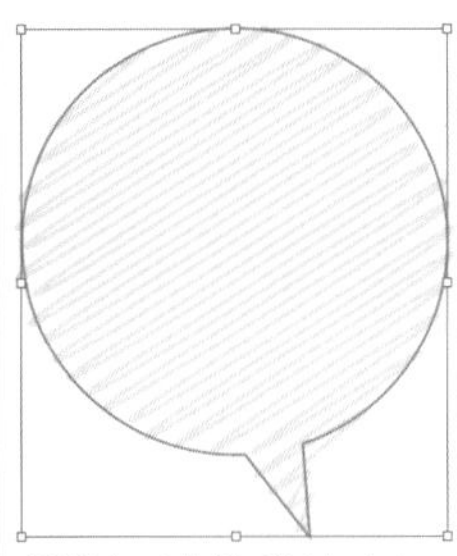

「落書き」の効果で塗られます。

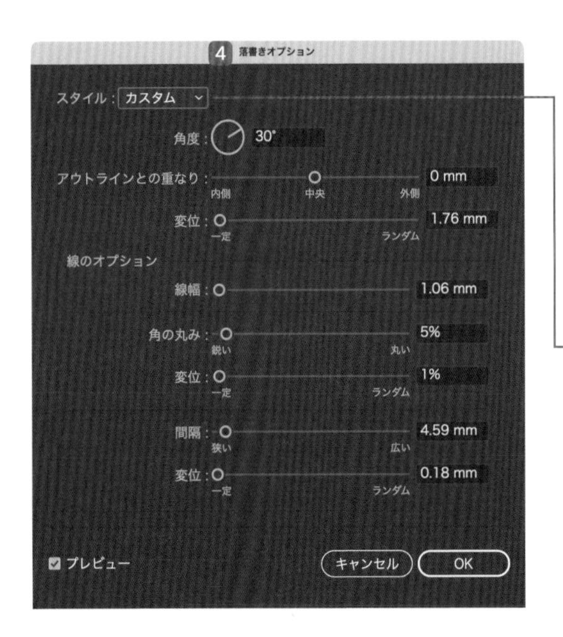

「落書きオプション」ダイアログボックスの「スタイル」で「タイト」「モアレ」「スケッチ」を選択すると、あらかじめ設定された落書きの線で塗られます。

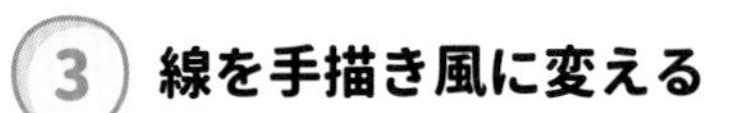

③ 線を手描き風に変える

「アピアランス」パネルで「線」5を選択して「新規効果を追加」fx 6 ➡「パスの変形」➡「ラフ」を選択します。「ラフ」ダイアログボックス7が開くので、ここではサイズを［0.2%］、詳細を［10/inch］、ポイントは「丸く」に設定して「OK」をクリックします。

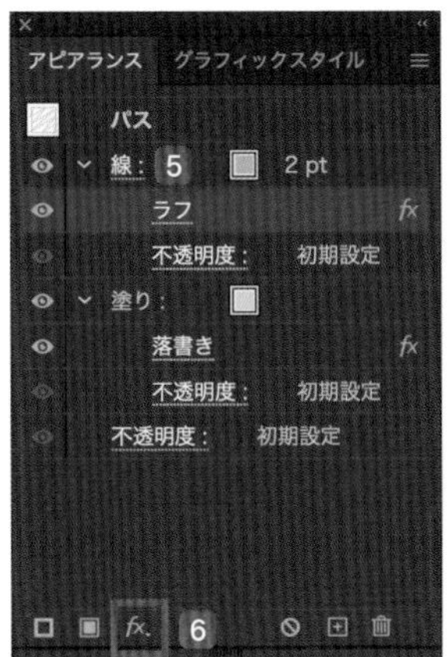

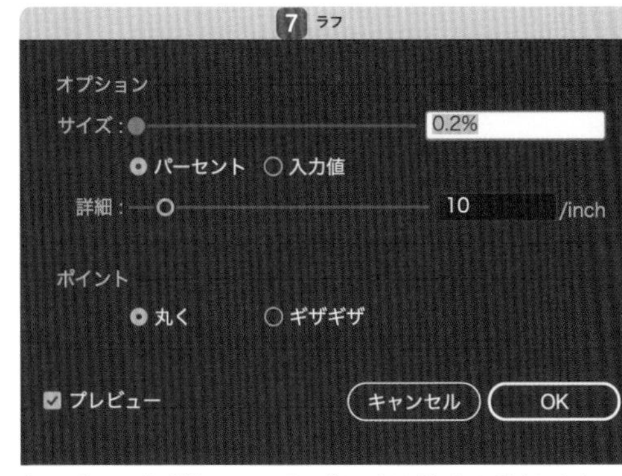

［サイズ：0.2%］、［詳細：10inch］、ポイントは「丸く」に設定します。

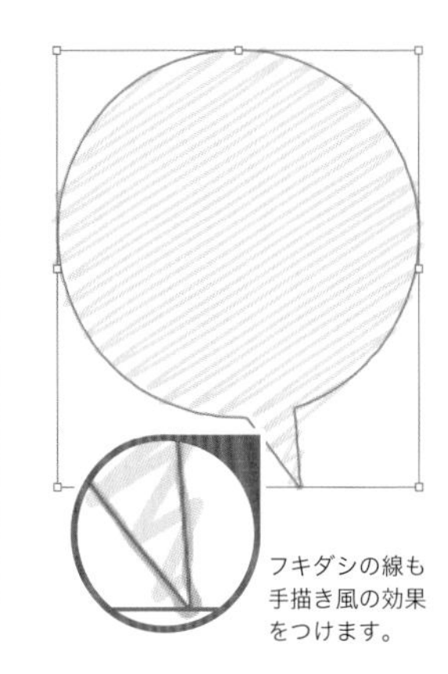

フキダシの線も手描き風の効果をつけます。

④ グラフィックスタイルに登録する

フキダシを選択して「グラフィックスタイル」パネルにドラッグし、スタイルを登録します8。

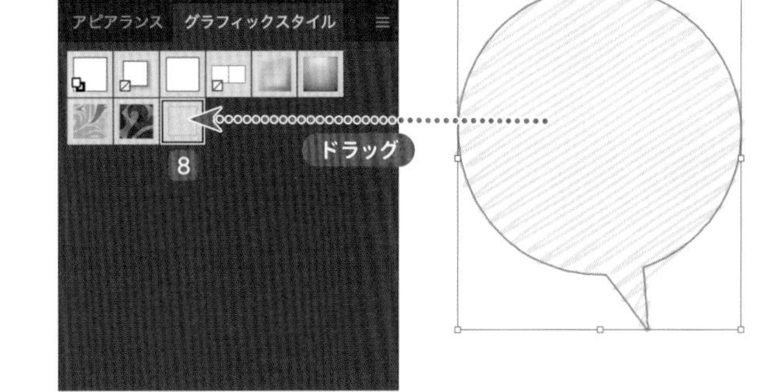

⑤ 塗りや線の色、効果を変えてみる

別の形のいろいろなフキダシを描きましょう9。
④で登録したグラフィックスタイルをクリックして適用します。色を変えたい場合は「アピアランス」パネルで「塗り」10の色と「線」11の色を変更します。また、塗りの「落書き」、線の「ラフ」の効果も「アピアランス」パネルで変更すれば、フキダシのデザインも簡単に変更できます。

「アピアランス」パネルで線や塗りの色だけでなく、落書き、ラフの効果も変更してデザインできます。

完成

文字をシンボル化して3D効果と組み合わせる

004 球体にあわせて文字を立体的にデザイン

DLデータ sample004.ai

文字をシンボル化して、3D効果で球体の丸みに文字を沿わせる表現です。リアリティのあるグラフィックが作れ、オブジェクトや模様などもシンボル化することができます。

1 沿わせたい文字を菱形に入力する

文字ツール で文章を作成します。
「文字」パネルで字間や行間調整、改行などでおよそ菱形になるようにイメージすると、仕上がりがキレイになります 1。

1

Even
the longest
journey
begins with
a single
step

上のようにセンター揃えで菱形になるように改行しながら文字を入力します。

2 文字をシンボル化する

選択ツール で文字を「シンボル」パネルにドラッグ&ドロップします 2。「シンボルオプション」ダイアログボックス 3 の設定はそのままで「OK」をクリックして閉じます。
「シンボル」パネルにシンボルが登録されます。

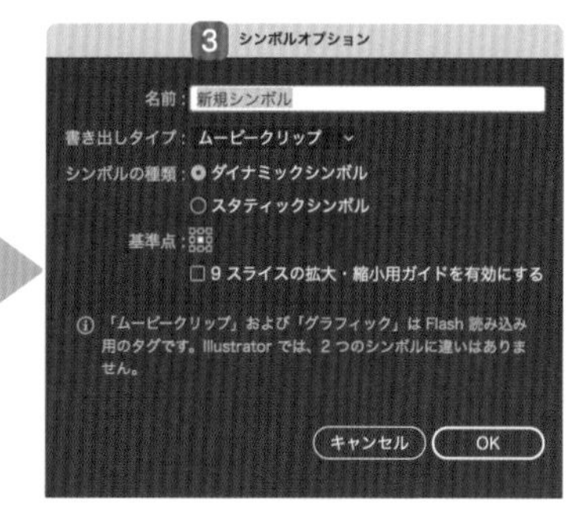

3 ベースとなる半円に効果をかける

楕円形ツール で正円を作成します。線は「なし」、塗りは適当な色でかまいません。
ダイレクト選択ツール で左のアンカーポイントのみを消去します 4。
半円を選択した状態で「アピアランス」パネルの「新規効果を追加」 ➡「3D回転体」を選択します 5。「3D回転体オプション」ダイアログボックスで「回転軸」を［左端］に設定します（他はデフォルトのまま）6。

正円から半円を作成します。

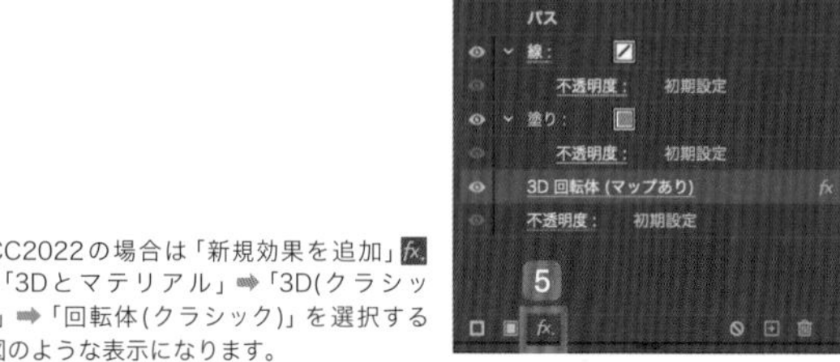

※CC2022の場合は「新規効果を追加」 ➡「3Dとマテリアル」➡「3D(クラシック)」➡「回転体(クラシック)」を選択すると図のような表示になります。

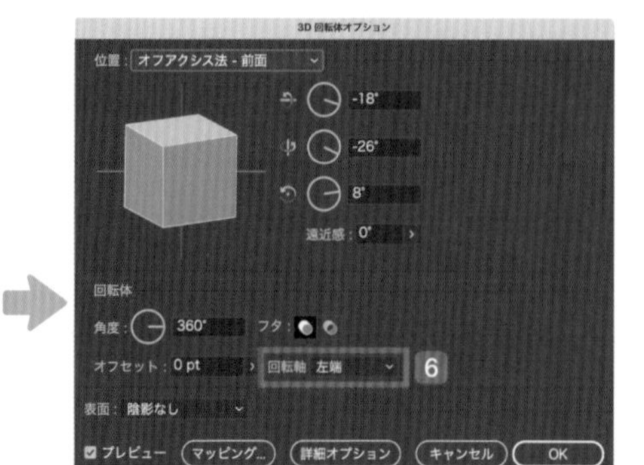

「回転軸」で「左端」を選択します。

④ 文字を球体にマッピングさせる

「3D回転体オプション」パネルの「マッピング」をクリックすると、「アートをマップ」ダイアログボックスが表示されます。
「シンボル」のメニュー項目からさきほど登録したシンボル化した文字を選択します7。
「プレビュー」にチェックを入れ8、シンボルをドラッグして配置場所を決めます9（薄いグレー部分が実際に表示される範囲になります）。

球体を平面状に展開した図（マッピング）が表示されるので、薄いグレー部分にシンボルを配置して位置やサイズを調整していきます。

Part 1

⑤ 配置場所の調整とあしらいを追加する

プレビューを確認しながら、シンボルのサイズや角度など配置を調整します。
「OK」をクリックすると平面展開図が球体に戻り、配置したシンボルが球面に沿ったように表現されます。
背景に球体のような線オブジェクトを追加し丸みを強調させました。

知っ得メモ

数字の背面に円を作り、数字と円を一緒にシンボル化することで、ビリヤードの球のような効果をかけることができます。

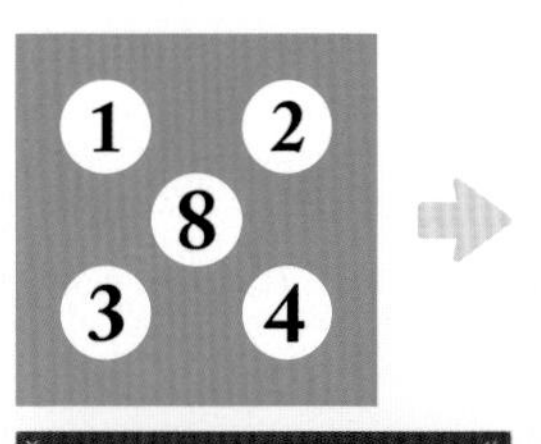

DLデータ sample005.ai

点描効果がインクや紙のざらつきを表現

005 フラットなイラストをざらつかせてみると

アピアランスの点描効果を塗りに設定することで、簡単にアナログ的な温かみのある風合いを再現することができます。

1 ベースを描く

最初にペンツールかブラシツールで主線を描きます1。
背面に主線とは別のオブジェクトで塗りの髪の毛、肌、服を描いていきます2。
塗りの色は後の手順で差し替えるので、ここでは仮の色でOKです。

2 塗りを追加する

髪の毛の塗りを選択します。
「アピアランス」パネルの「新規塗りを追加」3をクリックし、「塗り」は「グラデーション」パネルにある「線形グラデーション」にし、色はデフォルトの白黒のまま、「不透明度」は［50%］で描画モードは「乗算」にします4。

髪の毛の塗りオブジェクトを選択し、「アピアランス」パネルで「不透明度」と描画モードを設定した「塗り」を追加します。

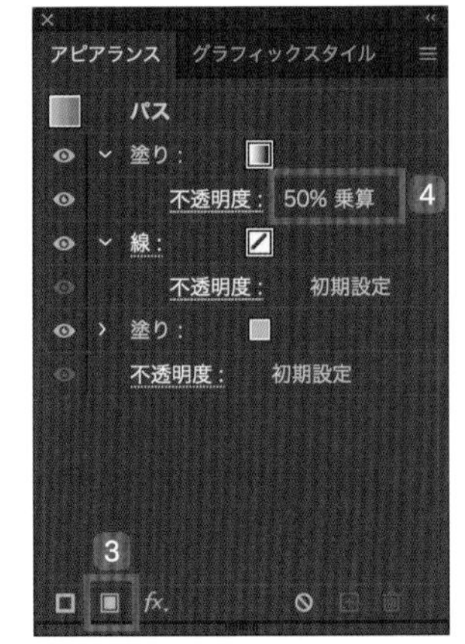

3 点描の効果をかける

追加した塗りに、「新規効果を追加」5 ➡「ピクセレート」➡「点描」を選択して効果を追加します。
「点描」ダイアログボックスが開くので、「セルの大きさ」はお好みで。
ここでは［5］6に設定しました。

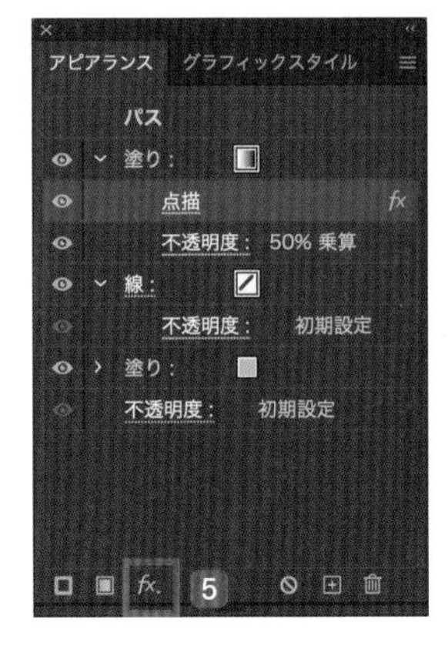

「新規効果を追加」➡「ピクセレート」➡「点描」を選択し、「セルの大きさ」を［5］にして適用します。

④ オブジェクトを登録する

点描効果が追加されたオブジェクトを「グラフィックスタイル」パネルにドラッグして登録します7。

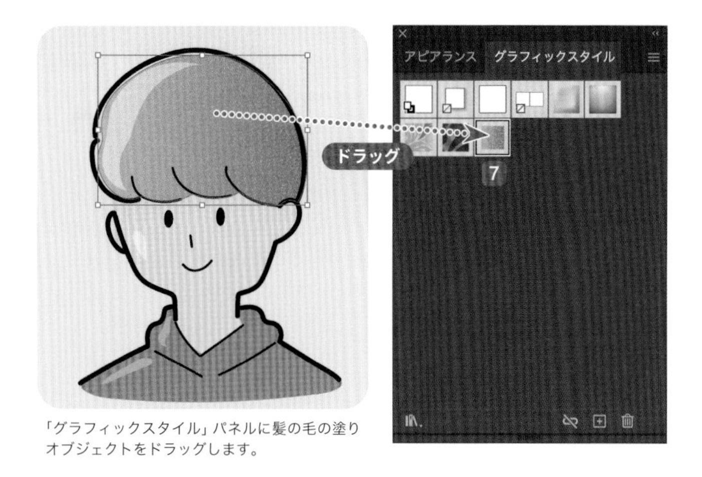

「グラフィックスタイル」パネルに髪の毛の塗りオブジェクトをドラッグします。

⑤ 他のオブジェクトにもスタイルを適用

他の塗りに④のスタイルを適用し、ベースカラーを変更します。
肌など点描を明るくしたい場所は、「グラデーション」パネル8でグラデーションの色と点描モードを調整します。

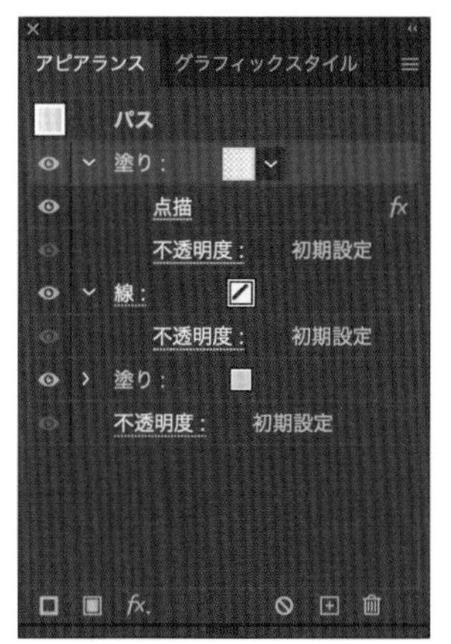

完成

DLデータ sample006.ai

アピアランスでオブジェクトの型抜き時短マジック

006 自由自在なマンガのコマ割り

アピアランスを使って、自由自在に変えられるマンガのコマ割りを作ります。罫線の太さ変更やコマ数の増減も簡単にできるので、時間の短縮になります。

1 コマ割り用の線を作る

長方形ツールで外枠の長方形を書き、直線ツールで外枠を突き抜けた罫線を引きます1。
線の太さがコマとコマの間の太さになるので、太めの線幅にします。

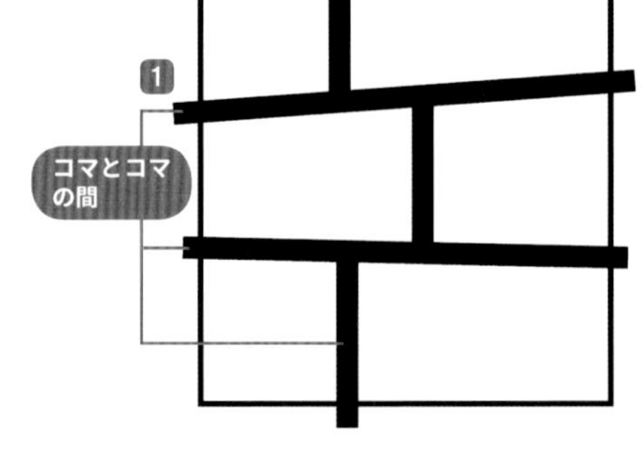

2 罫線をグループ化する

外枠以外の罫線を選択してグループ化します2。

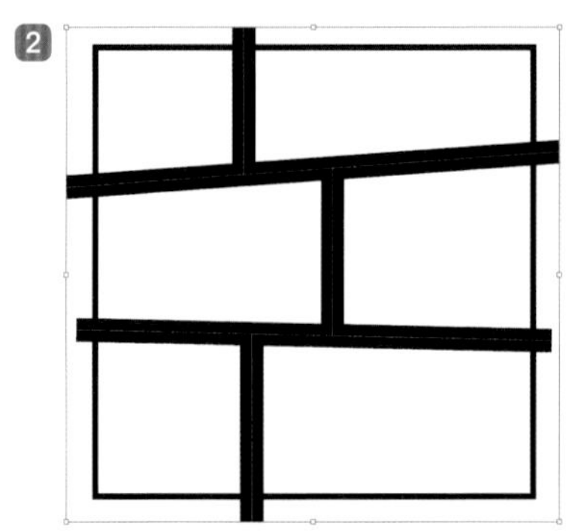

3 罫線をアウトライン化する

グループ化したオブジェクトに「アピアランス」パネルの「新規効果を追加」fx 3 ➡「パス」➡「パスのアウトライン」4を適用します。

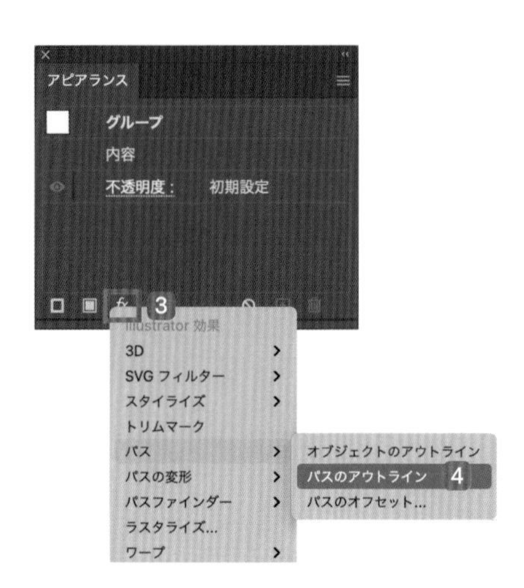

④ コマ割りにする

外枠と③のオブジェクトを選択し、グループ化します。
「アピアランス」パネルの「新規効果を追加」fx. 5 ➡「パスファインダー」➡「前面オブジェクトで型抜き」6 を適用します。

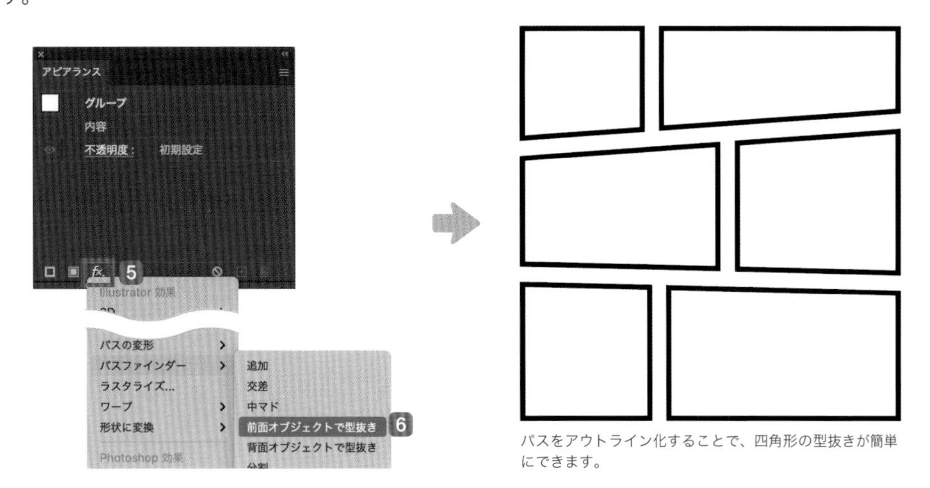

パスをアウトライン化することで、四角形の型抜きが簡単にできます。

⑤ 線の位置でコマを調整

ダイレクト選択ツール で線のアンカーポイントの位置を変更し、罫線の長さや角度を調整します。
罫線の追加はグループ選択ツール で option キー＋ドラッグして複製します。

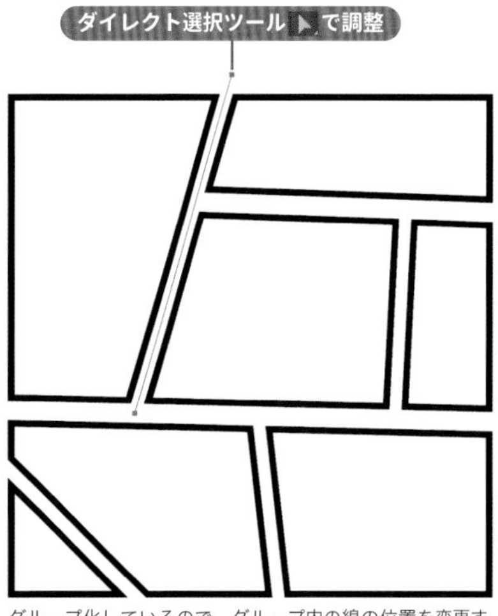

グループ化しているので、グループ内の線の位置を変更するだけで、コマの変形が可能です！

知っ得メモ

コマに色や柄を入れたり、文字を追加するなどしてアメコミのようなコマ割りを作ることができます。

柄も傾きも編集自在の立体文字

007 アピアランスで作る アメコミ風立体文字

DLデータ sample007.ai

アメコミ風の派手な文字を、イラストではなく編集可能なテキストにします。アウトライン化する前までの工程ならば文字の書き変えも自由自在なので、編集性も高く便利です。

1 ベースの文字を作る

文字ツール でベースとなる文字を書き、「アピアランス」パネルで塗りと線のカラーを指定します。
ここでは「塗り」を赤黒のグラデーションに、「線」を黒にしています。
線は「塗り」や「文字」よりも下になるよう、ドラッグして重なり順を移動させます1。

1 WHOSH

フォントは「小塚ゴシック Pr6N」に設定しました。

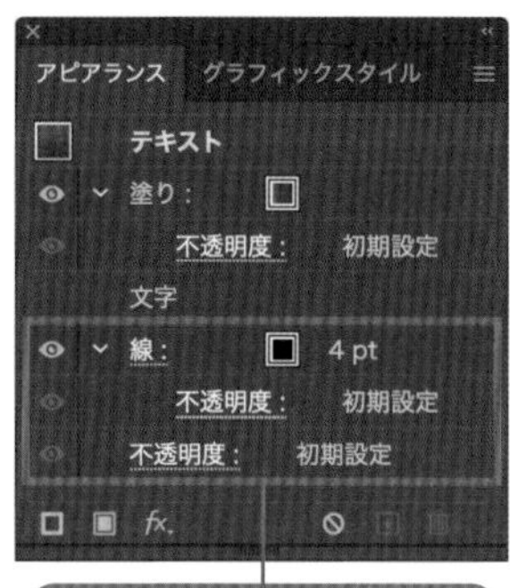

2 ドット柄を入れる

「アピアランス」パネルの「新規塗りを追加」 2をクリックます。
塗りは「スウォッチ」パネルの「スウォッチライブラリ」メニュー ➡「パターン」➡「ベーシック」➡「ベーシック_点」で表示される「ベーシック_点」パネルで「大きさが変化する点（大）」3を選択します。
不透明度50%、描画モードは乗算に設定します。
ドットの角度だけを変更するため、「オブジェクト」メニュー ➡「変形」➡「個別に変形」を選択し、「個別に変形」ダイアログボックスで「オブジェクトの変形」4のチェックを外して「パターンの変形」5にチェックを入れ、「回転」の「角度」を［270°］6に設定します。
こうすることで、パターンだけを回転させることができます。

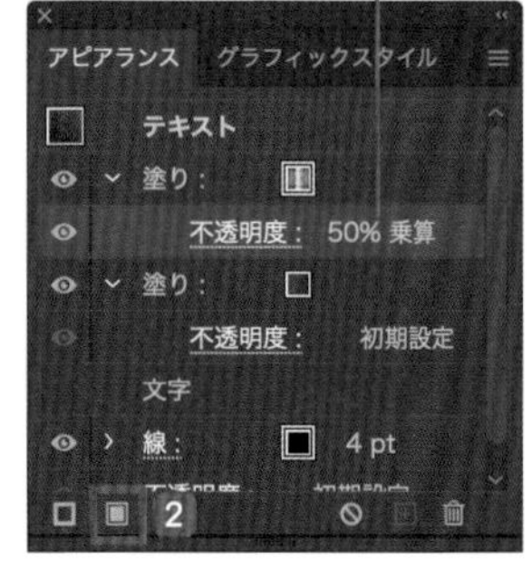

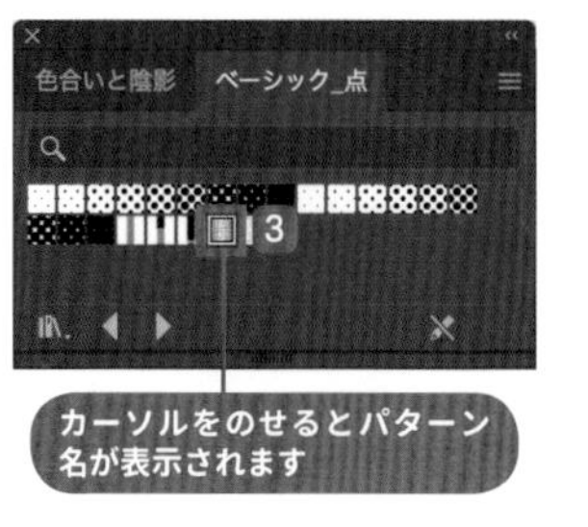

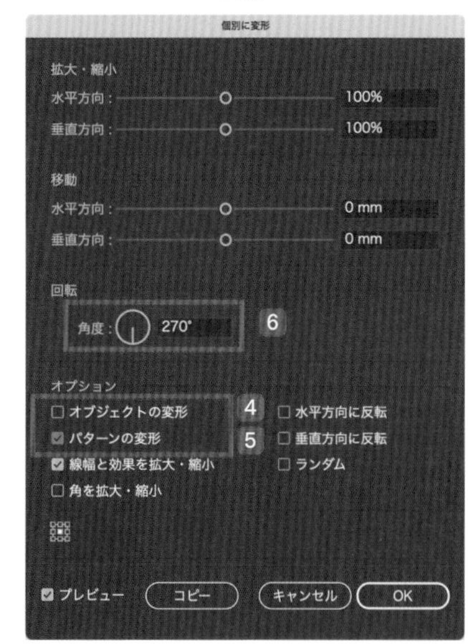

3 文字をカーブさせる

「アピアランス」パネルの「新規効果を追加」fx ➡「ワープ」➡「円弧」を選択し、「ワープオプション」ダイアログボックス7で「カーブ」の値を変更して文字をカーブさせます8。
「変形」のパラメータを変えることで、遠近感をつけたような変形も可能です。「OK」9をクリックしてワープを確定させた後、選択ツールのバウンディングボックスでテキスト自体を回転させて、さらに勢いのある形に変化させます10。

8

7 ワープオプション

スタイル：円弧
水平方向　垂直方向
カーブ：-36%
変形
水平方向：-55%
垂直方向：-1%
プレビュー　キャンセル　OK 9

「変形」のスライダーで遠近感をつけたりすることもできます。

10

バウンディングボックスや回転ツールでテキストオブジェクトを回転させて勢いを感じさせます。

知っ得メモ

ワープはテキスト自体を回転させたり拡大縮小させた後に効果がかかるので、ワープをかけた後に回転させるとワープの形が崩れます。理想的な形になるように細かく調整してみてください。

4 自由変形ツールで変形させる

「書式」メニュー ➡「アウトラインを作成」でテキストを再編集できないアウトラインオブジェクトに変換します。
自由変形ツールを選択すると、小さなツールパネルが表示されます。
そのパネルからパスの自由変形ツール11を選択し、テキストの角のポイントだけを移動させて、さらにダイナミックな形に変形させることもできます。
レイアウトに合わせたり、デザインテイストに応じて変形してみましょう12。

11

12

5 ドロップシャドウを適用する

「アピアランス」パネル ➡「新規効果を追加」fx. ➡「スタイライズ」➡「ドロップシャドウ」を選択し、「ドロップシャドウ」ダイアログボックス13で影を設定します。
「不透明度」を［100%］、「ぼかし」を［0mm］にするとアメコミ風になります。影の位置はオフセットの値で調整可能です。自然な位置になるように調節します。

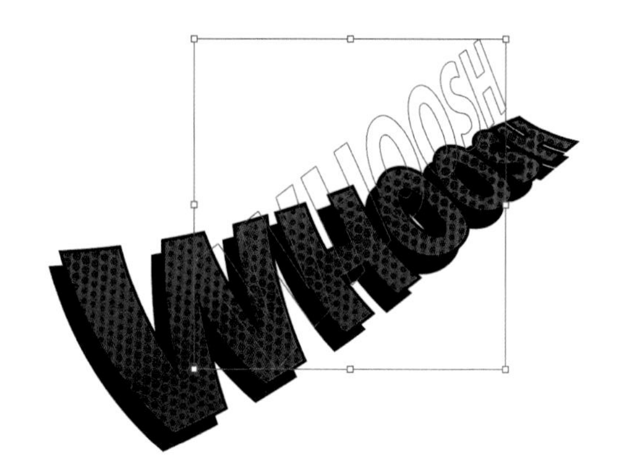

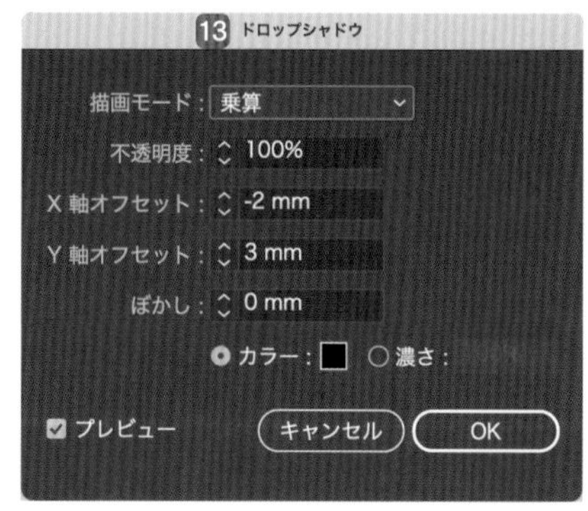

アピアランスで「ドロップシャドウ」を設定して
アメコミ風に仕上げます。

DL データ sample008.ai

アピアランスでイラストを加工

008 質感が再現できるチョークアート風効果

Illustratorで使えるPhotoshop効果の「チョーク・木炭画」や「ラフ」の効果を使って、シンプルな塗りと線のベクターアートを手描きのチョークアート風に仕上げる方法です。

1 黒板とイラストを作る

アートボードに深緑色の正方形を描き、その上にペンツール、直線ツール、パス上文字ツールなどを使ってチョークアートのデザインパーツを作って配置していきます1。

濃い色調の背景（深緑）に白でたなびくフラッグ、コーヒーカップ、植物デザインを描きます。右はアウトライン表示。

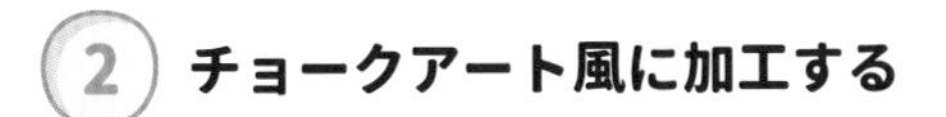

2 チョークアート風に加工する

はじめにコーヒーカップをチョークアート風に加工していきます。
オブジェクトを1つ選択し2、「アピアランス」パネルの「塗り」3を選択した状態で、下部の「新規効果を追加」4 ➡「スケッチ」➡「チョーク・木炭画」を選択すると「チョーク・木版画」ダイアログボックス5が開きます。チョークアート風のテクスチャ効果を狙い設定項目を入力し6、「OK」をクリックします7。

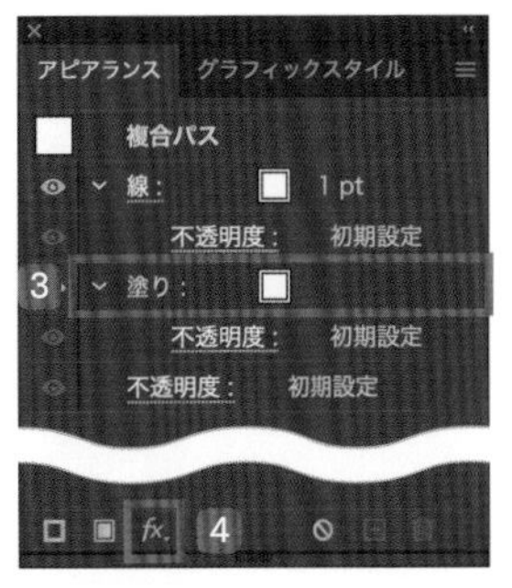

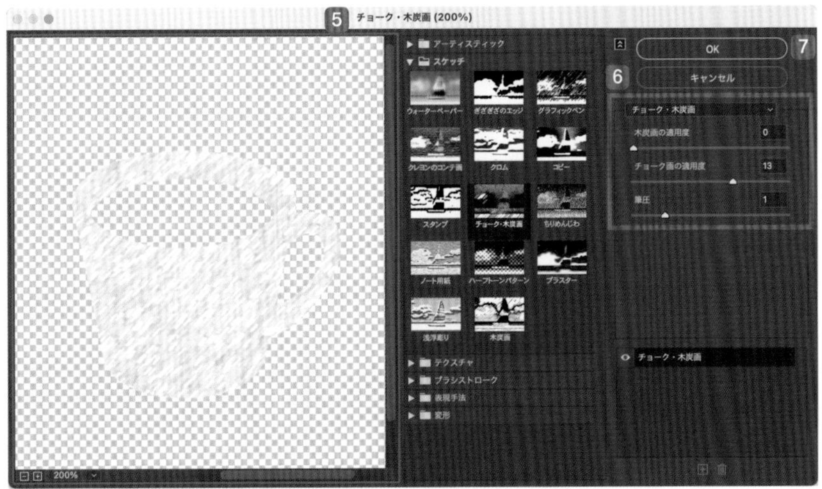

[木版画の適用度：0]、[チョーク画の適用度：13]、[筆圧：1] に設定します。

続いて「アピアランス」パネルの「線」8を選択した状態で「新規効果を追加」fx. 9 ➡「パスの変形」➡「ラフ」を選択し、「ラフ」ダイアログボックス10で下図のような数値を設定し、カップの輪郭を手描き風にします。

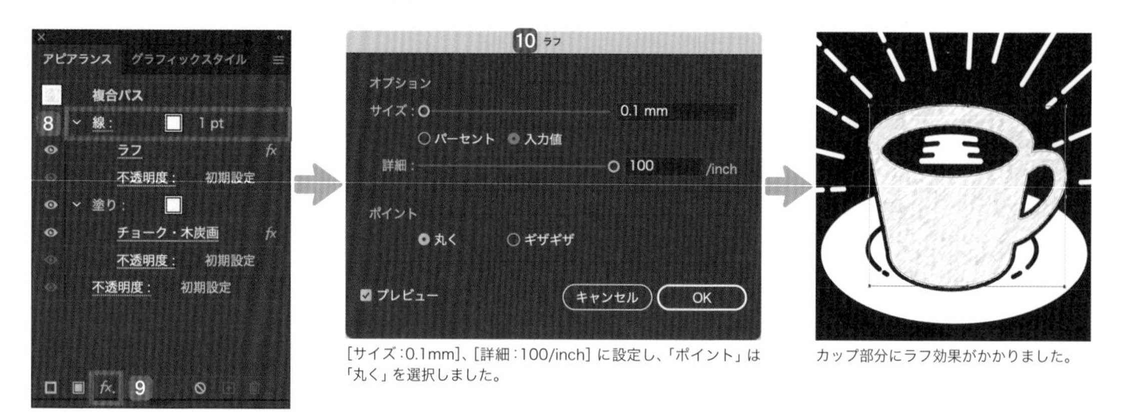

［サイズ：0.1mm］、［詳細：100/inch］に設定し、「ポイント」は「丸く」を選択しました。

カップ部分にラフ効果がかかりました。

3 カップの処理をグラフィックスタイルに登録する

②でチョークアート風にしたオブジェクトを選択し11、選択ツールで「グラフィックスタイル」パネルの上にドラッグ＆ドロップ12し、繰り返し使用可能なスタイルとして登録します。
リボンのパーツや植物の葉など、塗りのある他のオブジェクトをすべて選択し、登録したグラフィックスタイルを選んでスタイルを適用します13。

グループ化されているオブジェクトは「グループ解除」してからスタイルを適用してください。

4 線を加工する

線のオブジェクトを加工していきます。
葉の幹の線を1本選択して14、「アピアランス」パネルの「線」15を選んだ状態で、「新規効果を追加」fx.16 ➡「パスの変形」➡「ラフ」を選択します。
「ラフ」ダイアログボックス17で数値を設定し、チョークで描いたような線にします18。他のラインにも同じ手順でラフをかけます。

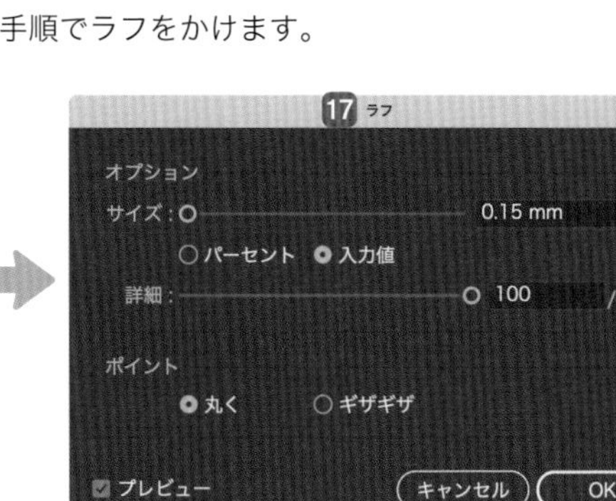

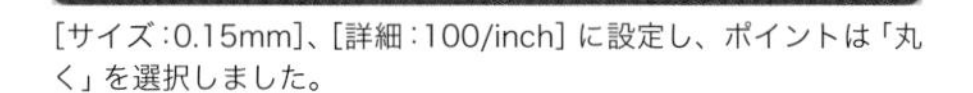

[サイズ：0.15mm]、[詳細：100/inch] に設定し、ポイントは「丸く」を選択しました。

茎の部分にもラフ効果がかかりました。

5 輪郭を加工する

テキストの輪郭にも少しだけラフをかけます。
テキストを選択し19、「アピアランス」パネルの下部にある「新規効果を追加」fx.20 ➡「パスの変形」➡「ラフ」を選択します。
「ラフ」ダイアログボックス21で数値を図のように設定して「OK」22をクリックすると、文字の輪郭に細かいラフがかかります。

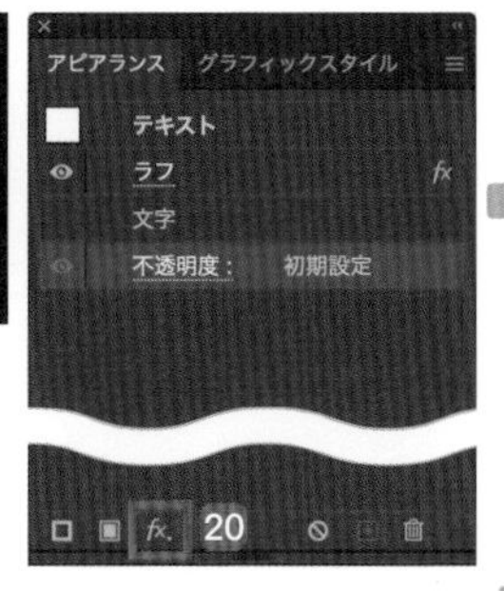

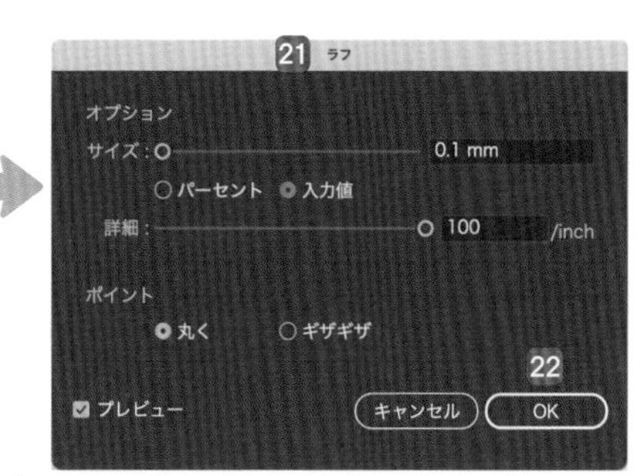

[サイズ：0.1mm]、[詳細：100/inch] に設定し、ポイントは「丸く」を選択しました。

文字の輪郭にラフ効果がかかり、ゆらぎのある手描き風の線になりました。

長方形の線端を点線に変えるだけ

009 あっという間にできる切手のデザイン

DLデータ sample009.ai

長方形に点線を加えて、簡単に切手風のデザインを作ります。自分で描いたイラストを手軽に切手風にアレンジしてみましょう。

1 長方形を用意する

長方形ツール で幅18.5mm×高さ22.5mmの長方形を作成し、線幅を［1mm］に設定しておきます1。塗りは切手をイメージした薄い肌色にします。

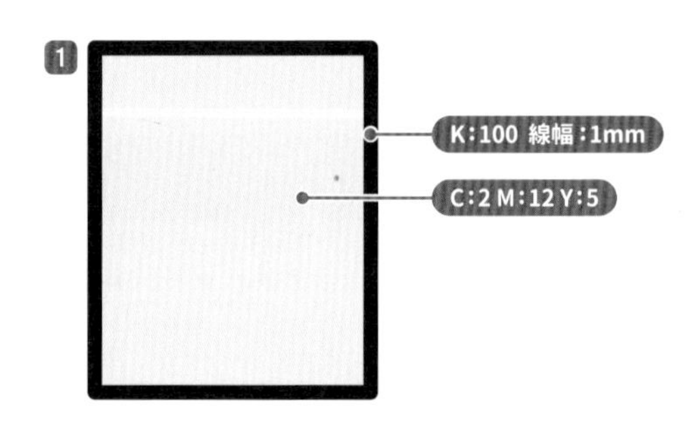

2 線の形状を丸点線にする

「線」パネルで、長方形の線を［線端：丸型線端］ 2［角の形状：ラウンド結合］ 3に設定し、「破線」4にチェックを入れます。［線分：0mm］、［間隔：1.5mm］に設定し5、点線を作成していきます。

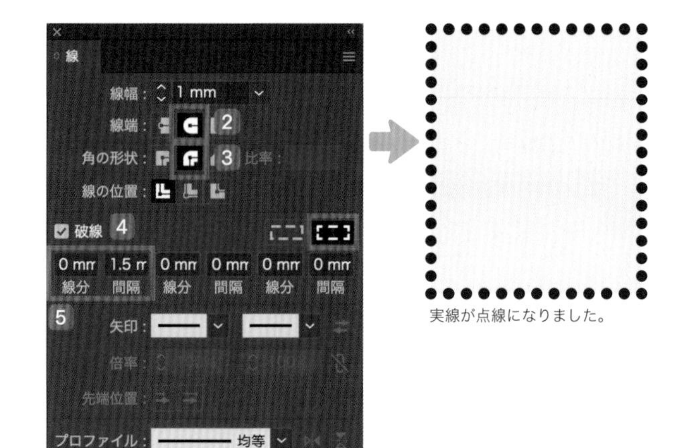

実線が点線になりました。

［線分：0mm 間隔：1.5mm］で破線を設定します。
※作例のような等間隔の破線の場合ははじめの2カ所に入力すると自動的に繰り返して作成されます。

3 切手風の形に変形させる

長方形を選択したまま、「オブジェクト」メニュー ➡「パス」➡「パスのアウトライン」6を選択します。

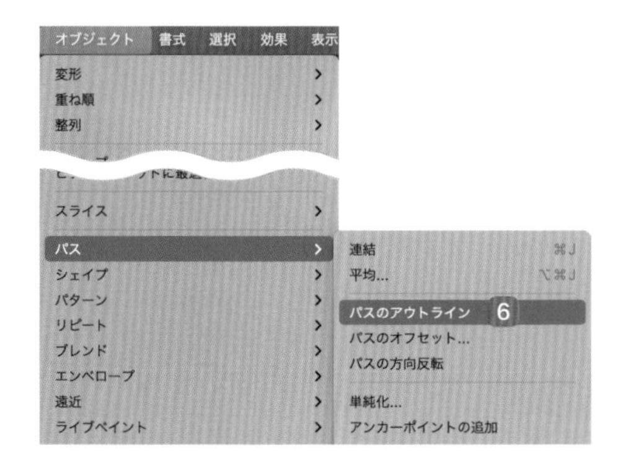

その後、「パスファインダー」パネルの「刈り込み」7をクリックします。
刈り込みを行ったオブジェクトの点線だけを削除し、切手風のオブジェクトの完成です8。
刈り込み後に「グループ解除」すると簡単に削除できます。

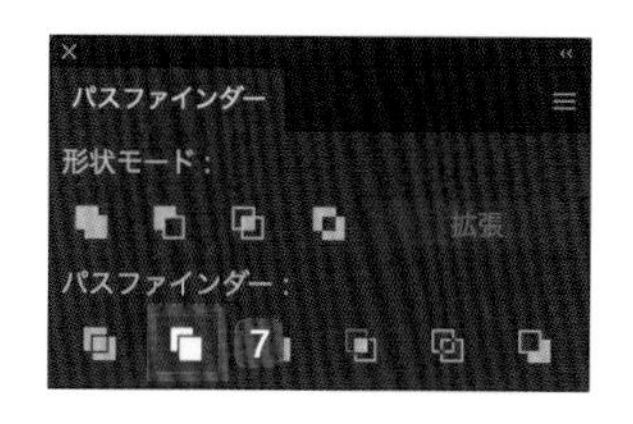

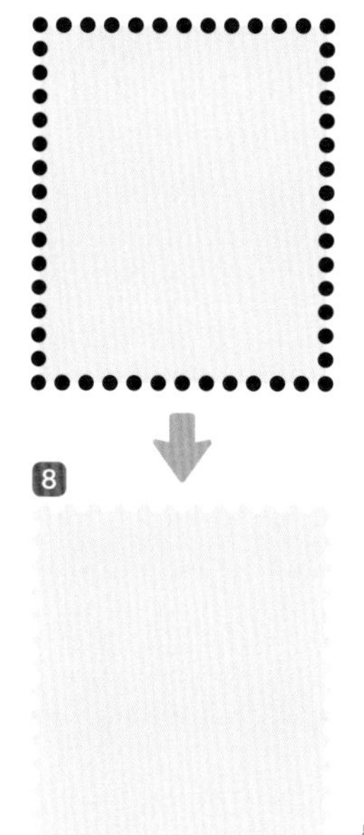

点線と接していた部分が削れ、
切手の形になりました。

④ 切手風のデザインを加える

③で制作したものに影（ドロップシャドウ）をつけて、さらに、ひとまわり小さい赤の長方形を作ります9。
その中にイラストやテキストなどを加えて、オリジナルの切手デザインを作ってみましょう。

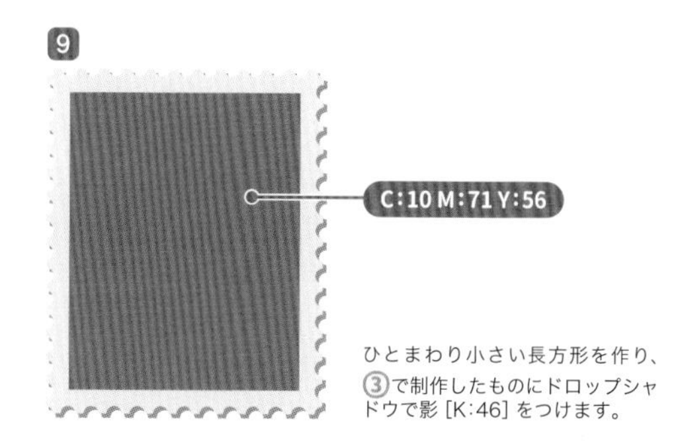

ひとまわり小さい長方形を作り、
③で制作したものにドロップシャドウで影［K:46］をつけます。

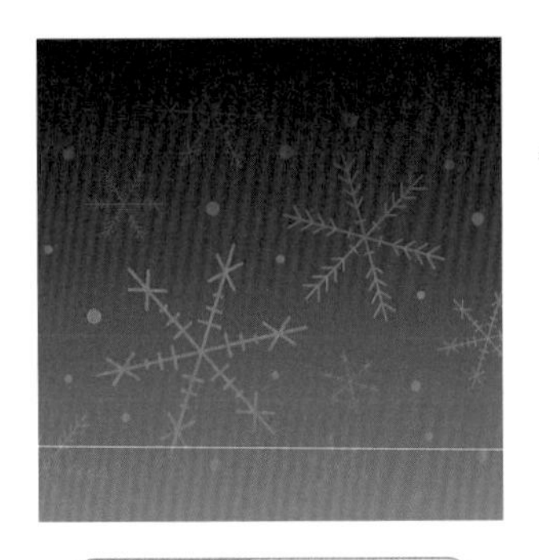

変形効果とアピアランス分解を活用する

010 サクサク作れる雪の結晶

1つ1つ作らず、回転や反転などアピアランスの特性を活かして効率的に作ったり編集したりできる雪の結晶です。

DLデータ sample010.ai

1 基本となる線を描く

1

ペンツール か直線ツール で上から下に垂直線を描きます1。
アートボードの水平方向中央に整列させ、線の終点がアートボードの中心にくるように描くと編集がしやすくなります。

2 「レイヤー」パネルでオブジェクトを選択する

いったん選択を解除し、「レイヤー」パネルで描画しているレイヤーの右端（○の右側の空白）をクリックして選択します。
すると水色の■が表示され2、レイヤー内にある①の垂直線が選択されている状態になります。

レイヤー名を「雪の結晶」に変更しています。

3 アピアランスで60度回転のコピーを作成する

垂直線を選択した状態で、「アピアランス」パネルの「新規効果を追加」 ➡「パスの変形」➡「変形」を選び3、「変形効果」ダイアログボックス4の数値を［角度：60°］［基準点：下段中央］［コピー：5］に設定します。

アピアランスで直線を60°回転させ、5つコピーを作り、結晶の土台を作ります。

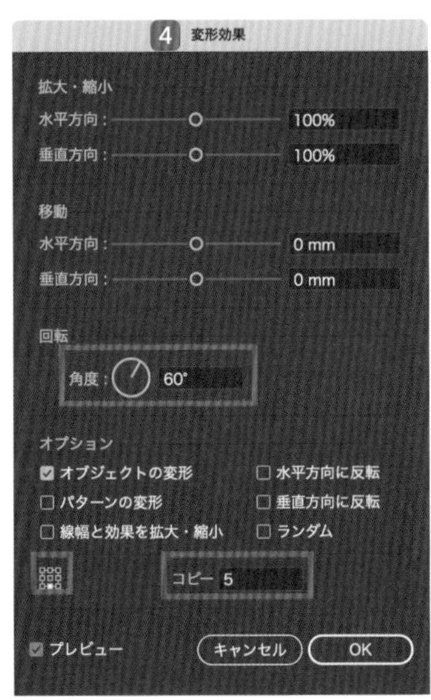

4 結晶の柄を描く

実際に描いた垂直線を中心にして、結晶の柄になる線やオブジェクトを描いていきます。
垂直線を基準に左右均等に描くと、左右対称の結晶になります5。
実際に描くオブジェクトには、レイヤーにかけたアピアランスが適用されます。オブジェクトを1つ描くと自動的に5つ回転コピーされます。
回転コピーされた全体図を確認しながらバランスを整えましょう。

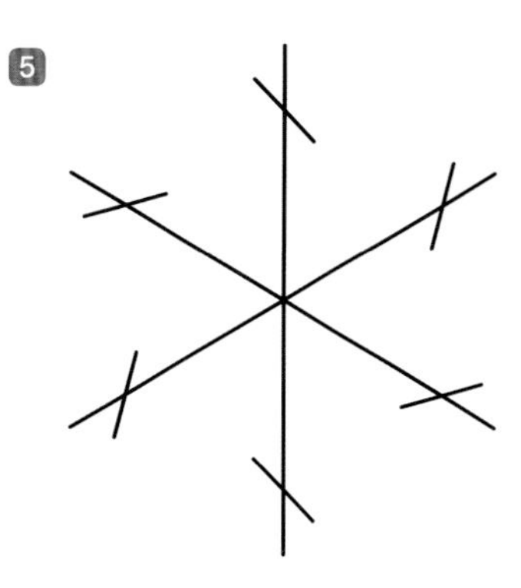

結晶の枝分かれパーツを増やしていきます。

5 アピアランスを分割し、通常オブジェクトとして扱う

結晶が完成したらすべてのオブジェクトを選択し、「オブジェクト」メニュー ➡「アピアランスを分割」6を実行します。オブジェクトが1つ1つに分割されます。
線を白に設定し、「透明」パネルで描画モードを「オーバーレイ」7に適用して背景に重ね、サイズや角度を変更して複製します。

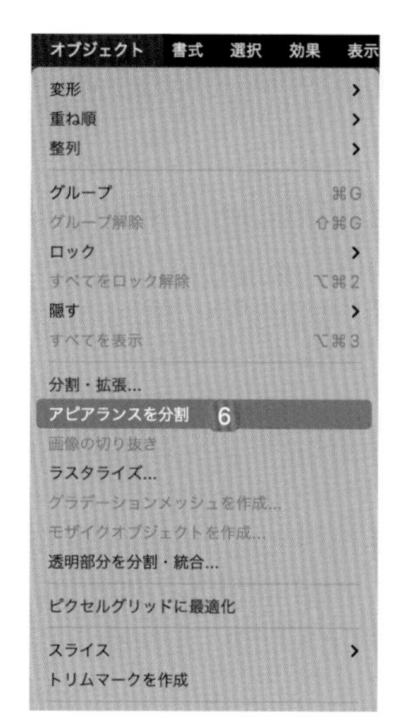

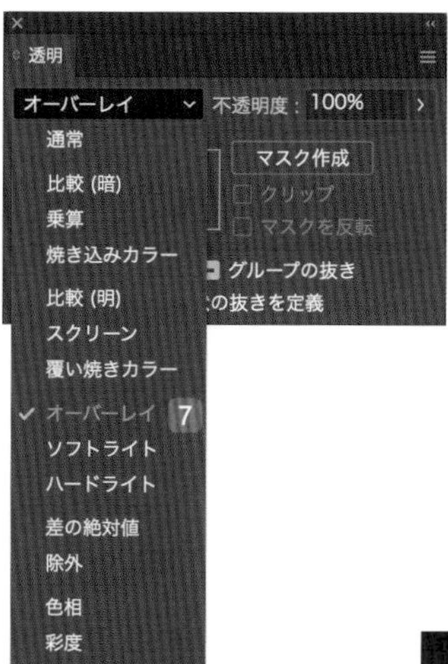

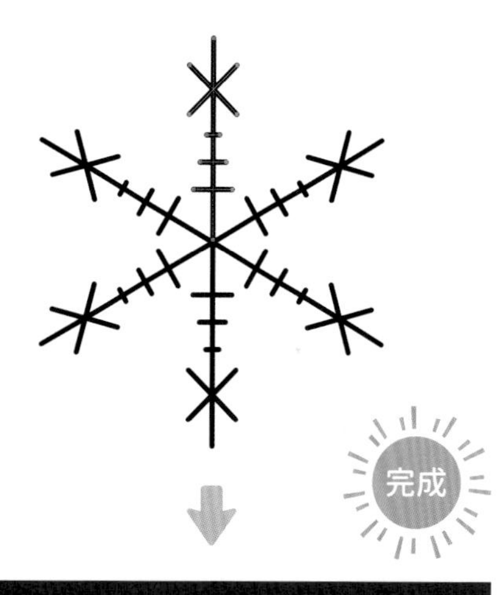

完成

冬空をイメージする背景にサイズや不透明度を変えながら配置し、雪が舞う様子を表現してみましょう。

知っ得メモ

デザインバリエーションを作る場合は、アピアランスの分割前のレイヤーをコピーするか、新規レイヤーを追加してその都度効果をかけます。
新規レイヤー追加の場合は、アピアランスの分割前のレイヤー右端の○をoptionキー＋ドラッグで新規レイヤーに効果の複製ができます。

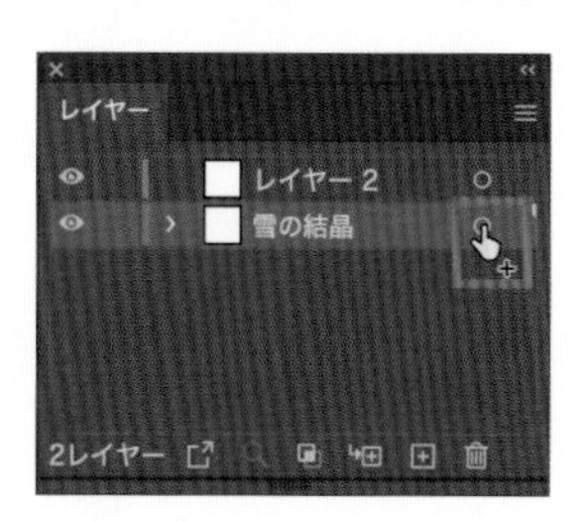

シールのフチを線とドロップシャドウで再現

011 ステッカー風の白フチ

アピアランスを使えば、簡単にイラストをステッカー風に加工することができます。基本的にどんなイラストや文字でも応用可能で、ポップで遊び心のある雰囲気が演出できます。

DLデータ sample011.ai

1 ベースのイラストを描く

素材となるハンバーガーのイラストを描きましょう 1 。
主線はあってもなくてもどちらでもOKです。
描けたらイラスト全体を選択して、グループ化しておきます。

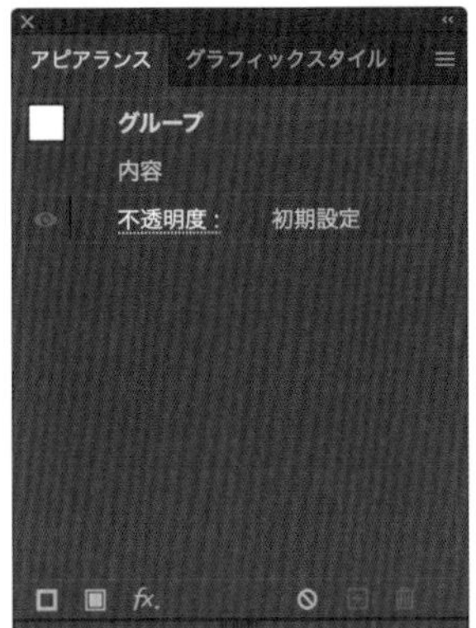

2 線幅を太くする

①のグループを選択し、「アピアランス」パネル下部の「新規線を追加」 2 をクリックします。パネル上に作成された「線」のアピアランスを選択し、ドラッグして「内容」の列より下に移動したら、「線」の幅を主線より少し太くします。ここでは [2pt] にしています 3 。

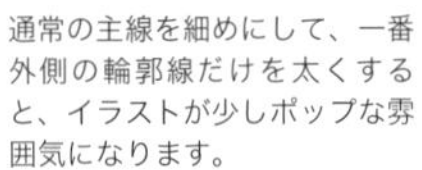
通常の主線を細めにして、一番外側の輪郭線だけを太くすると、イラストが少しポップな雰囲気になります。

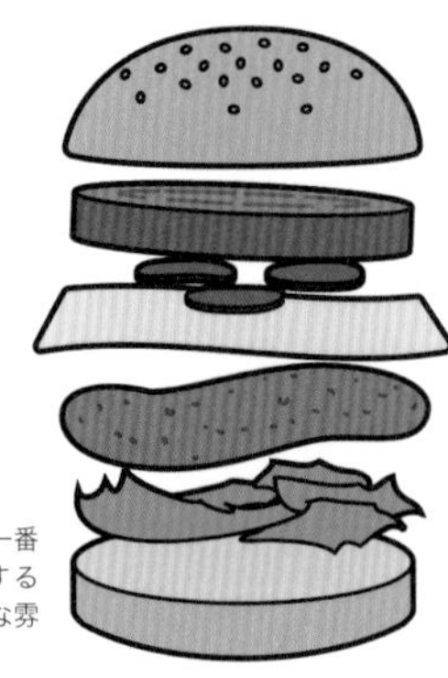

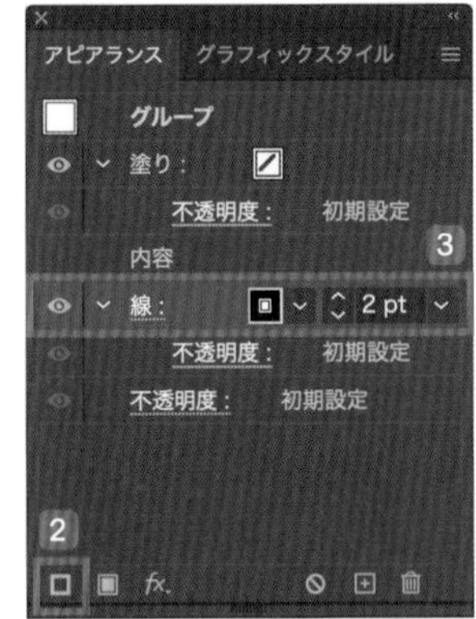

3 線の太さを変える

「アピアランス」パネルで②で作成した「線」のアピアランスを、option キーを押しながら1つ下の列までドラッグして複製します。
線の色を白に、線の太さをかなり太めに設定します。ここでは [8pt] にしています 4 。太めの白の輪郭線が一番外側に追加されます。

※線の色が白なので見た目は②と同じように見えます。

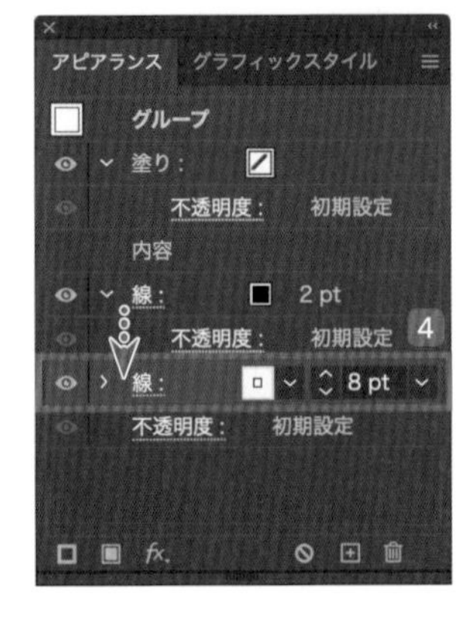

4 アピアランスをコピーする

③と同じ手順で、さらに下にもう1つ線のアピアランスをコピーします。
線の色を［K:20］のグレーに、線の幅は③で作成した白の線の幅よりも1ptだけ太くします5。ここでは［9pt］にしています。

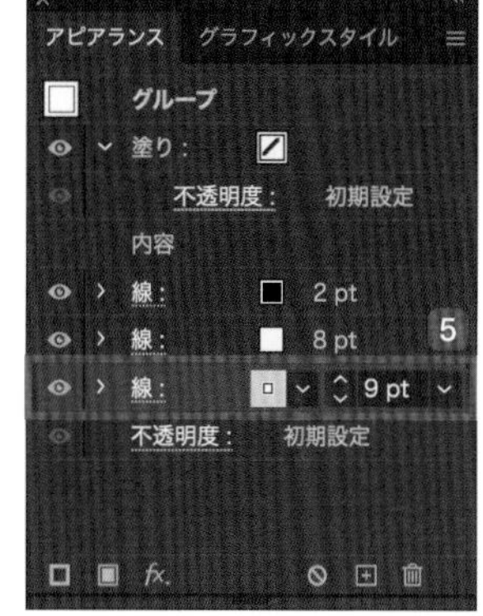

一番外側にグレーの線が作成され、シールの雰囲気が出てきました。

Part 1

5 ドロップシャドウをかける

最後に「アピアランス」パネル下部の「新規効果を追加」fx ➡「スタイライズ」➡「ドロップシャドウ」でグレーの線に薄い影をつけます。
「ドロップシャドウ」ダイアログボックス6で「描画モード」を「乗算」、「不透明度」は低めに、「X軸オフセット」「Y軸オフセット」はともに［0mm］に、「ぼかし」は軽くかけます。

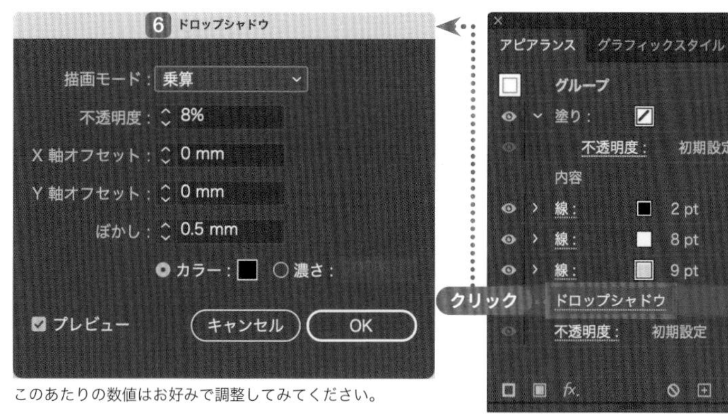

このあたりの数値はお好みで調整してみてください。

破線とラフ効果で刺繍糸を表現する

012 ハンドメイド感のある刺繍ステッチ

イラストやデザインのあしらいに使える刺繍ステッチ表現です。あたたかみのある雰囲気が出るので、囲い枠や帯などに柔らかな印象を加えられます。

DLデータ sample012.ai

1 正円を描き、線にラフ効果をかける

楕円形ツール で正円を描き、「塗り」と「線」を設定します1。
「アピアランス」パネルの「新規効果を追加」 ➡「パスの変形」➡「ラフ」2を選択すると「ラフ」ダイアログボックス3が開くきます。
「サイズ」「詳細」を数値を入力し円のフチの形状を設定します。「プレビュー」4にチェックを入れて確認しながら効果をかけましょう。
「ポイント」を「丸く」5にチェックを入れると柔らかい線になります。

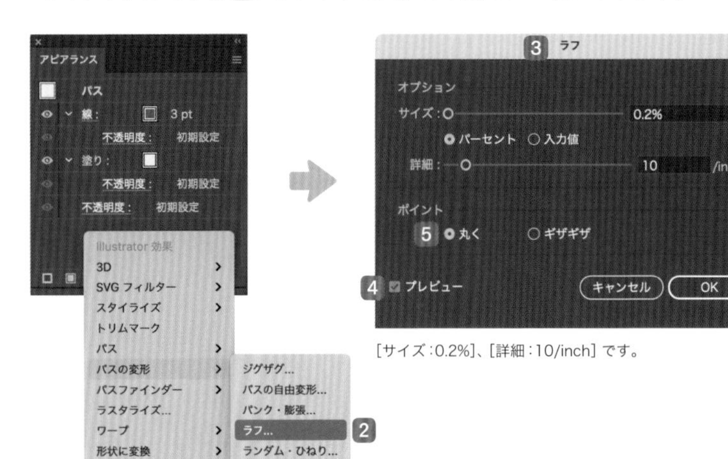

［サイズ：0.2%］、［詳細：10/inch］です。

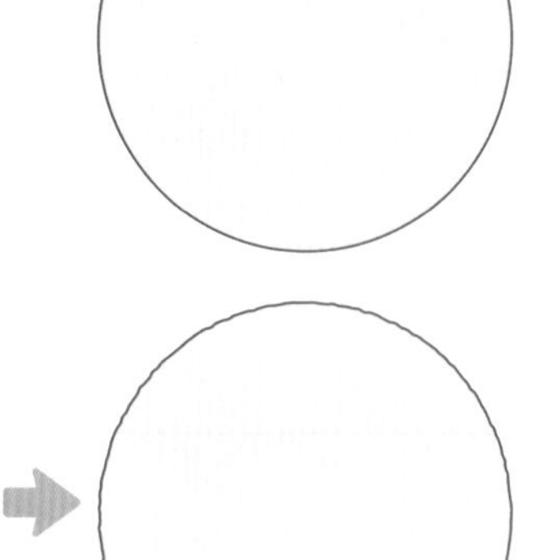

「ポイント」を「丸く」にすることで、ハンドメイド感を高めることができます。

2 ステッチを内側に加える

①で作ったベースの正円を縮小コピーして内側に円を作ります6。
線の色を変えて「線」パネルの「破線」にチェックを入れ7、ステッチの長さや間隔を調整していきます。
「線端」の設定は「丸型線端」 8にします。

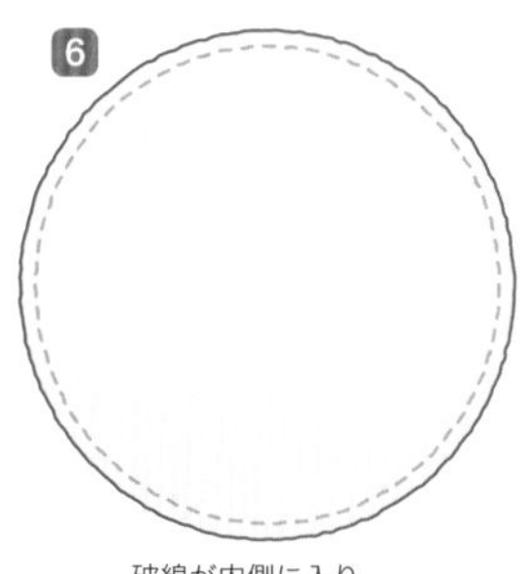

破線が内側に入り、ステッチになりました。

3 ステッチでイラストを描く

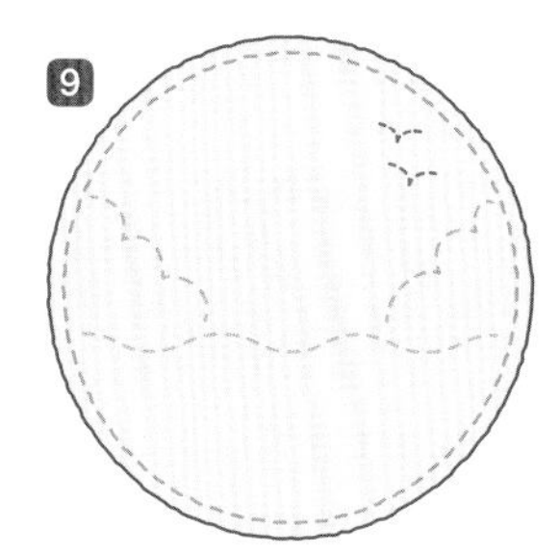

ペンツールや鉛筆ツールなどで、背景の海、雲、カモメのイラストを描きます。
全体のイメージを見ながら、ラフ効果や破線などを追加し数値を調整します9。

4 刺繍パーツを追加

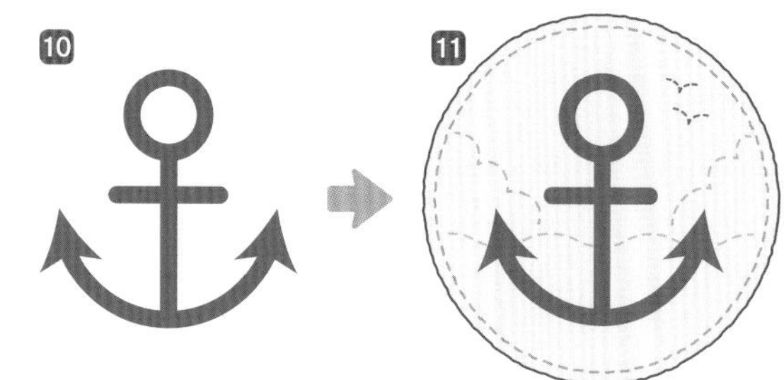

あらかじめ用意した刺繍部分10となる錨（いかり）のイラストパーツを配置します11。
ここでは線なし、塗りのみで設定します。

※パーツ部分に線の塗りを使用している場合は、線を「オブジェクト」メニュー➡「パス」➡「パスのアウトライン」でアウトライン化して塗りを設定します。

5 刺繍パーツに効果をかける

「アピアランス」パネルの「新規効果を追加」12 ➡「パスの変形」➡「ラフ」➡「ラフ」ダイアログボックス13、「アピアランス」パネルの「新規効果を追加」12 ➡「スタイライズ」➡「落書き」➡「落書きオプション」ダイアログボックス14でそれぞれ効果を追加して刺繍を施したような塗りを設定します。
「プレビュー」にチェックを入れ15、サイズや雰囲気を調整します。

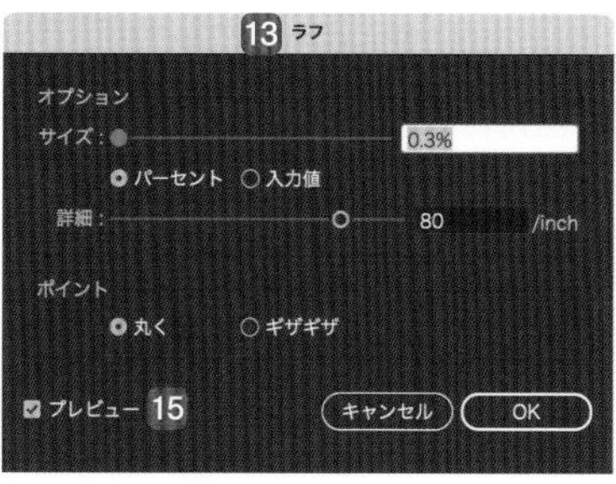

［サイズ：0.3%］、［詳細：80/inch］です。

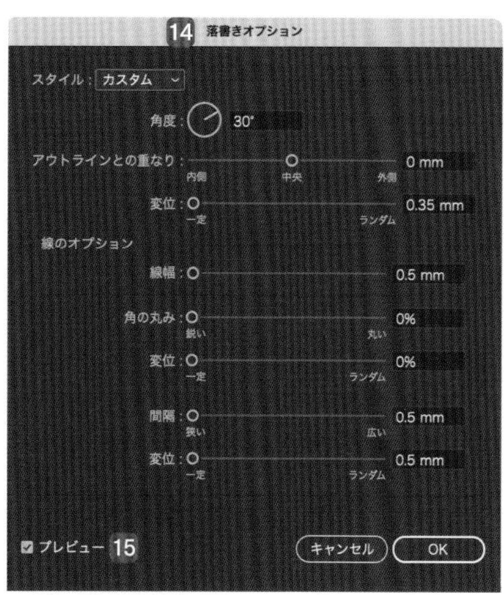

「落書き」の設定については16ページも参照してください。

知っ得メモ

ベースとなるオブジェクトに布地のテクスチャを使用するとリアル感が増します。

アピアランスと複合シェイプの魔術

013 タラリと自由に動かせる液ダレ表現

DLデータ sample013.ai

液体が垂れているような表現を作ります。アピアランスを使えば、伸ばしたり膨らませたりと自由に編集できます。

1 文字を決め、アウトライン化する

文字ツール で、ベースとなる文字を入力します（ここでは130ptに設定しています）。
文字間を少し広げて「書式」メニュー ➡「アウトラインを作成」でテキストをアウトライン化し、その状態で「グループ解除」します 1。

1 LIQUID

130ptの丸ゴシック系の欧文（Arial Rounded MT Bold）を入力し、字間も少し拡げます。
アウトライン、グループ化の処理をしておきます。

2 液ダレオブジェクトを追加

楕円形ツール で液ダレにしたいパーツを作ります 2。正円でなくいてもかまいません。
※ここでは解説用に色を変更しています。

2 LIQUID

規則性をもたせず、ランダムに配置すると液体らしさが強まります。

3 複合シェイプを作る

ベースの文字と液ダレオブジェクトを選択し、一文字ずつ「パスファインダー」パネルで option キーを押しながら「合体」 3 をクリックして複合シェイプを作ります 4。
同じ方法を繰り返し、ベース文字をすべて複合シェイプにします 5。

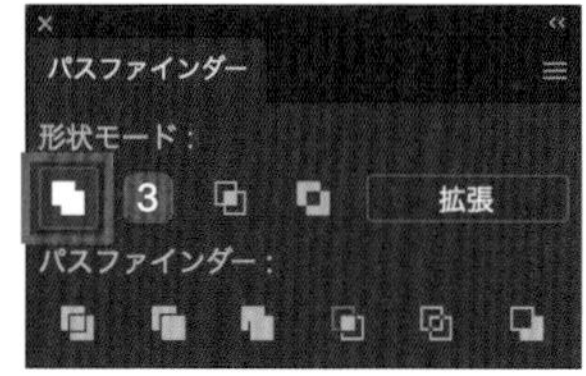

4 LIQUID

5 LIQUID

1つの欧文と円で「合体」の複合シェイプを6つ作ります。
複合シェイプにすることにより、後の作業で円の部分を、円の変形で液ダレにしやすくなります。

知っ得メモ

複合シェイプはパスファインダーが適用されている見た目をしていますが、合体などパスファインダー適用前の個々の図形を移動したり変形することができます。
「パスファインダー」パネルの「拡張」をクリックすると、パスファインダーが完全に適用されます。

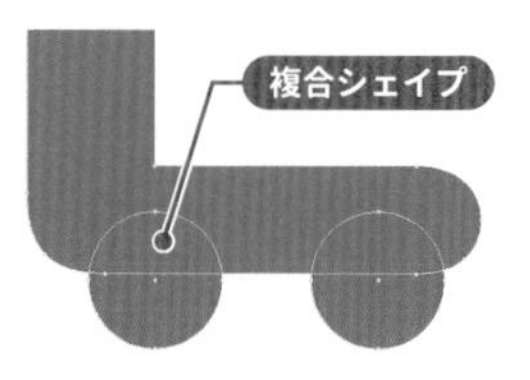

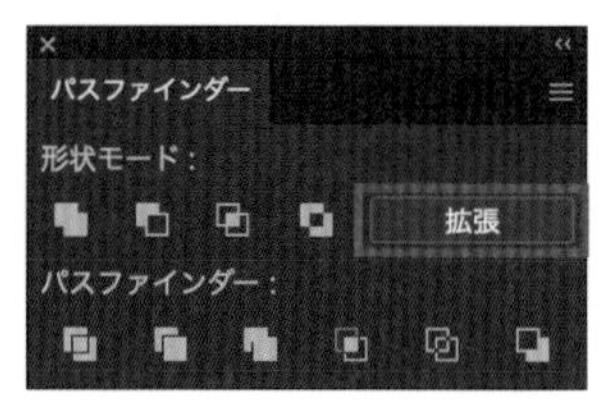

4 パスのオフセットを追加する

複合シェイプにしたオブジェクトをすべて選択し、「アピアランス」パネルの「新規効果を追加」fx ➡「パス」➡「パスのオフセット」6を選択し、パスのオフセットを2つ追加します。
1つは［4mm］7、もう1つは［-3mm］8を適用します。

外角と内角の数値を変えることで、外角の丸みを強調させています。

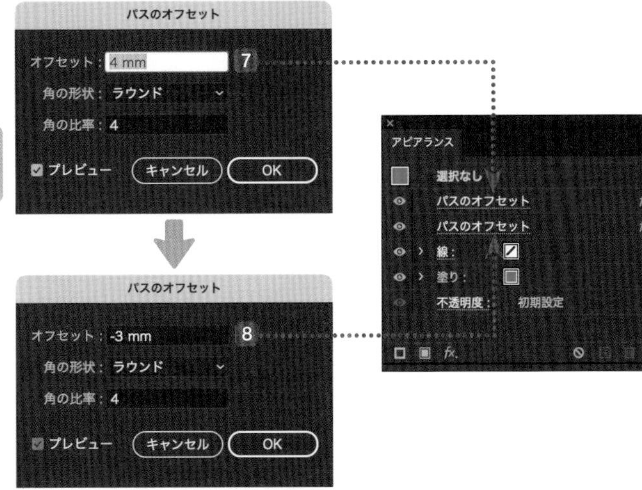

マイナスオフセットを設定することで、オブジェクトの内角に丸みが適用されます。

5 円を移動するだけでタラリとした液ダレ表現に

グループ選択ツールで液ダレ部分9を選択し、場所の移動や拡大縮小など変形を行いバランスを整えます。色味を変更したり、ハイライトを追加したりすると液体らしさが出ます。

円を拡大縮小したり上下左右に移動するだけで、液ダレが表現できます。

文字に立体感をもたせるハイライトを加えてみました。

背面フキダシのサイズ変更は無用！

014 テキストの量によって伸び縮みするフキダシ

Awesome!

DLデータ sample014.ai

短いテキスト、長いテキスト、改行を伴う文章など、さまざまなテキストに追従して伸び縮みするフキダシを、アピアランスの機能で作れます。

1 テキストを用意する

文字ツール T でテキストを入力し、いったん「カラー」パネル等で「塗り」と「線」を「なし」にします。その後「アピアランス」パネルの「新規塗りを追加」 をクリックして、塗りの色（ここでは［C:61 M:100 Y:17］）を設定します 1。

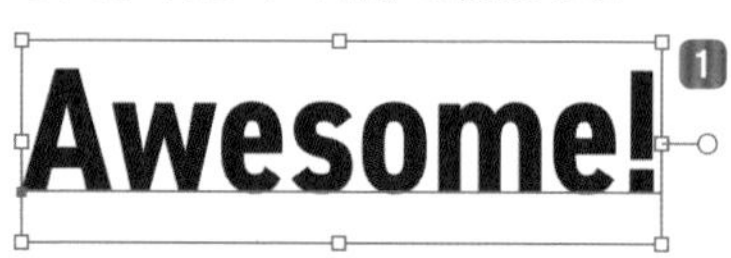

フォントは「DIN 2014 Narrow」に設定しました。

2 フキダシの色を設定する

「アピアランス」パネルの「塗り」を option キーを押しながら下にドラッグして複製し、別の色（ここでは［M:31］）に変更します 2。
この色がフキダシの色になります。

フキダシの色になる塗りを設定します。

3 フキダシのパーツを作る

「アピアランス」パネルで②で作成した塗りを選択し、パネル下部にある「新規効果を追加」 fx ➡「形状に変換」➡「角丸長方形」を選択します。「形状オプション」ダイアログボックス 3 で、余白スペースの数値（幅と高さ）と角丸の半径を入力し、「OK」 4 をクリックすると、文字の背面の塗りがフキダシの形に変化します 5。

ここで「長方形」「楕円」を選択して、フキダシの形状を変更することもできます。

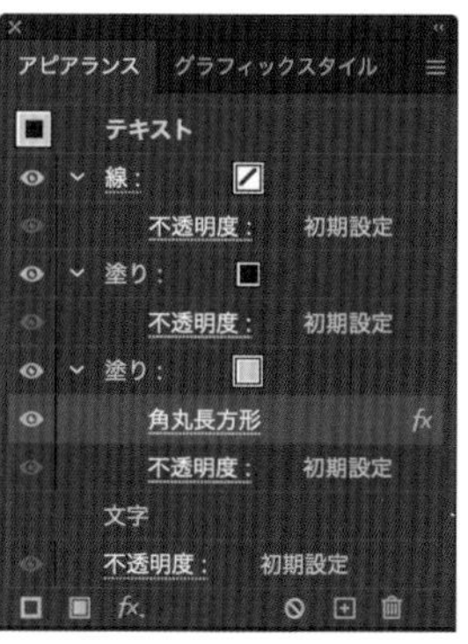

④ フキダシのしっぽを作る

③でフキダシに変換した「塗り」アピアランスを option キーを押しながら下にドラッグしてさらに複製します。
複製した「塗り」アピアランスを選択し、パネル下部にある「新規効果を追加」fx. 6 ➡「パスの変形」➡「パスの自由変形」を選択すると「パスの自由変形」ダイアログボックス 7 が表示されます。
長方形の四隅ハンドルをドラッグして、フキダシのような形 8 に変形させて「OK」9 をクリックします。

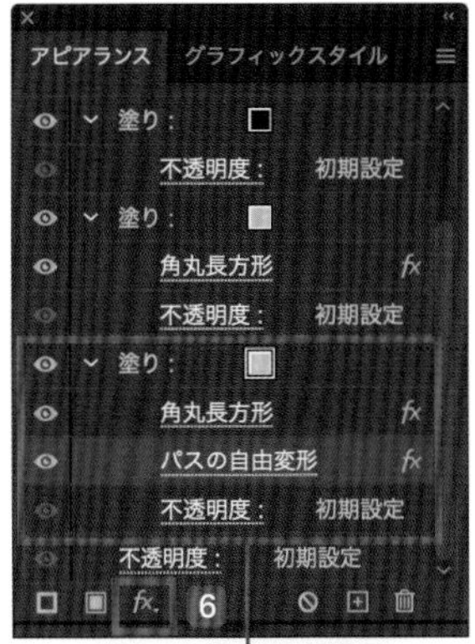

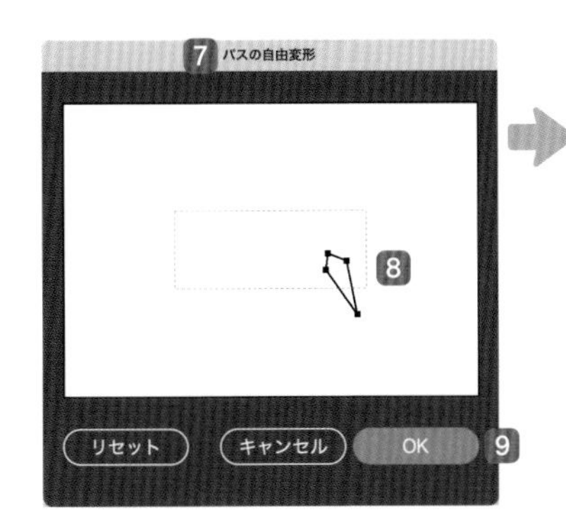

しっぽをつけると一気にフキダシに見えるようになりました。

Awesome!

完成

応用 しっぽの向きを変える場合

フキダシのしっぽの向きを変えたい場合は、④でしっぽの形を作るために適用した「パスの自由変形」のアピアランス 1 を再度クリックします。
しっぽとなる四角形の角を1つずつ任意の位置に移動 2 させて「OK」3 をクリックすると、変更完了です。
好きな方向や長さに変えてみましょう。

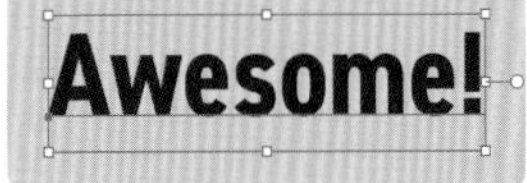

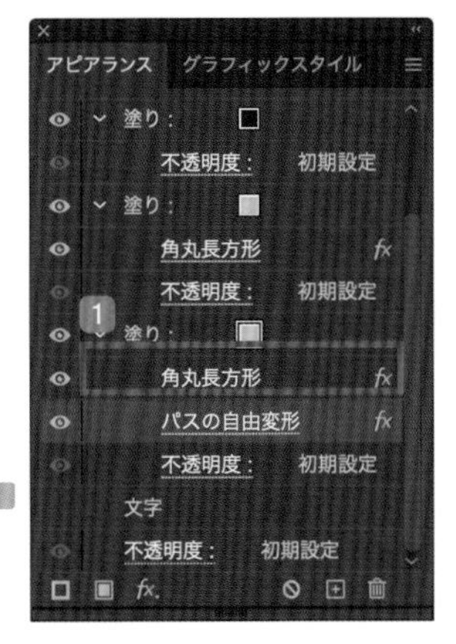

Awesome!

知っ得メモ

このフキダシは、アピアランス機能によってテキストの塗りのコピーを変形させたものなので、後からテキストを打ち替えたり量を増やしたりしても、自動的に形が追従してくれます。もちろん改行にも対応しています。

Congratulations!
That's a great achievement.
Keep up the good work.

You are almost there.
Let's be a little more careful next time.

You are unsuccessful.
Try harder next time.

付箋のサイズも自動で変わってくれる魔法テク

015 テキストの量によって伸び縮みする付箋

DLデータ sample015.ai

アピアランスを使えば、文字の背後に四角形の平面図形を作ることができます。文字の量を増やしたり減らしたりしても、この平面図形は自動的にサイズが変わるので便利です。

1 アピアランスで塗りと線を設定する

文字ツール T でテキストを入力し、いったん「塗り」と「線」を「なし」にします。
その後「アピアランス」パネル下部の「新規塗りを追加」 1 をクリックし、塗りの色を変更します 2 （ここでは [K:80] にしています）。

2 塗りを複製し付箋の色を設定する

「アピアランス」パネルの「塗り」を option キーを押しながら下にドラッグして複製し、カラーを黄色に変更します 3 （ここでは [M:7 Y:73] にしています）。
この色が付箋の色になります。

3 塗りの幅を変更する

「アピアランス」パネルで②で作成した「塗り」を選択し、パネル下部にある「新規効果を追加」 fx ➡「形状に変換」➡「長方形」を選択します。
「形状オプション」ダイアログボックス 4 で形状を「長方形」にし、「幅に追加」と「高さに追加」の部分に文字から付箋の端までの距離となる数値を入れ 5 、「OK」 6 をクリックします。
グレーの文字の背面にあった黄色の文字が長方形に変わります 7 。

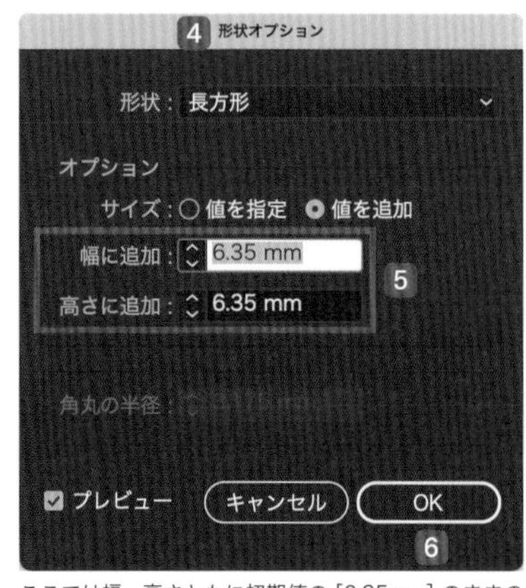

ここでは幅、高さともに初期値の [6.35mm] のままの設定にします。

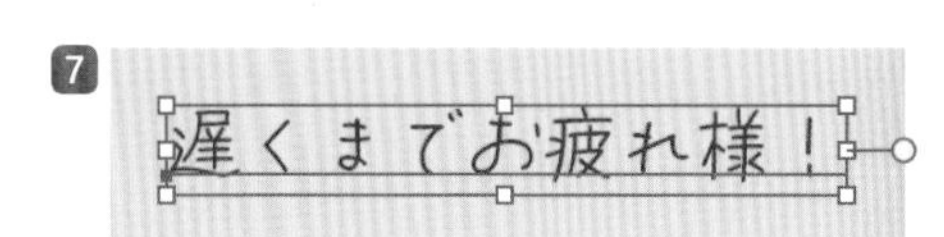

付箋本体ができました。

④ 付箋に影をつける

③で長方形に変換した「塗り」アピアランスを、option キー＋ドラッグして下に複製し、「塗り」をグレー8にします（ここでは[K:54]にしています）。
さらに「新規効果を追加」fx ➡「ぼかし」➡「ぼかし(ガウス)」で表示される「ぼかし(ガウス)」ダイアログボックスで、少し輪郭をぼかした影になるように設定します。
再び黄色の「塗り」アピアランスを選択し、「新規効果を追加」fx ➡「パスの変形」➡「変形」を選択します。
「変形効果」ダイアログボックス9で「角度」10、水平・垂直の移動距離11を入力し、「OK」12をクリックします。

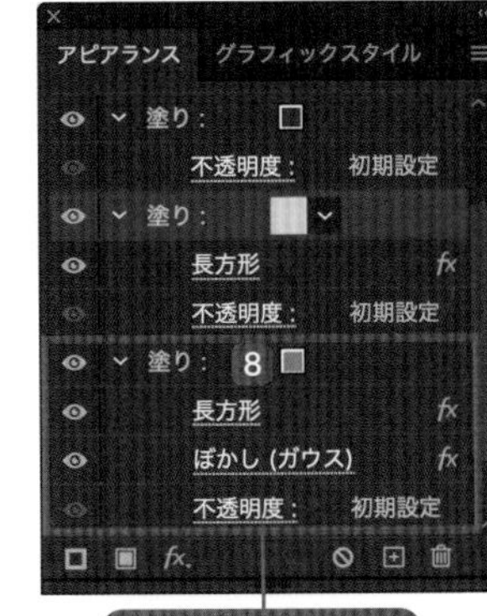

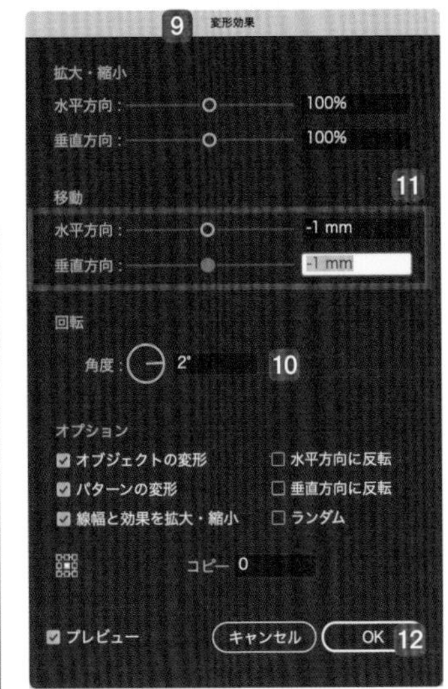

「水平方向」「垂直方向」をそれぞれ[-1mm]、「回転」の「角度」を[2°]に設定します。

⑤ 影の位置を調整する

付箋と同じ角度にテキストも傾けます。
④で付箋を傾けた変形効果を、option キーを押しながら「テキスト」の「塗り」アピアランスの下にドラッグして複製します13。
影のアピアランス14に「新規効果を追加」fx ➡「パスの変形」➡「変形」で表示される「変形効果」ダイアログボックスで、少しだけ垂直方向の下方向へ移動するよう設定します15。

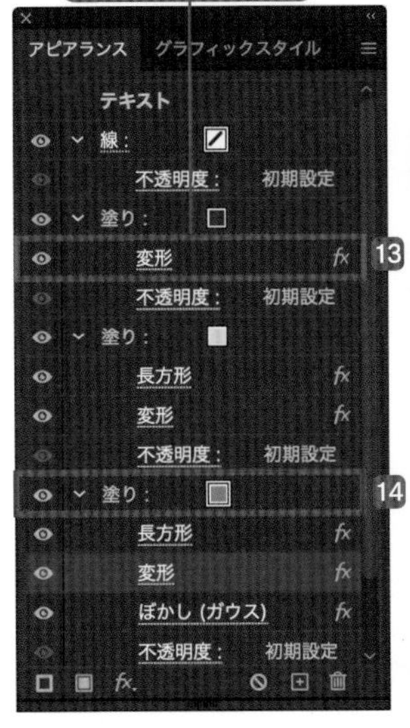

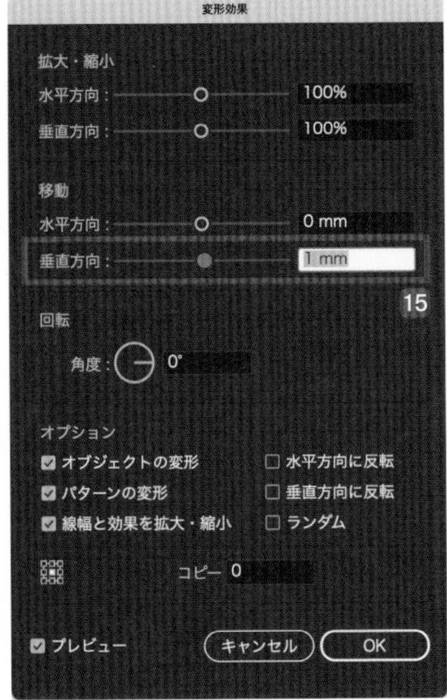

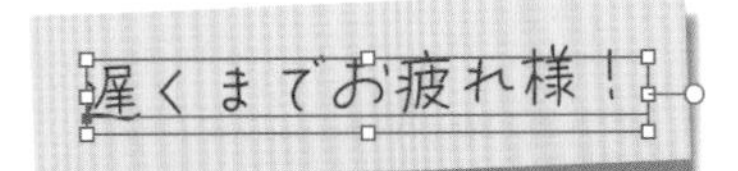

影の位置が不自然だったので、変形効果で下方向に影を移動させました。

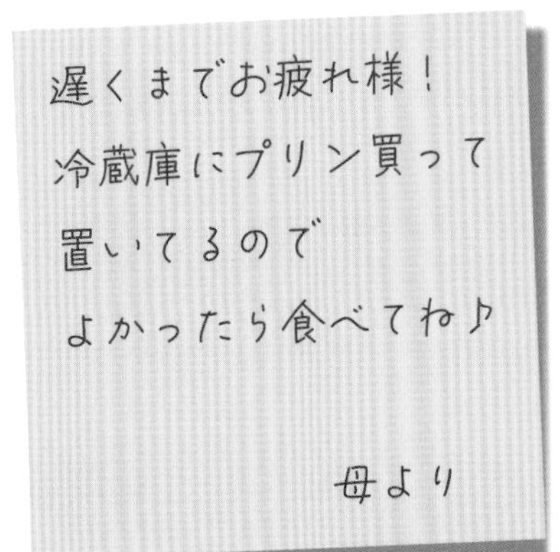

最初に書いたテキストの塗り自体を、複製や変形で背景の平面をアピアランスとして作成しているので、文字の量が変わると自動的に付箋のサイズも伸縮してくれます。

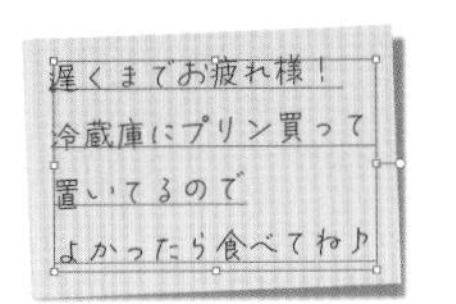

完成したイラストを架空のデザインに入れ込む

自作モックアップで具体的なイメージを伝える

イラストを仕事にしたいと思っている人にとって、イラストを描くことと同じぐらい大切なのが、自分のイラストを発注者に見てもらうことです。見てもらう方法としては「作品をまとめた冊子やPDFを作り、出版社やデザイン会社などに送る」、「Instagramなどの SNSに作品をアップする」などが一般的です。

もちろん、イラストのクオリティーが一番大事なのは間違いありませんが、それ以外にも他のイラストレーターの方々と差をつける工夫はいろいろ考えられます。その一つが「モックアップの制作」です。

モックアップとは元々「模型」を表す言葉らしいのですが、イラストレーターやデザイナーがよく使うモックアップとは、イラストやデザインをリアルな本、製品、看板などのイメージに合成することをいいます。
インターネットで「mock-up free」と検索すると、無料で使えるPSDファイルのモックアップがたくさん見つかります。このファイルの特定のレイヤーに自分のイラストを読み込むだけで、簡単に合成イメージが作成できるので是非試してみてはいかがでしょうか。

書籍モックアップの作成

モックアップはネットで拾ってくる以外にも、簡単なものなら短時間で自作することもできます。今回はオリジナルのイラスト❶を、雑誌のカットイラストとして使用されているイメージにするため、架空の雑誌の誌面❷を作成してみました。

❶ビジネス雑誌に使えそうなイラストをチョイス。

モックアップのデータ自体はかなりシンプルな作りです。メインのページは長方形ツールで描き、その上にサンプルの文字を雑誌風に並べ、イラストとノンブル（ページ番号）を入れただけです。
さらにそれっぽい雰囲気にするために、隣のページの影を線形グラデーションで表現し、最後に雑誌としての厚みを表現するためにドロップシャドウで影をつけました。

このように、雑誌でも商品パッケージでもポスターでも何でもそうですが、「この人にイラストを発注すると、こんな感じのものができる」というイメージを伝えることによって、発注者はより安心して依頼をしていただけるようになります。やってみたい媒体へのアピールにもなるので、ぜひお試しください。

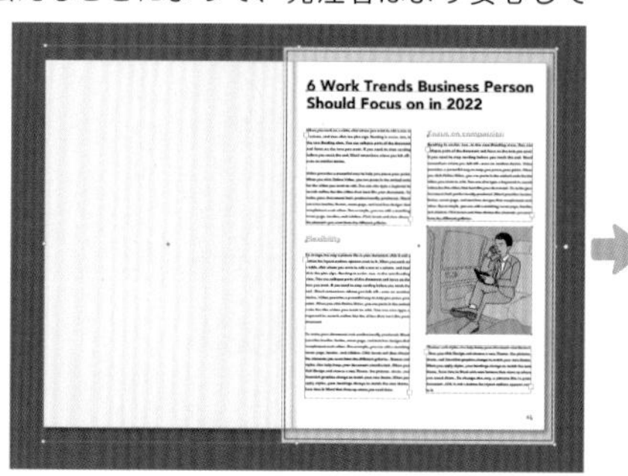

長方形ツールとテキストだけで簡単に作れます。

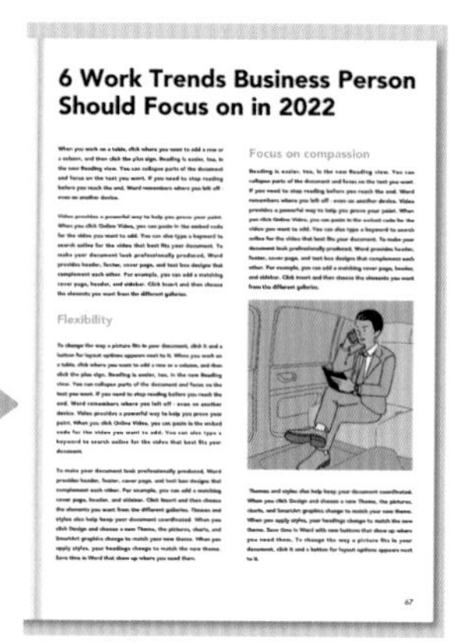

❷ページの影をつけるとリアルな雑誌感が生まれました。

Part 2

ロゴ＆タイポの魔法

テキストをひとつひとつ装飾していくのは時間と手間がかかり大変です。Illustratorの機能で、「楽に・早く」ロゴやタイポグラフィをデザインする方法をご紹介します。

重ねた線をぼかすと発光を表現できる

016 アピアランスだけでネオン管サインを作る

DLデータ sample016.ai

線にアピアランスを使ってネオン風の看板を作ります。アピアランスを設定することで、自由なデザインのロゴやイラストができます。

1 ペンツールで文字を描く

ペンツールでロゴにしたい文字を［線幅：1.5mm］、［塗り：なし］、線端は「丸型線端」で描いていきます。
ネオン管を表現するため、所々途切れたようなデザインにします1。

2 背景と線の配色を決める

背景となるレイヤーの色を［M：100 K：100］に設定します。
単なる［K：100］ではなく［M：100 K：100］にする理由は、線と同じ色を含むブラックにしておくことで、ぼかしを入れたときにキレイに表現されるためです。
線の色を［M：100］に変更します2。

背景レイヤーは［M：100 K：100］、線の色は［M：100］に設定します。

3 アピアランスで線を複製し重ねる

「アピアランス」パネルを開きます。
選択ツールで作成した文字を選択し、「アピアランス」パネルの「線」3をクリックします。
右下の「選択した項目を複製」4を選択して線のアピアランスを複製します。
さらに2つ複製していき、［0.25mm（M：20）］、［0.5mm（M：50）］、［1.5mm（M：100）］、［2mm（M：100）］に設定し、線を合計4つ作りました5。

線のアピアランスを4つ複製し、上の明るく細いピンクから下の濃いピンクに設定するとネオン管らしく表現になります。

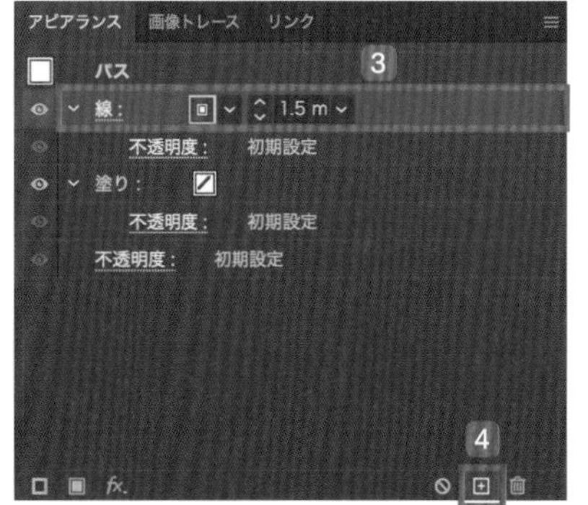

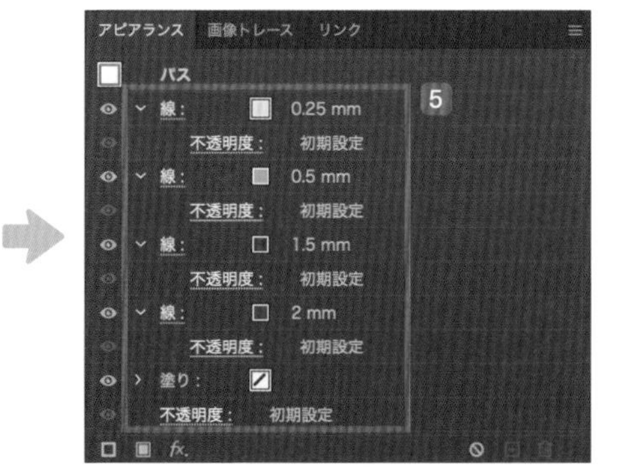

アピアランスの複製は、option キーを押しながらドラッグ＆ドロップでもできます。

④ 線をぼかす

「アピアランス」パネルで一番上の「0.5mm」の「線」6を選択し、「新規効果の追加」fx 7 ➡「ぼかし」➡「ぼかし(ガウス)」8を選択します。
「ぼかし(ガウス)」ダイアログボックスで「半径」を［2pixel］9に設定します。

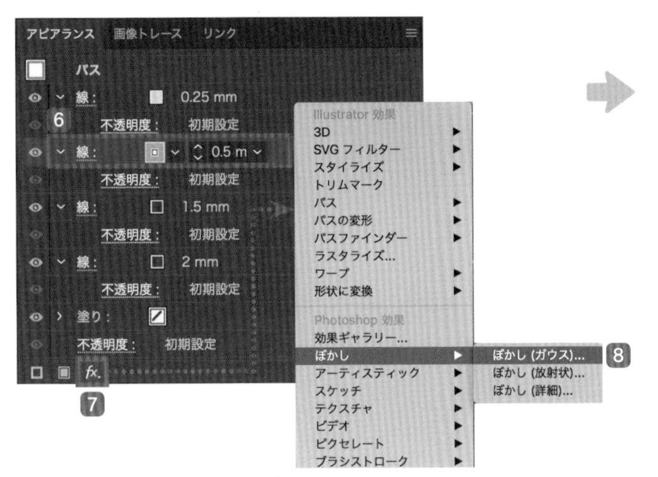

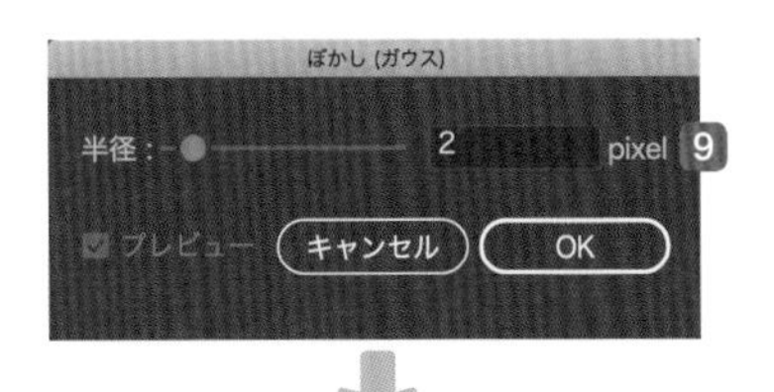

一番上の明るい線がぼけたことで、グッとネオン管らしさが増しました。

⑤ 微調整する

④と同じように「アピアランス」パネルで一番下の「2mm」の「線」を選択し、「新規効果の追加」fx ➡「ぼかし」➡「ぼかし(ガウス)」を選択します。「ぼかし(ガウス)」ダイアログボックスで「半径」を［7pixel］に設定します。
再度「2mm」の「線」を選択し、「不透明度」10をクリックすると設定パネルが表示されるので、描画モードを「通常」11、「不透明度」を［50%］12に設定し、ぼかした部分と背景を溶け込ませ、ネオン管の発光を表現します。

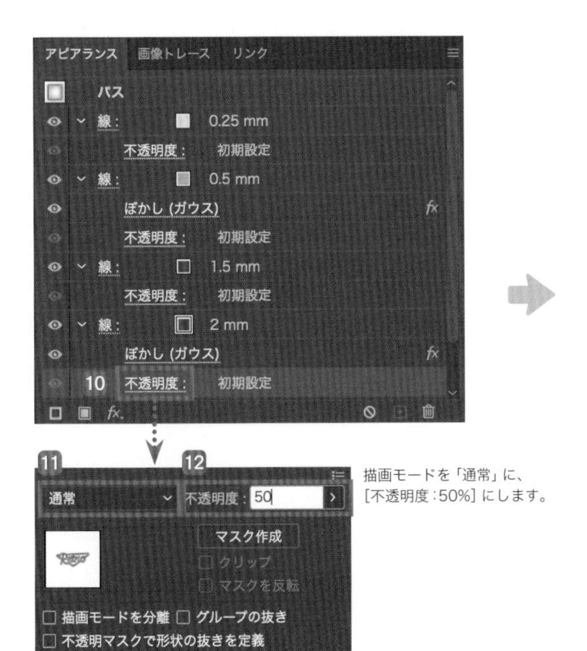

描画モードを「通常」に、［不透明度：50%］にします。

完成

DLデータ sample017.ai

グラデーションと線の縁で「それっぽさ」を表現

017 思わず目をとめる特売チラシ風文字

スーパーマーケットなどの特売チラシに使われているような文字をアピアランスで作ります。アウトライン化した場合と同じ効果を得られるので、文字の変更が簡単にできて便利です。

1 ベースとなる文字を作る

文字ツール T で丸ゴシック系の書体でテキストを入力します。
全体に少しシアーをかけ、「円」などの単位は小さくしておくとそれらしくなります 1。

フォントは「ヒラギノ丸ゴStdN」を使用しています。

1 980円

知っ得メモ

文字サイズが大小混在する場合は、長体や平体をパーセントで設定しておくと、数値管理がしやすくなります。

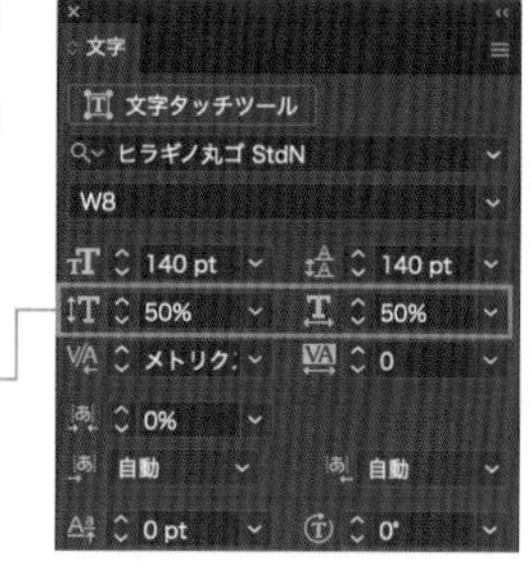

2 文字の塗りにグラデーションを適用する

「アピアランス」パネルで「新規塗りを追加」 2 をクリックして、「塗り」をグラデーションに設定します。
「グラデーション」パネルで「種類」を「線形グラデーション」 3 にして、両端をゴールド系、中央を白色に設定します。

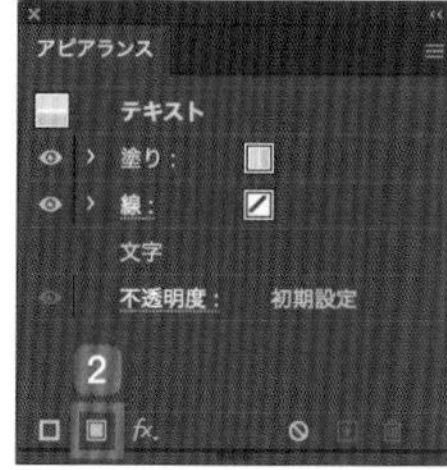

塗りにゴールドのグラデーションを設定します。

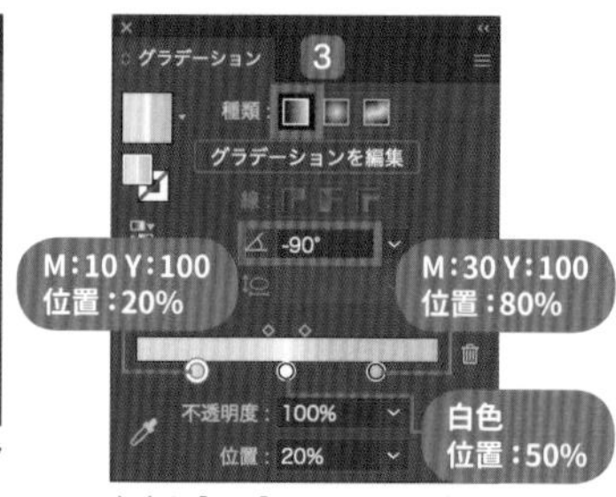

角度を［-90°］にすると、縦方向のグラデーションになります。

3 文字の塗りに効果をかける

「アピアランス」パネルの「新規効果を追加」 fx ➡「スタイライズ」➡「ドロップシャドウ」➡「ドロップシャドウ」ダイアログボックス 4 でぼかしのない白い影を追加します。
続いて、「新規効果を追加」 fx ➡「スタイライズ」➡「光彩(外側)」➡「光彩(外側)」ダイアログボックス 5 でぼかしのある影を追加します。

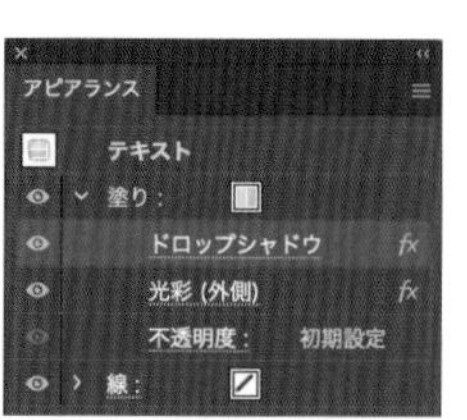

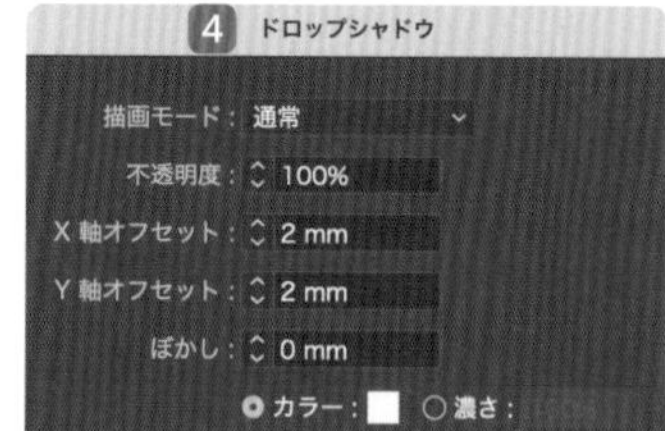

X軸とY軸のオフセット値は、フォントに合わせて調整してください。

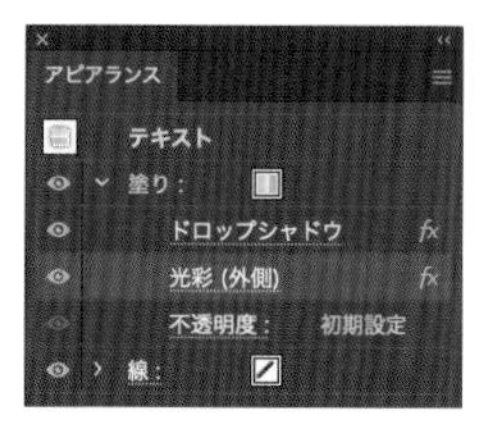

文字の線を追加し効果をかける

「アピアランス」パネルの「新規線を追加」 6 で線を2つ追加し、それぞれに数値を設定します。
外側の白い線に「新規効果を追加」 ➡「スタイライズ」➡「ドロップシャドウ」➡「ドロップシャドウ」ダイアログボックスで、ぼかしのある影を適用します 7。

外側の線は白、内側の線は赤［M:100 Y:100］に設定しました。特売チラシのイメージで、好みの色を設定してください。

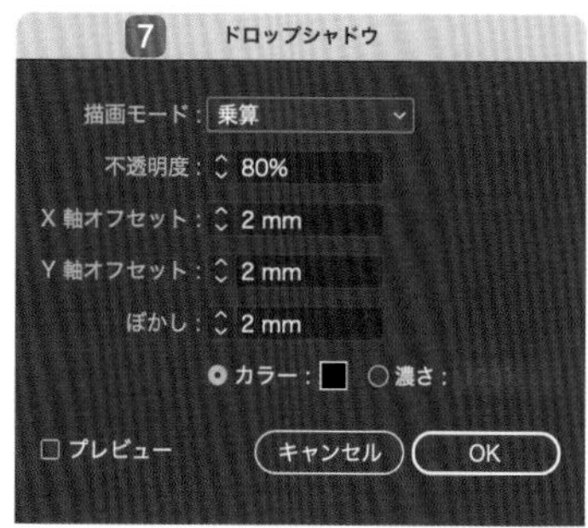

［描画モード：乗算］、［不透明度：80%］、［X 軸オフセット／Y 軸オフセット／ぼかし：2mm］です。

文字のバランスを微調整

「アピアランス」パネルの「新規効果を追加」 ➡「パス」➡「オブジェクトのアウトライン」8 を適用し、均等にフチがつくよう整えます。
アウトラインを適用することで、③で追加したぼかしのない白い影を基準にバランス良くフチがつきます。

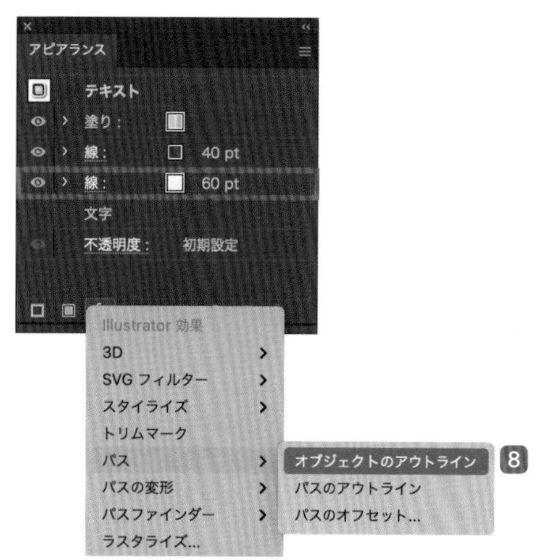

「オブジェクトのアウトライン」は、実際にはテキストをアウトライン化しませんが、アウトライン化したのと同じ効果が得られます。

書体や色を変更することで様々な表現ができます。

Part 2

手書きの文字をパス化してペン字を表現

018 エモさが際立つ ペン字風手書き文字

キャッチコピーとして入れると、途端にエモくなる手書き風文字。Illustratorのトレースを使ってパス化すれば、描いた後の調整も思いのままです。

DLデータ sample018.ai

1 手書き文字を用意する

まずは実際の手書き文字を用意します。紙にペンでも良いですし、iPadなどのペン入力型デバイスで書くのも良いでしょう。
今回はiPad Proの「Procreate」というアプリを使って書きました。書いた文字を画像データにし、Illustratorのアートボードに読み込みます 1 。

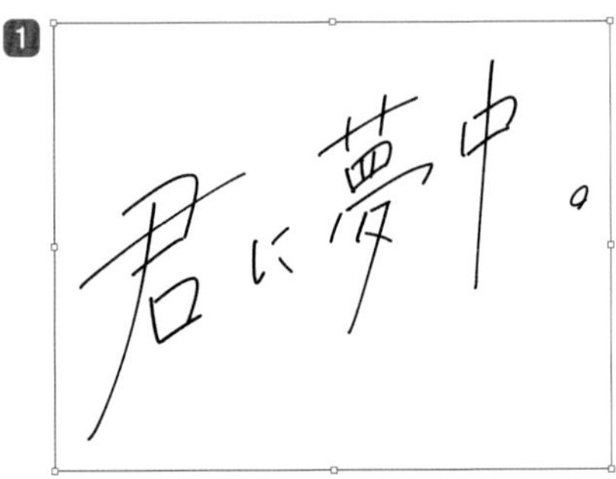

ペンタブレットで描いた文字をIllustratorに読み込みます。

2 文字の画像をトレースする

読み込んだ画像を選択し、コントロールパネルの「画像トレース」 2 をクリックします。
次にコントロールパネルにある「画像トレース」パネル 3 をクリックすると「画像トレース」パネル 4 が開くので、トレース結果がイメージ通りになるよう調整します。
「カラーモード」は「白黒」に、「しきい値」は文字がキレイに見える数値に設定します。
「詳細」の左側にある▼ 5 をクリックして「オプション」の「ホワイトを無視」 6 にチェックを入れて、紙の白い部分は無視してトレースしないようにします。

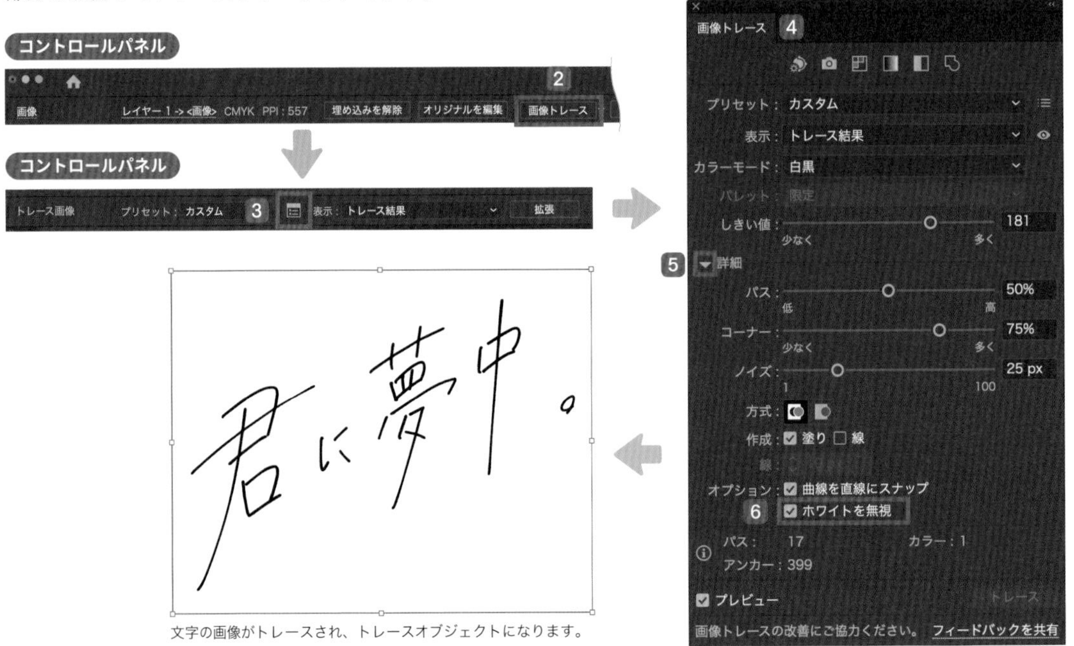

文字の画像がトレースされ、トレースオブジェクトになります。

③ パスデータに変換する

イメージに近いトレース結果になったら、コントロールパネルの「拡張」7をクリックします。すると先ほどまで画像だった文字が、ベクターのパスデータに変換されます8。

コントロールパネル

トレース画像　プリセット：カスタム　表示：トレース結果　拡張 7

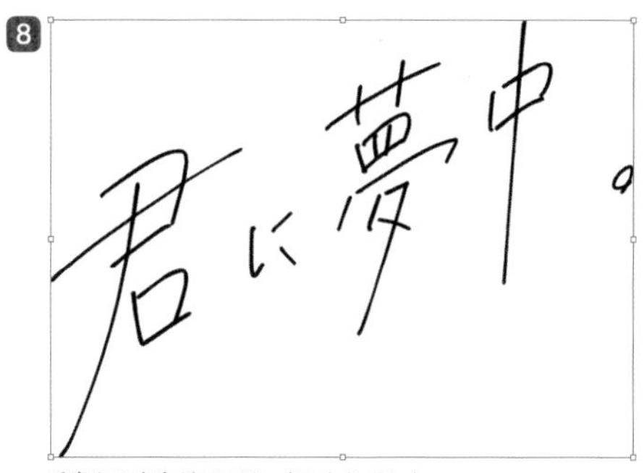

手書きの文字がパスデータになりました。

④ 文字のバランスを整える

パスデータになった文字は、Illustratorで描く図形と同じように取り扱うことができます。

③で拡張した直後はグループ化されているので、「オブジェクト」メニュー ➡「グループ解除」を選択するとパスごとの編集が可能になります。

選択ツール で文字の位置を調整したり拡大・縮小したり9、ダイレクト選択ツール でアンカーポイントを移動したりハンドルを調整したりして10理想の文字バランスに整えます。

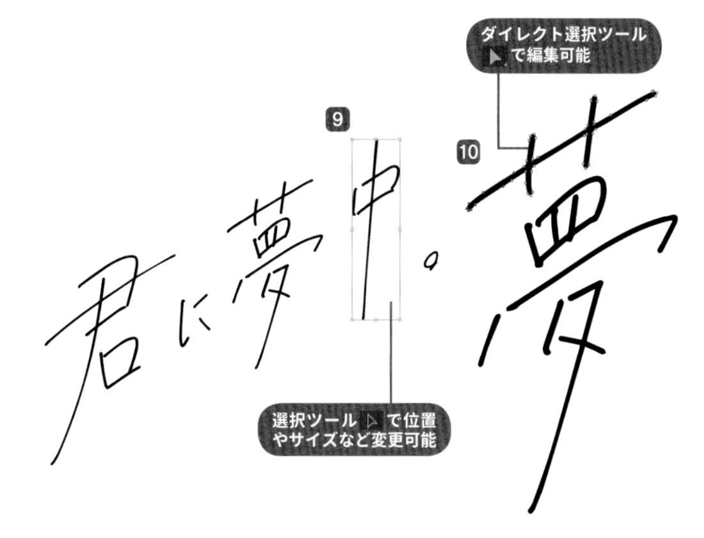

⑤ 文字に色を付ける

文字のオブジェクトをすべて選択した状態で、グラデーションツール でグラデーションをかけたい角度にドラッグする11と、文字全体にグラデーションをかけることができます。

「グラデーション」パネルでグラデーションの両端のカラーを設定します12。

万年筆のインク色のように表現したいので、下から上にかけて色が濃くなるように、線形グラデーションを設定しています。

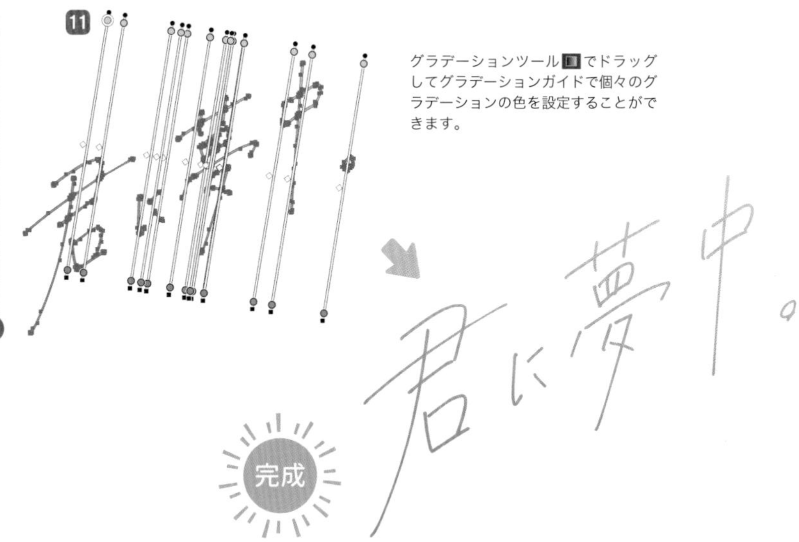

グラデーションツール でドラッグしてグラデーションガイドで個々のグラデーションの色を設定することができます。

夜の空

ワープツールと消しゴムツールで文字の一部を消す

019 元のフォントを活かした象形デザインロゴ

DLデータ sample019.ai

フォントの美しさを残しつつ、飾りなどをつけ足し、文字のデザインで「夜の空」を表現したオリジナルのロゴの作り方をご紹介します。

1 フォントを選ぶ

ロゴのベースとなるフォントを選びます。

夜の空

フォントは「A1明朝」を使用しています。

2 テキストのバランスを調整する

テキストを選択し、「書式」メニュー ➡「アウトラインを作成」を選択してバランスを整えていきます。
ひらがなの「の」は他よりサイズを小さくしているので、他の文字と太さ合わせるために文字に線をつけ若干太くしています1。

「の」に追加した線は［幅：0.1mm］に設定しました。

3 消しゴムツールで文字をバラバラにする

消しゴムツール2を選択してサイズを設定したら、矢印の方向に消しゴムをかけて文字のつなぎ目を消します3。文字がパーツごとに分解できました4。

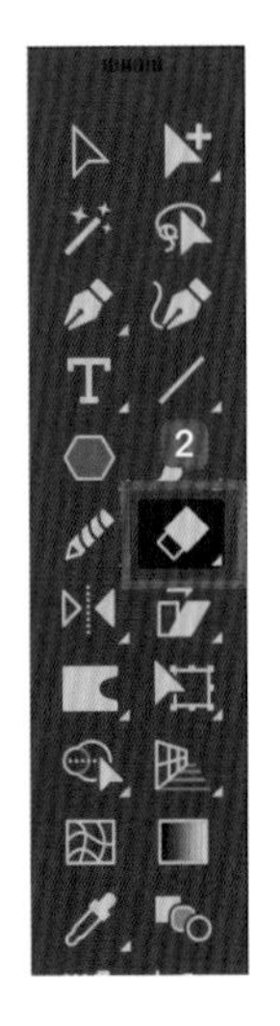

消しゴムツールで文字のパーツごとに分解します。

ワープツールを使って文字を変形させる

線幅ツールのサブツールにあるワープツール 5 をダブルクリックして「ワープツールオプション」ダイアログボックスを表示します 6。「単純化」7 のチェックを外し、「OK」をクリックします 8。
ワープツールを使って、文字を膨らませたりへこませたりして変形させていきます 9。

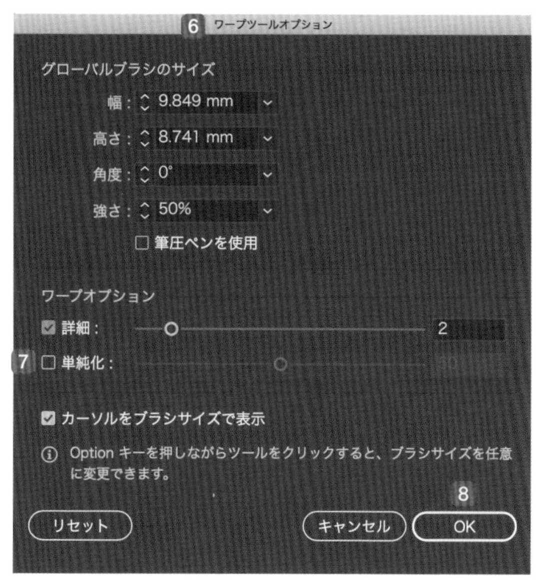

消し残した部分や、元のフォントらしさが残っている部分を、イメージに合わせて変形させます。

5 飾りや色を変える

文字の形を整えたら、点の代わりに星のモチーフやドットを入れて文字のパーツを変えていきます 10。
一部分だけ色を変更し、ロゴに動きを出していきます。

夜の文字の一部を星のモチーフに変更しました。グッとロゴ感が出ました。

部分的に色を変えました。
[C:54 Y:40]

塗りと線の設定と変形で流行の版ずれ文字

020 レトロタッチになる版ずれ風テキスト

DLデータ sample020.ai

印刷時に色の版がずれてしまう「版ずれ」効果をあえて再現することで、レトロな表現を生み出すことができます。アピアランスを使えば効果の作成後もテキストの編集が可能です。

1 線、塗りなしのテキストを用意する

文字ツール T でテキストを入力し、いったん「線」と「塗り」を［なし］に設定します 1。

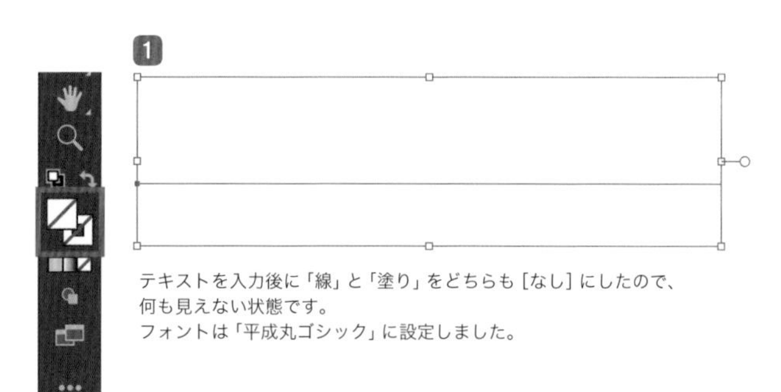

テキストを入力後に「線」と「塗り」をどちらも［なし］にしたので、何も見えない状態です。
フォントは「平成丸ゴシック」に設定しました。

2 アピアランスで線と塗りを設定する

「アピアランス」パネル下部の「新規塗りを追加」 2 をクリックします。
テキストに「線」と「塗り」のアピアランスが追加されるので、それぞれに別の色を設定します。
「線」は「不透明度」3 をクリックし、パネルの描画モードを「通常」から「乗算」4 に変更します。「乗算」にすることで、線と塗りの重なった部分の色が濃くなり、色の重なり感が出る効果を狙います。
「塗り」は薄いピンク系の色を設定します。

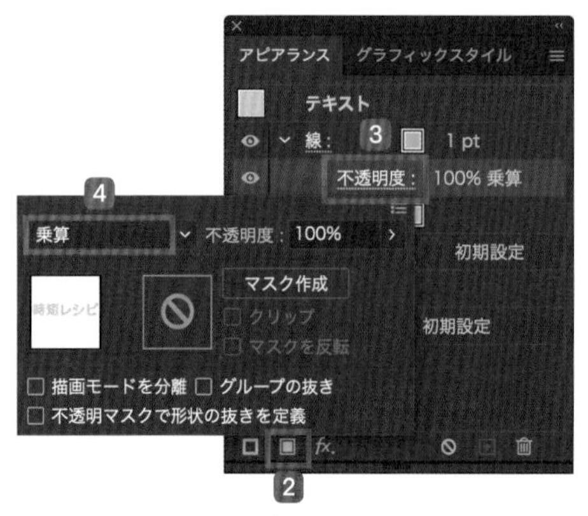

線は［C:50］、塗りは［M:29］に設定しました。

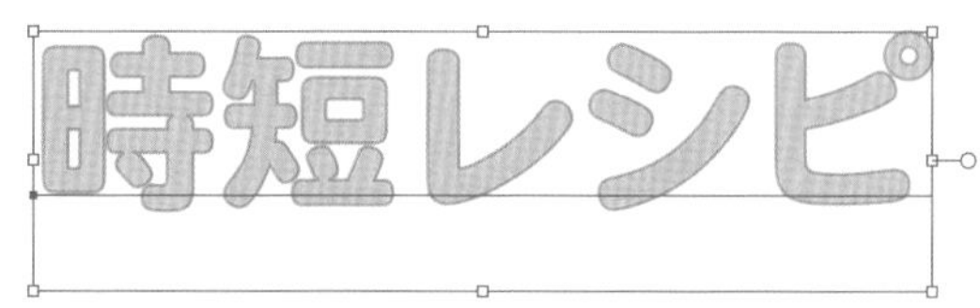

指定した色で文字が表示されました。版ずれが分かりやすくなるよう、「線」と「塗り」は異なる色にしましょう。

3 塗りの設定を変更する

「塗り」のアピアランスを選択し5、「アピアランス」パネル下部の「新規効果を追加」fx.6 ➡「パスの変形」➡「変形」を選択します。「変形効果」ダイアログボックスの「移動」で、「水平方向」「垂直方向」にずらす距離の数値を入力し（ここではどちらも［0.65mm］）7、「OK」8をクリックします。

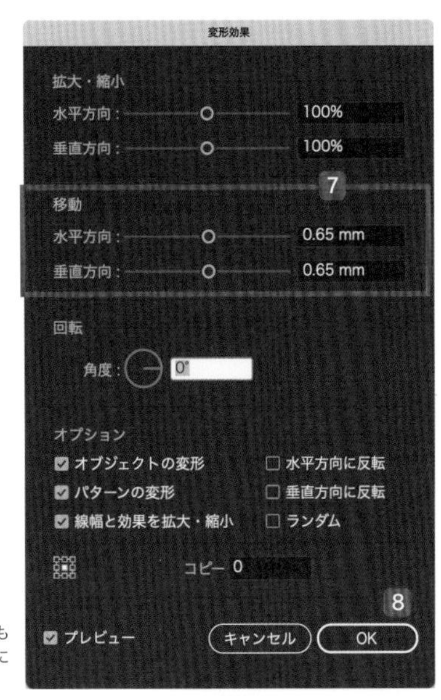

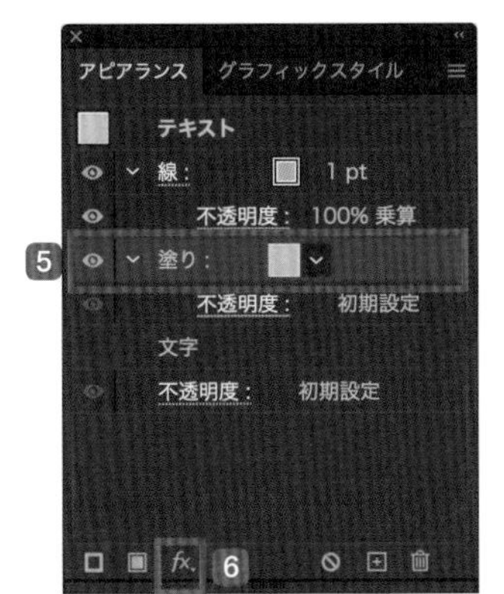

水平方向も垂直方向も数値は［0.65mm］に設定しました。

4 アピアランスをグラフィックスタイルに登録する

選択ツールでテキストを「グラフィックスタイル」パネルの中にドラッグ＆ドロップすると、作成したアピアランスを保存することができます9。

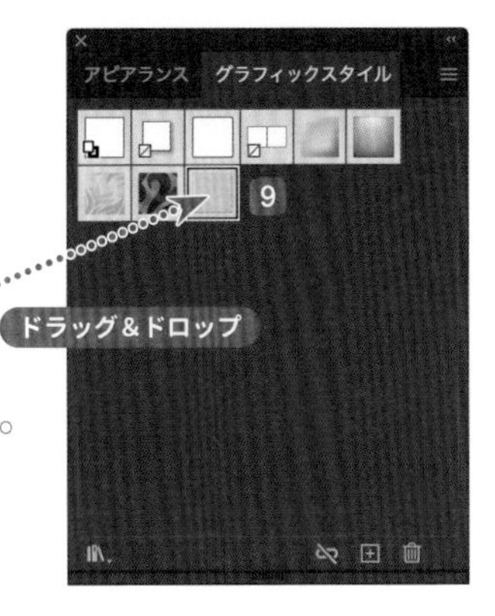

5 アピアランスを保存する

保存したスタイルは、テキストだけでなく図形などのオブジェクトにも適用できます。
ここでは、角丸長方形ツールで角丸長方形を作成し、「グラフィックスタイル」パネルで先ほど保存したスタイルをクリックし、同じスタイルを適用させ、その上に白い通常テキストを配置してみました10。

10

10分でつくる

DLデータ sample021.ai

消しゴムツールで不要な部分を消すだけ

021 時短で作る放射状の手描き風破線

放射状の破線（太陽線）を簡単に作成する方法です。消しゴムツールを使えば、はさみツールで不要な部分をカットするよりも速く描けます。

1 ベースデザインを作る

今回は円形の枠の中に収まるようなデザインにしたいため、楕円形ツール で正円を描き、「表示」メニュー ➡「ガイド」➡「ガイドを作成」を選択して正円をガイドラインに変換します。
その中に文字や図形を配置しています 1。

2 1本目の線を引く

太陽線の一番右端となる線を、直線ツール で引きます 2。
最終的には中心付近の線は消しますが、今は中心から線を引き始め、必要な長さ（今回はガイドの円付近）まで引きました。

3 回転ツールで残りの線を引く❶

回転ツール を選択し、 option キーを押しながら太陽線の中心となる点 3（今回は直線の左端）をクリックして回転の基点とします。「回転」ダイアログボックスが開くので、「角度」に［10°］4 と入力して「コピー」5 をクリックします。
すると元の直線は残り、10°傾いた直線のコピーが作成されます 6。

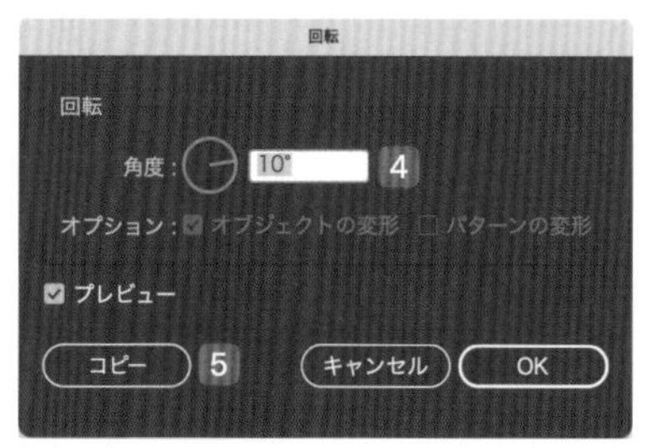

「プレビュー」をオンにしておくと、回転状態を確定前に確かめることができます。

④ 回転ツールで残りの線を引く❷

回転のコピーが作成されたら、「オブジェクト」メニュー➡「変形」➡「変形の繰り返し」（command＋Dキー）を選択します。
③で行った10°回転してコピーする操作が反復されるので、元の直線の180°反対側に至るまでcommand＋Dキーを押してコピーを繰り返します7。

7

command＋Dキーは、直前の操作を繰り返すショートカットキーです。

⑤ 消しゴムツールで整える

複製された直線をすべて選択し、消しゴムツール で直線の密集している中心部分や、直線間のところどころの消したい部分をなぞっていきます8。
なぞった部分が消えるので、バランスを見ながらところどころを不均等に消していき、太陽線を完成させます。

8

放射状の線が太陽線になるよう、線に切れ目を入れていきます。

ガイド線を非表示にして全体のバランスを確認します。

完成

知っ得メモ

コーヒーの湯気の部分も、太陽線と同じ消しゴムツール を使って作成しています。ペンツール でS字カーブを作成し、6つに複製して等間隔に並べたあと、消しゴムツール で線の部分部分をカットすれば湯気のような表現となります。

3D効果と変形で作るシャドウで浮遊感を表現

022 ふわっと浮いたような文字

アピアランスを使って文字を倒したり影が落ちている効果をかけることで、宙に浮いているように見せるビジュアルを作ります。

DLデータ sample022.ai

1 メインとなる文字を作る

文字ツール T で文字を書きます。
1文字ずつの浮遊感を出すために文字の間隔を広めに取りました 1。

FLOAT

フォントはFutura Round Boldを使用しています。

2 文字を倒して奥行き感を出す

「アピアランス」パネルの「新規効果を追加」fx 2 ➡「3D」➡「押し出し・ベベル」を選択し、「3D押し出し・ベベルオプション」ダイアログボックス 3 で後ろに倒したような効果をつけます。
文字の塗りを白に設定すると、グレーの濃淡で文字が倒れているような効果になります 4。

※CC 2022の場合は「新規効果を追加」fx ➡「3Dとマテリアル」➡「3D(クラシック)」➡「押し出しとベベル(クラシック)」を選択すると図のような表示になります。

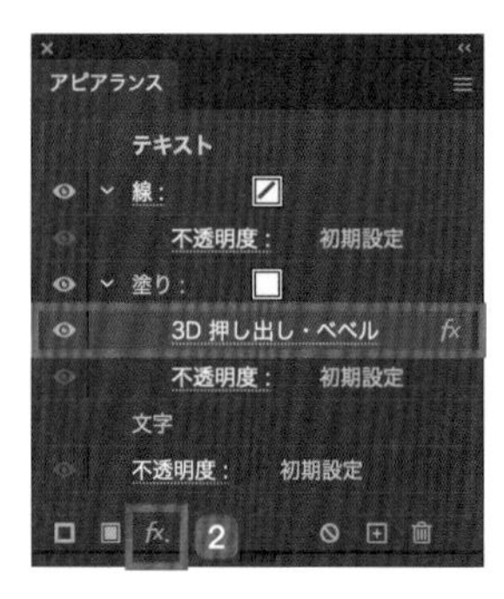

X軸を［50°］、Y軸とZ軸は［0°］にし、押し出しの奥行きは［30pt］に設定します。

文字が後ろに倒れているようになりました。

③ ぼかした影を落とし浮遊させる

「アピアランス」パネルで「新規塗り」■をクリックして［K:100］を追加し、②で作成した「塗り」（白）の下に移動します5。続けて「新規効果を追加」fx.6 ➡「パスの変形」➡「変形」を選択し、「変形効果」ダイアログボックス7で垂直方向に縮小と移動を適用します。

文字のサイズや距離はプレビューを見ながら調整します8。

「アピアランス」パネルの「新規効果を追加」fx.9 ➡「Photoshop効果」➡「ぼかし(ガウス)」を選択し、「ぼかし(ガウス)」ダイアログボックスで落とした影をぼかします10。

「透明」パネルで描画モードを「乗算」にし、「不透明度」を落としておくと背景と馴染みやすくなります11。

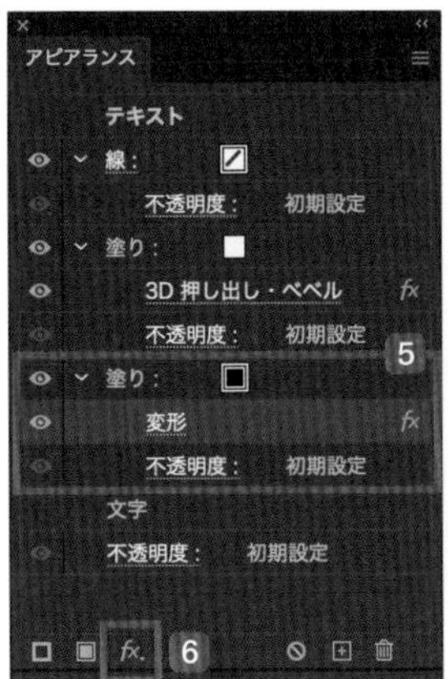

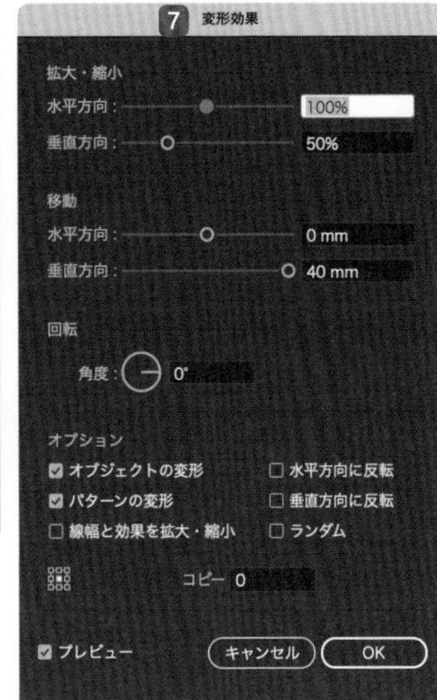

「拡大・縮小」の「水平方向」を［100%］、「垂直方向」を［50%］に設定し、「移動」の「垂直方向」を［40mm］に設定します。

8

文字の下に影ができました。

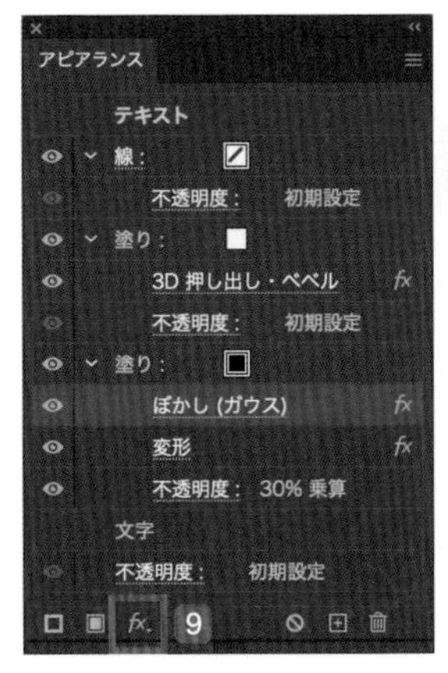

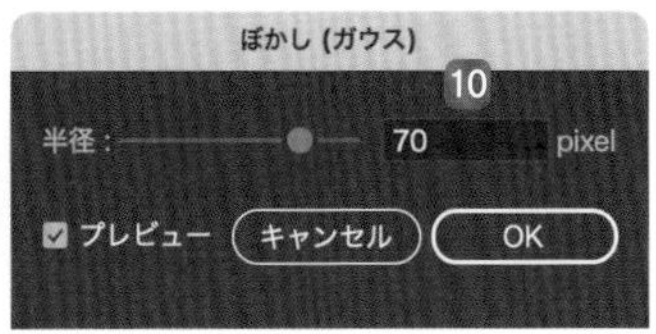

ぼかし（ガウス）の半径は［70pixcel］です。

11

影がかなり不明瞭になりました。

4 オブジェクトを作り、効果をかける

雲や飛行機などのオブジェクトを配置し、「アピアランス」パネルで「新規塗り」■をクリックして [K:100] を追加し、塗り（グレーのオブジェクト）の下に移動します。
続けて「新規効果を追加」fx ➡「パスの変形」➡「変形」を選択して調整し、「アピアランス」パネルの「新規効果を追加」fx ➡「Photoshop効果」➡「ぼかし(ガウス)」をかけます12。

12

文字同様、影をぼかします。

知っ得メモ

アピアランスの効果をグラフィックスタイルに登録することで、複数のオブジェクトに1回の操作で同じ効果を適用することができます。
「アピアランス」パネル左上のサムネイルを「グラフィックスタイル」パネルにドラッグします。オブジェクトを選択し、登録したグラフィックスタイルをクリックすると効果が適用されます。

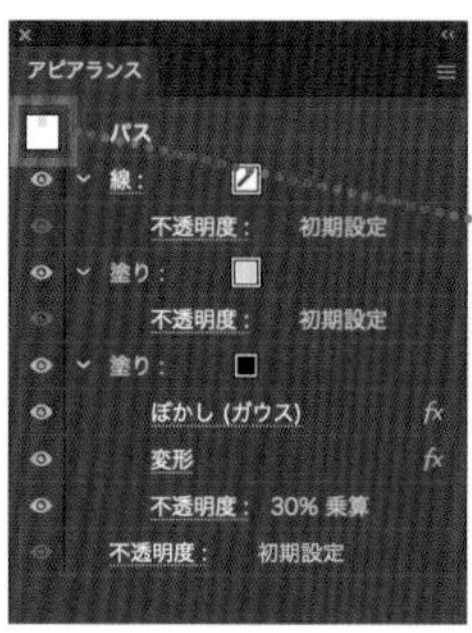

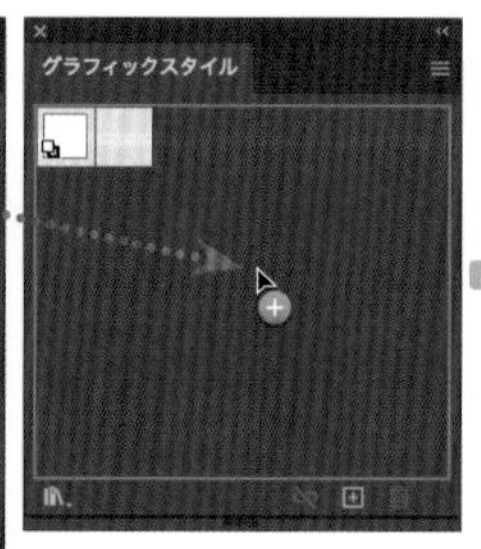

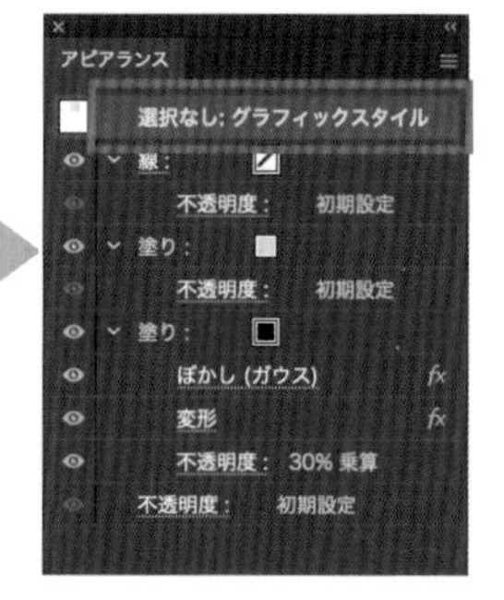

5 文字や影のバランスを整える

背景を加え、「アピアランス」パネルでオブジェクトの影の落ち方や濃度を調整します13。
「文字」パネル14でベースラインや角度などのバランスを調整します。

13

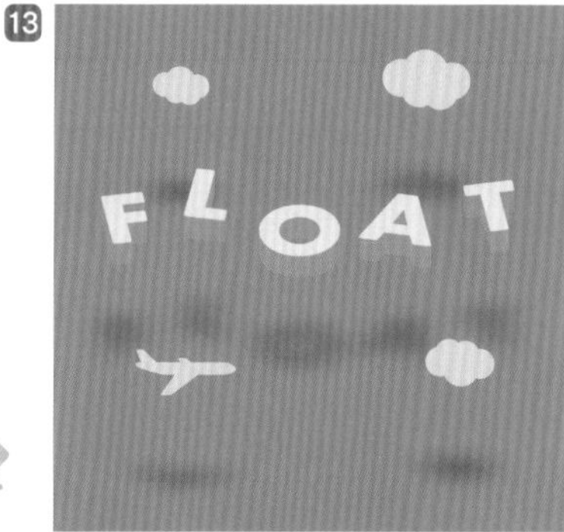

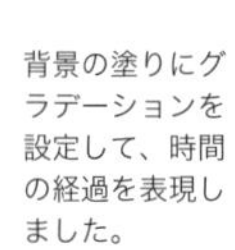

背景の塗りにグラデーションを設定して、時間の経過を表現しました。

スレッドテキストオプションで効率よく並べる

023 あっという間に作れるポップなカレンダー

DLデータ sample023.ai

文章の段組みに使うスレッドテキストオプション機能を応用して、カレンダーを作ります。12ヶ月分のカレンダーの日にち部分を効率よく作ることができます。

1 正方形を７×７の方眼に分割する

長方形ツールで「塗り」なし、「線」黒の正方形を作り、「オブジェクト」メニュー ➡「パス」➡「グリッドに分割」を選択し1、「グリッドに分割」ダイアログボックスで、「行」と「列」の「段数」をそれぞれ [7] 2に設定して正方形を分割します3。

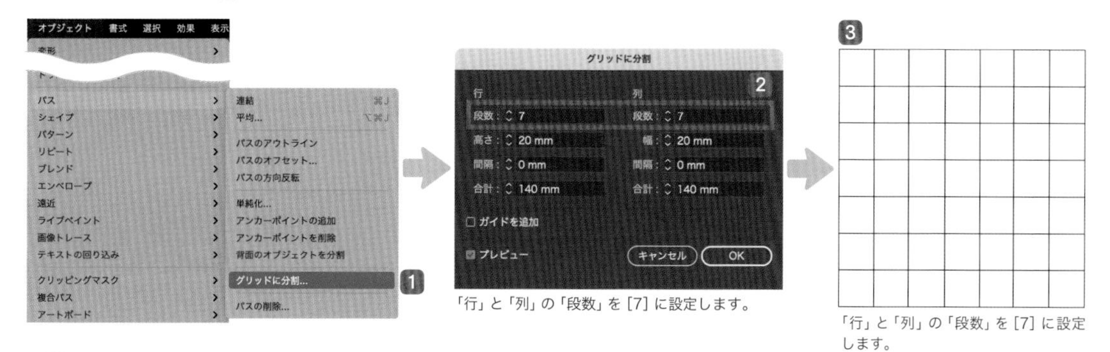

「行」と「列」の「段数」を [7] に設定します。

「行」と「列」の「段数」を [7] に設定します。

2 曜日と日にちをそれぞれスレッドテキストにする

曜日が入る行の高さを50%に縮小してカレンダーの大枠を決めます4。
すべてのマス目を新規レイヤーにコピーし、下のレイヤーをロックします5。
ロックされていない上のレイヤー内の曜日７マスと日にち42マスの方眼をそれぞれ選択し6、「書式」メニュー ➡「スレッドテキストオプション」➡「作成」を選択します7。

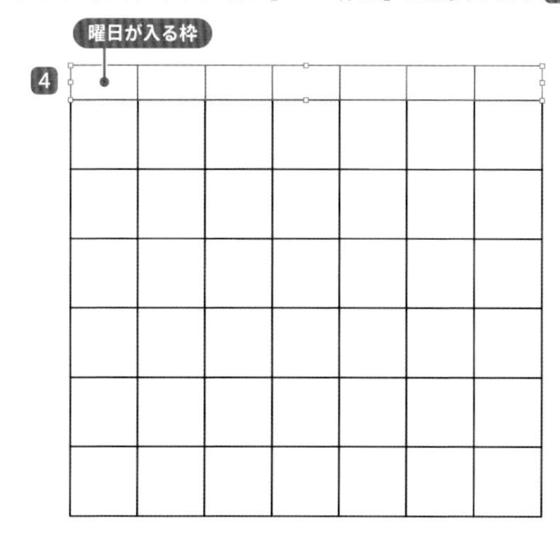

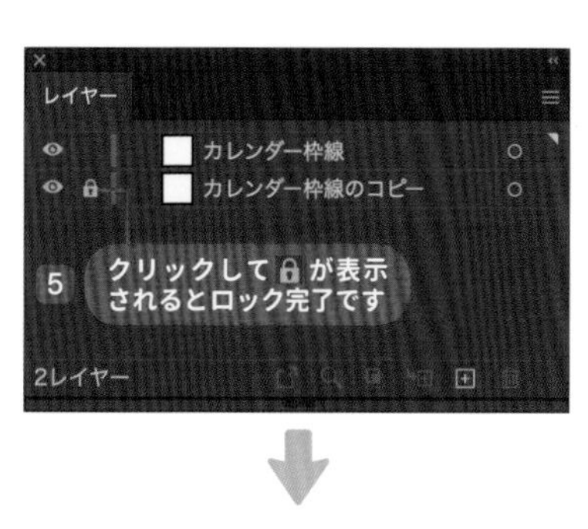

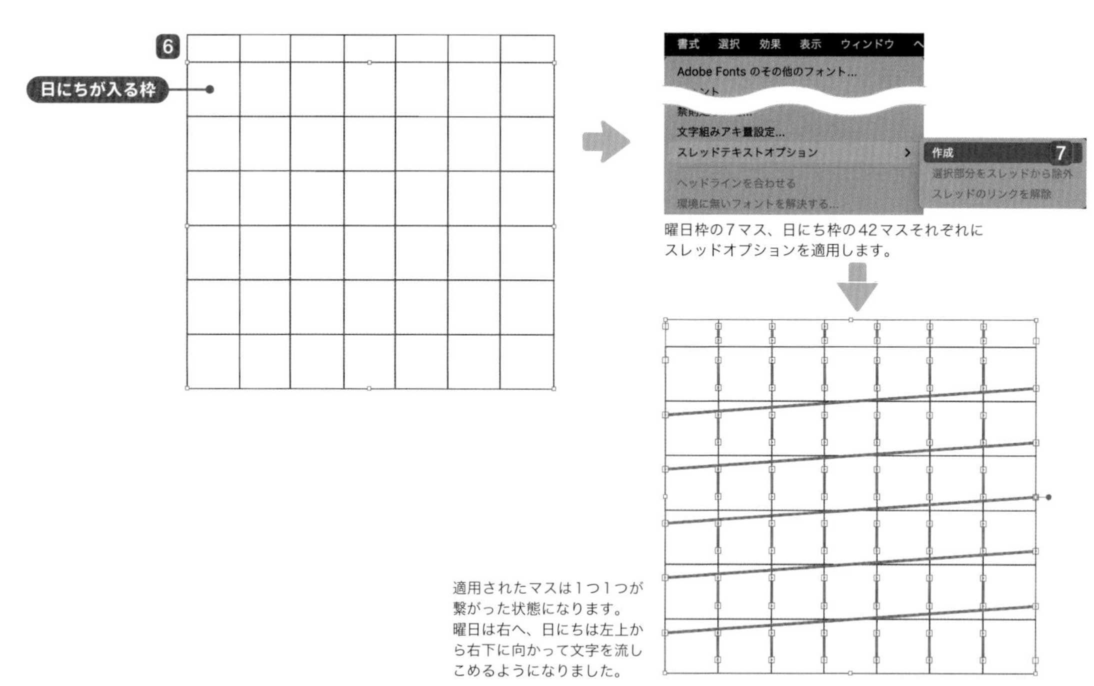

曜日枠の7マス、日にち枠の42マスそれぞれにスレッドオプションを適用します。

適用されたマスは1つ1つが繋がった状態になります。曜日は右へ、日にちは左上から右下に向かって文字を流しこめるようになりました。

3 カレンダーに入る文字をスレッドテキストに流し入れる

文字ツール T で、曜日の頭文字SUN～SATと1～31をそれぞれ入力します。
1マスに入れる文字ごとに改行をして作っていきます 8 。
曜日と日にちの文字列をそれぞれコピーし、スレッドテキストの開始マスにエリア文字としてペーストして挿入します 9 。

8

SUN
MON
TUE
WED
THU
FRI
SAT

1
2
3
4
5
6
7
8
9
10
11
12
13
14
15
16
17
18
19
20
21
22
23
24
25
26
27
28
29
30
31

9

曜日の開始マス

日にちの開始マス

SUN	MON	TUE	WED	THU	FRI	SAT
1 2 3	4 5 6	7 8 9	10 11 12	13 14 15	16 17 18	19 20 21
22 23 24	25 26 27	28 29 30	31			

曜日と日にちのテキストをマス目にペーストします。

文字情報を設定する

「文字」パネルで、うまくマス目にはまるようにフォントの種類、サイズ、文字間、行間、ベースラインを調整します。
「段落」パネルで「行揃え」を「中央揃え」■に設定します。
「文字」パネルで行送りを調節して、1マスに1単語が入るように設定します。
作例では前月と翌月の日にちを追加して、すべてのマスを埋めました。

SUN	MON	TUE	WED	THU	FRI	SAT
26	27	28	29	30	1	2
3	4	5	6	7	8	9
10	11	12	13	14	15	16
17	18	19	20	21	22	23
24	25	26	27	28	29	30
31	1	2	3	4	5	6

カレンダーの枠線やマス目をデザインする

文字の入った上レイヤーをロックし、下のレイヤーのロックを外し、カレンダーの枠線とマス目をデザインしていきます。
作例では平日をグレー、土曜日を水色、日曜日と祝日をピンクに設定し、外枠の四隅を角丸にしました。

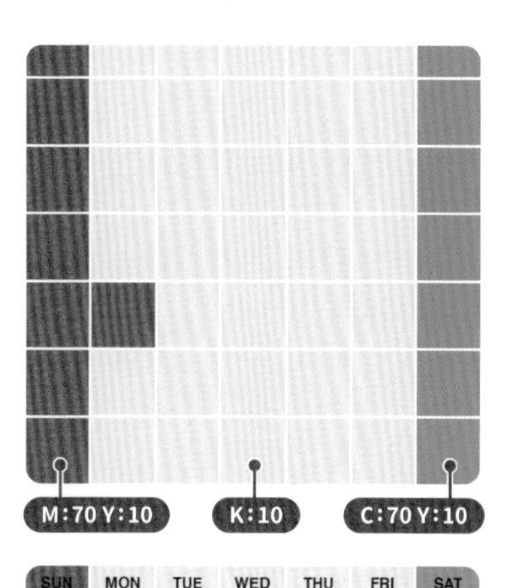

文字の最終調整をして完成

文字の色味やサイズ、マスの中の配置などを調整し枠外に年月などを入れて完成です。
別の月のものを作る際は、文字ツール T で前後の日にちを追加、削除して曜日を移動させます。

SUN	MON	TUE	WED	THU	FRI	SAT
26	27	28	29	30	1	2
3	4	5	6	7	8	9
10	11	12	13	14	15	16
17	18	19	20	21	22	23
24	25	26	27	28	29	30
31	1	2	3	4	5	6

K:90　K:30

2022 JULY 7

SUN	MON	TUE	WED	THU	FRI	SAT
26	27	28	29	30	1	2
3	4	5	6	7	8	9
10	11	12	13	14	15	16
17	18	19	20	21	22	23
24	25	26	27	28	29	30
31	1	2	3	4	5	6

知っ得メモ

枠線やマス目のデザインや文字情報を変更するだけで、バリエーション豊かなカレンダーが効率よく作れます。

2022.08

日	月	火	水	木	金	土
	1	2	3	4	5	6
7	8	9	10	11	12	13
14	15	16	17	18	19	20
21	22	23	24	25	26	27
28	29	30	31			

Part 2

タイポ
TYPO

DLデータ sample024.ai

線の文字から「刈り込み」でデザイン

024 上下が直線的に切れたロゴデザイン

ペンツールを使い、線でロゴデザインを作成していきます。
線幅が統一されることで、キレイなロゴができます。

1 下書きをトレースする

Photoshopで手描きした下書きをIllustratorで開き、ペンツール でトレースしていきます1。
文字はアウトラインオブジェクトでなく、線で作成します。

下絵を開きます。

ペンツール の線でトレースします。

1

2 形を整える

①で作成した文字の線の端をカットするため、長方形ツール で目隠しを作っていきます2。

2

文字の端をカットするマスクを配置します。

3

線の文字を「パスのアウトライン」でアウトライン化します。

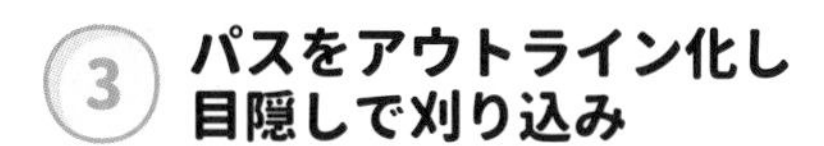

3 パスをアウトライン化し目隠しで刈り込み

文字を選択し、「オブジェクト」メニュー ➡「パス」➡「パスのアウトライン」を選択してアウトライン化します。目隠しも含めすべて選択し 3 、「パスファインダー」パネルで「刈り込み」 4 をクリックします。
目隠しのグレーを削除します。

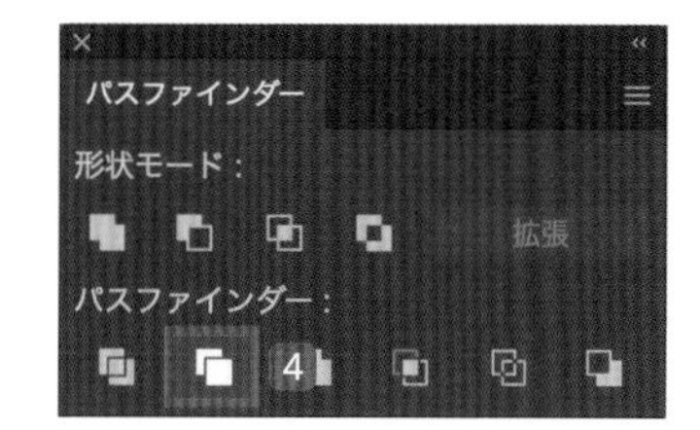

「パスファインダー」パネルの「刈り込み」で、上に置いた目隠しで文字が切り取られます。「刈り込み」後はグループ化されるので、グループ化解除後に目隠しを削除します。

4 文字ごとに1つのオブジェクトに

1文字ごとに選択し、「パスファインダー」パネルで「合体」 5 をクリックして1つのオブジェクトにします。
最後にバランスやカラーを変更して、完成です。

グラデーションメッシュで着色する

025 宇宙感のある幻想的な色合いのロゴ

グラデーションメッシュを使い、ランダムで幻想的な配色を行います。今回は宇宙のような配色で、簡単なロゴを着色していきます。

DLデータ sample025.ai

1 オブジェクトにグラデーションメッシュをかける

グラデーションメッシュを適用するオブジェクト［C:80 M:100］を用意します1。
メッシュツールを選択し、オブジェクトの左上と右下をクリックしてメッシュポイントを増やします2。

2 グラデーションを作成する

ダイレクト選択ツールを使い、左上のメッシュパッチをクリックし［C:100］に設定します3。
次に右下のメッシュパッチを選択して［M:100］に設定します4。
続いて、右上の４つのポイントを選択して［C:100 Y:50］に設定します5。

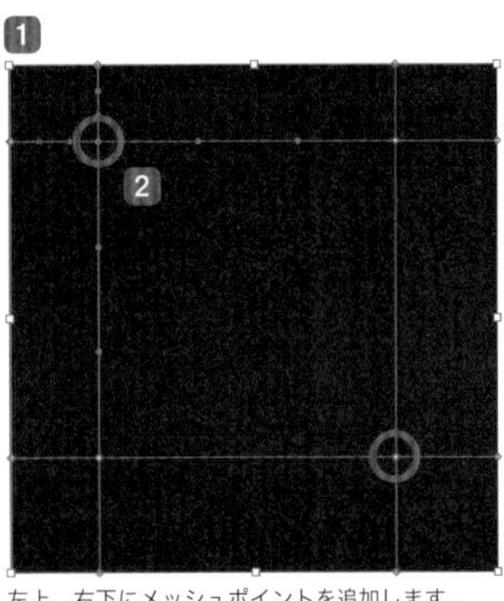

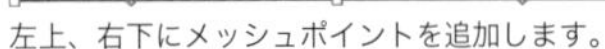
左上、右下にメッシュポイントを追加します。

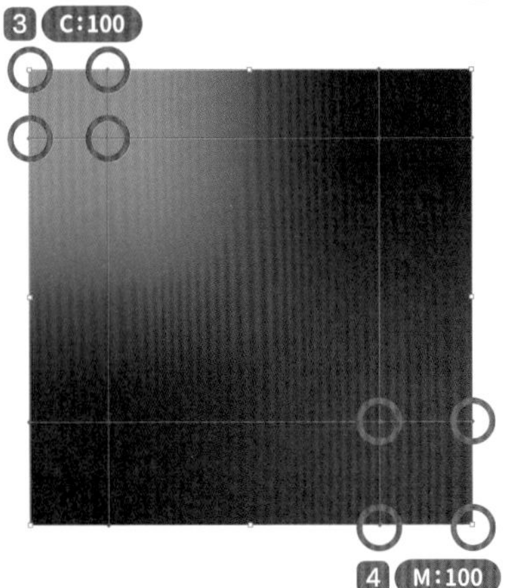

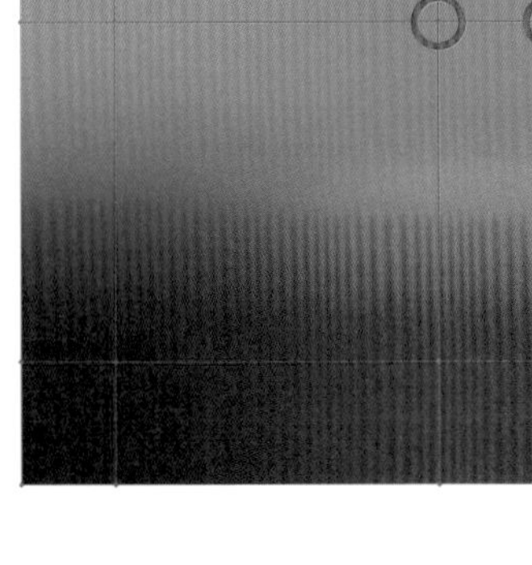

3 グラデーションを配置する

さらにメッシュツールで右図のような真ん中の４箇所をクリックし、メッシュを増やします6。
増やした箇所を［C:100 M:85 K:50］のカラーに設定します7。

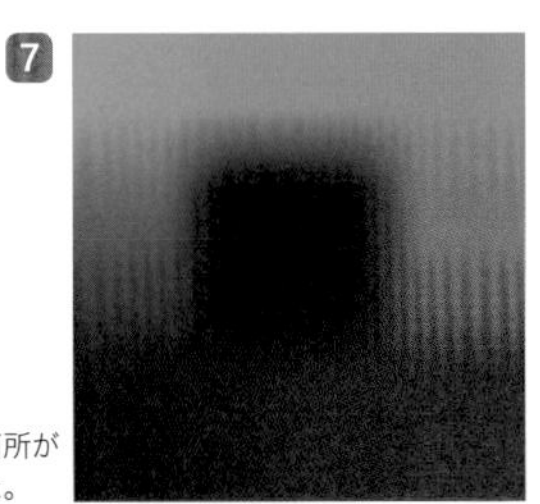

パスを増やした箇所が紺色になりました。

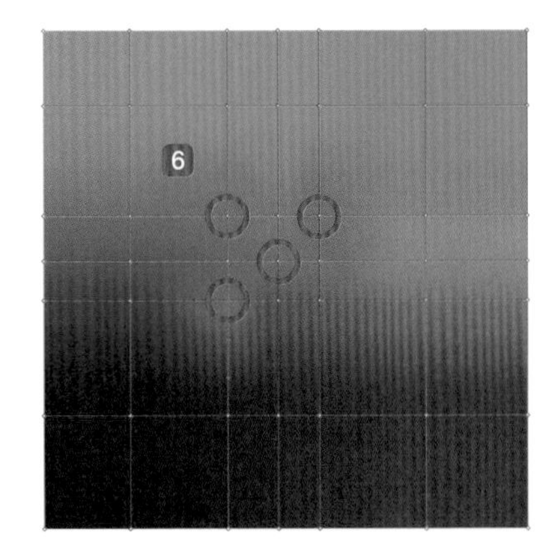

④ メッシュを変形させる

③で作成した、メッシュ内のパスやアンカーなどを変形させ色にゆがみを与えます8。

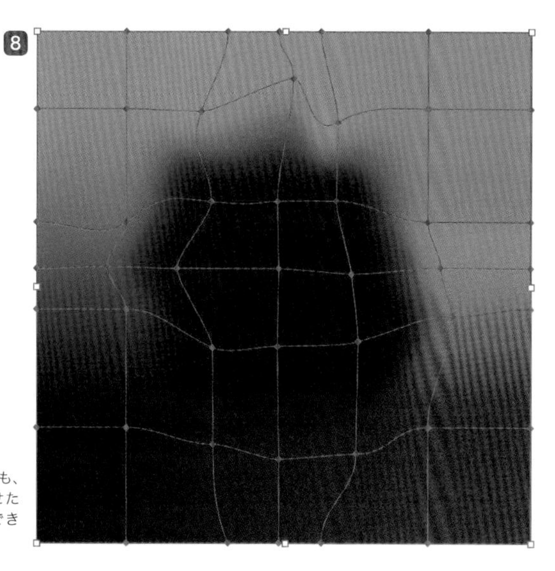

整然と配色するよりも、メッシュをゆがませた方が宇宙感を表現できます。

⑤ 文字を着色する

9のようなロゴを用意します。

複合パスの作成を行わないと、ロゴ全体にクリッピングパスがかけられないため、ロゴを選択して「オブジェクト」メニュー ➡「複合パス」➡「作成」を選択してロゴを複合パス化します10。

④で作成したグラデーションメッシュの上に複合パス化したロゴを置き、一緒に選択した状態で「オブジェクト」メニュー ➡「クリッピングマスク」➡「作成」11を実行してクリッピングマスクをかけると、グラデーションメッシュでロゴが着色されます。

ロゴを用意し複合パスにします。

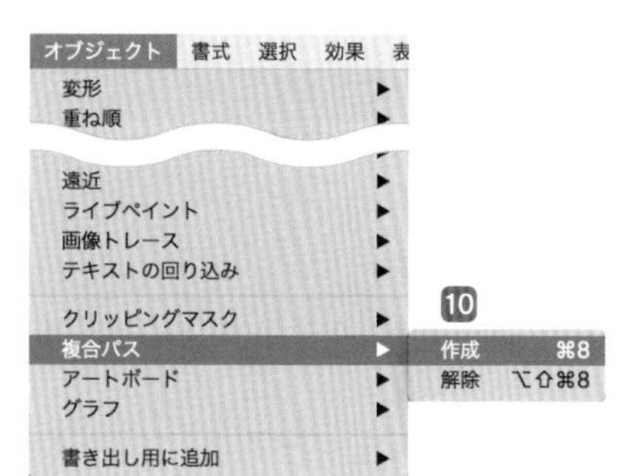

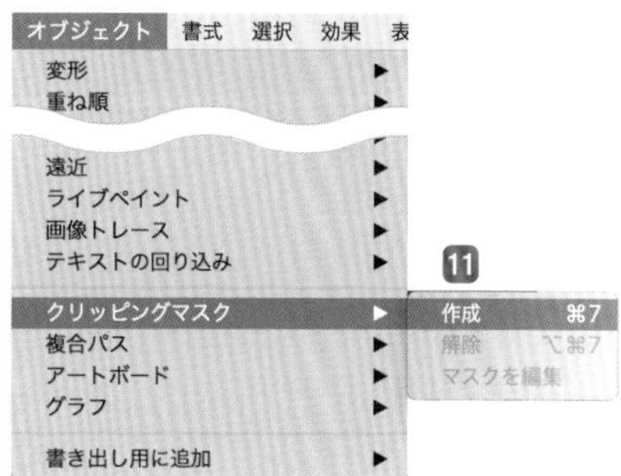

完成

円にジグザグをつけるだけでレースに早変わり

026 あっというまの レトロなレース飾り

DLデータ sample026.ai

楕円にジグザグを加え、レトロな飾り枠を作ります。タイトル周りにジグザグツールを使ってあしらいを加え、ちょっとオシャレな枠にしていきます。

1 楕円を用意する

楕円形ツールで楕円を描きます1。
「オブジェクト」メニュー ➡「パス」➡「パスのオフセット」2を選択し、「パスのオフセット」ダイアログボックスで数値3を設定します4。
※数値は自由に調整してください。

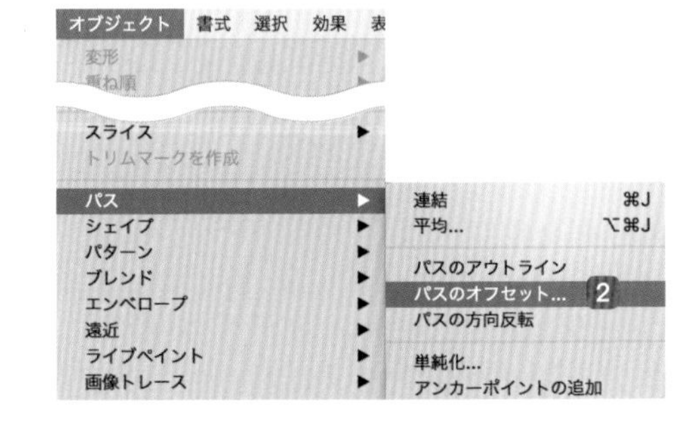

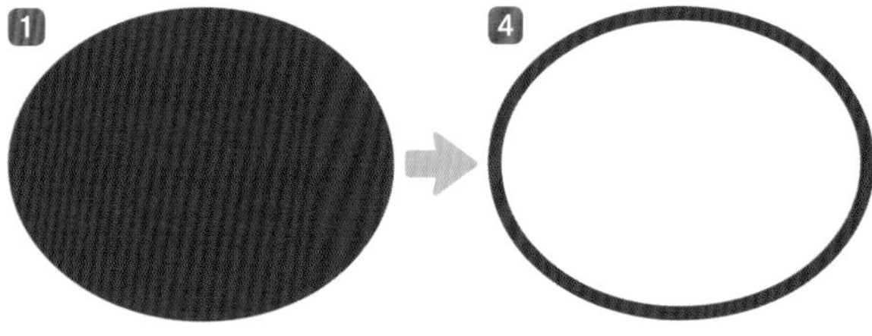

楕円の色は [C:27 M:64 K:52] です。　内側の色は [M:1 Y:8] です。

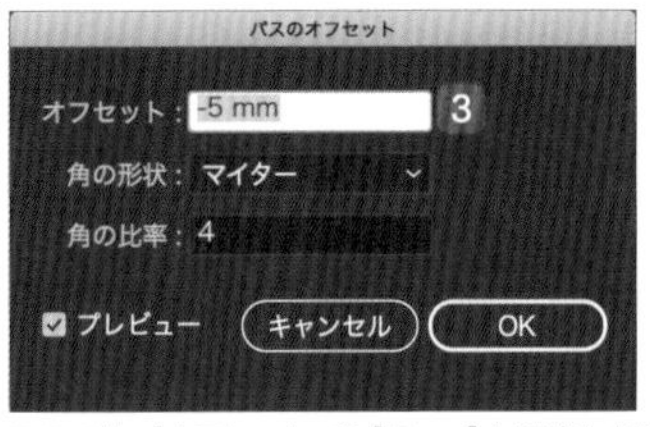

ここでは、「オフセット」を [-5mm] に設定しました。

2 ジグザグツールを使う

「効果」メニュー ➡「パスの変形」➡「ジグザグ」5を選択し、「ジグザグ」ダイアログボックスを開きます。
「大きさ」を [0.7] 6に、「折り返し」は [10] 7に設定し、「ポイント」は「滑らかに」8にチェックを入れます9。

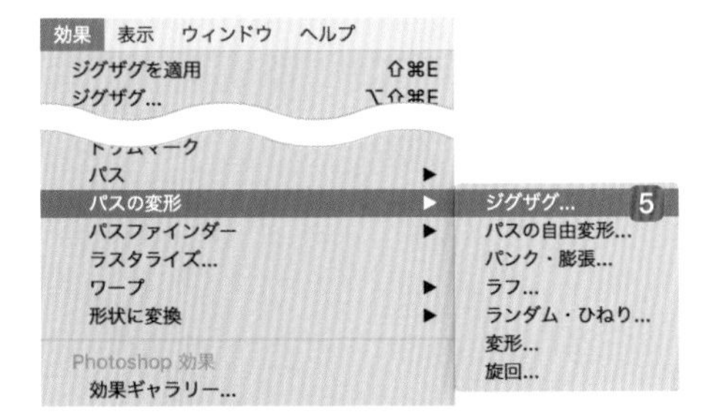

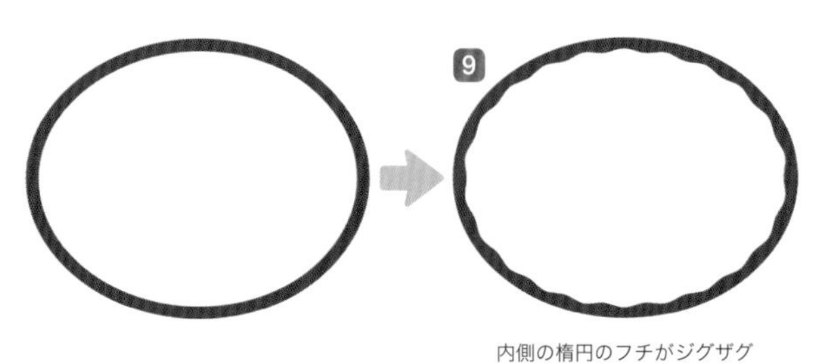

内側の楕円のフチがジグザグになりました。

3 飾り罫線を作る

ペンツールで上 [0.1mm] 下 [0.2mm] の２本の線を引きます⑩。
色は [M:27 Y:65 K:14] に設定しました。
罫線にも「ジグザグ」⑪を適用します⑫。
ジグザグの効果を加えた罫線を選択し、「オブジェクト」メニュー ➡ 「アピアランスを分割」⑬を選択して複製します⑭。

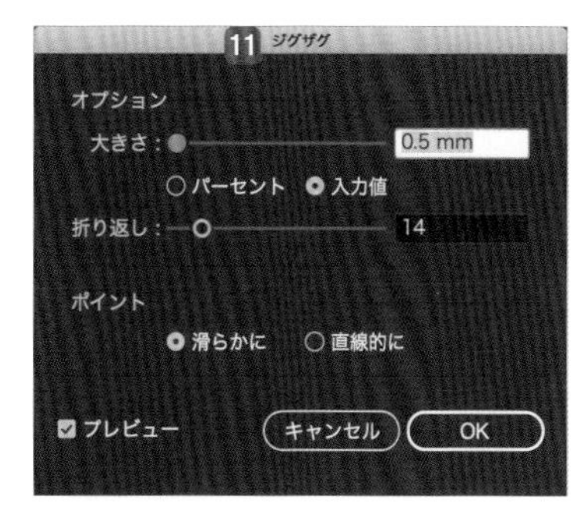

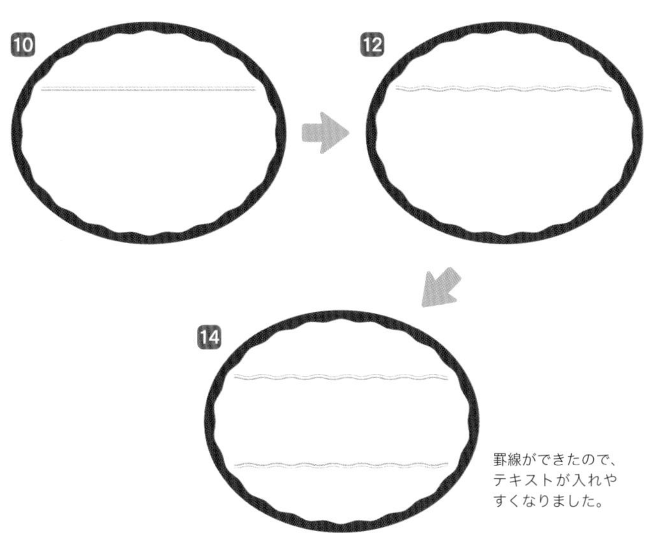

罫線ができたので、テキストが入れやすくなりました。

4 最後に飾りを加える

最後に、オリジナルの飾りなどを加えて完成です。

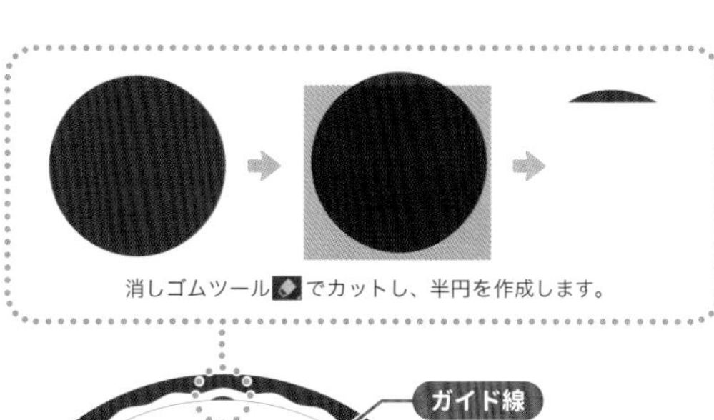

消しゴムツールでカットし、半円を作成します。

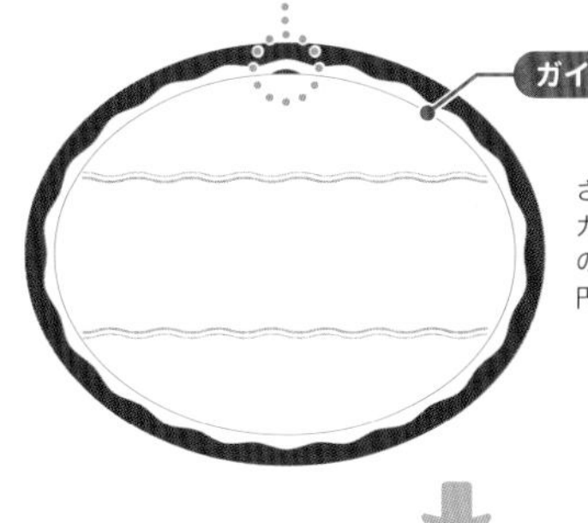

さらにジグザグ円の内側にガイド線をひき、ジグザグの窪みに沿わせるように半円を配置していきます。

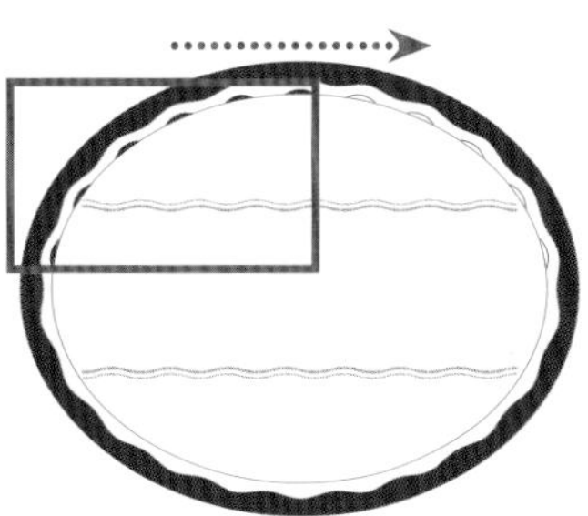

四分の1まで完成したら、リフレクトツールを使い、shift + option キーを押しながら複製反転していきます。
同様に下の半分も複製反転していきます。

アピアランスと3D効果の合わせ技

027 力強さのあるマンガの効果音と集中線

DLデータ sample027.ai

マンガの表現でよく使われる擬音などの効果音や、迫力のあるシーンなどで使われる集中線の作り方です。色や効果を追加すると、カラーマンガやアメコミ風の表現ができます。

1 背景と正円を作る

アートボードサイズの背景［200×200mm、塗り：黒］を作り、楕円形ツールで少し大きめの正円［塗り：白］を作ります1。
背景は、別レイヤーにしてロックをかけておきます。

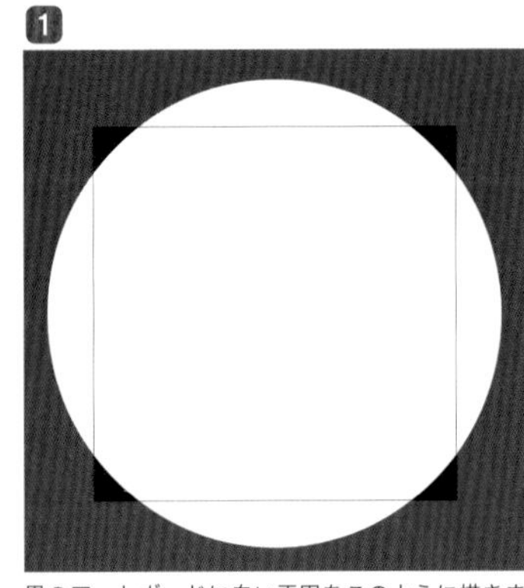
黒のアートボードに白い正円をこのように描きます。

2 正円にラフ効果を適用する

「アピアランス」パネルの「新規効果を追加」2 ➡「パスの変形」➡「ラフ」を選択し、「ラフ」ダイアログボックス3で正円にギザギザ効果をかけます4。

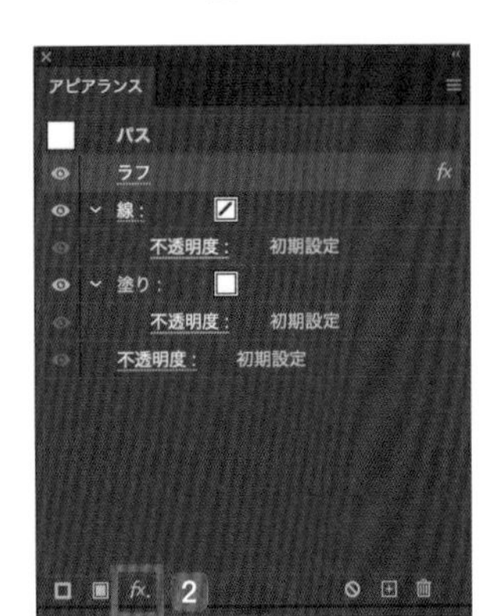

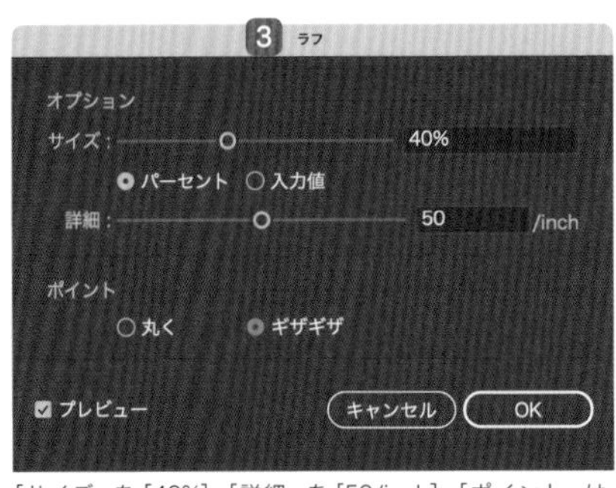

「サイズ」を［40%］、「詳細」を［50/inch］、「ポイント」は［ギザギザ］に設定します。

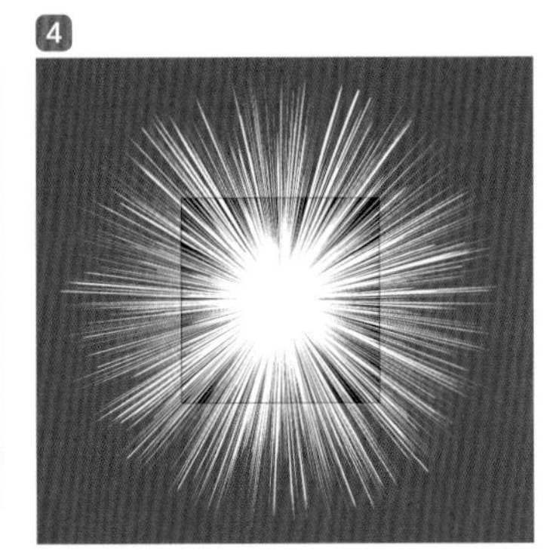

3 クリッピングマスクをかける

長方形ツールで背景より少し小さめの正方形を作成し、②でラフ効果をかけたオブジェクトと一緒に選択して「オブジェクト」メニュー ➡「クリッピングマスク」➡「作成」を選択してマスクをかけます5。
背景色を黒に設定しているので、ラフ効果をかけた線の隙間が黒になり、集中線の表現ができます。

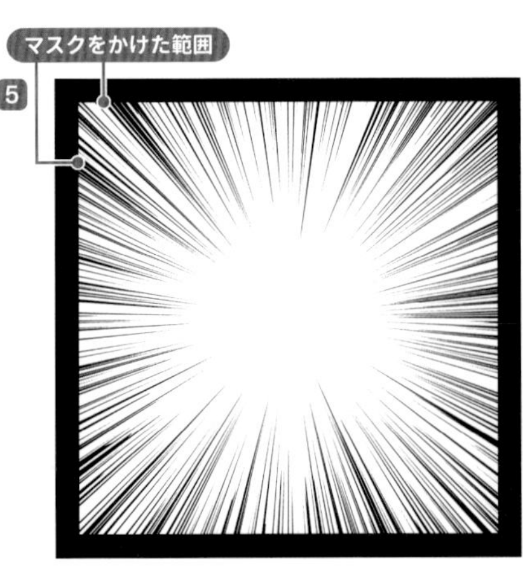

4 文字を書き、フチ文字にする

文字ツール［T］で文字を書き、「アピアランス」パネルで「新規線を追加」［□］6を選択してフチ文字を作ります7。

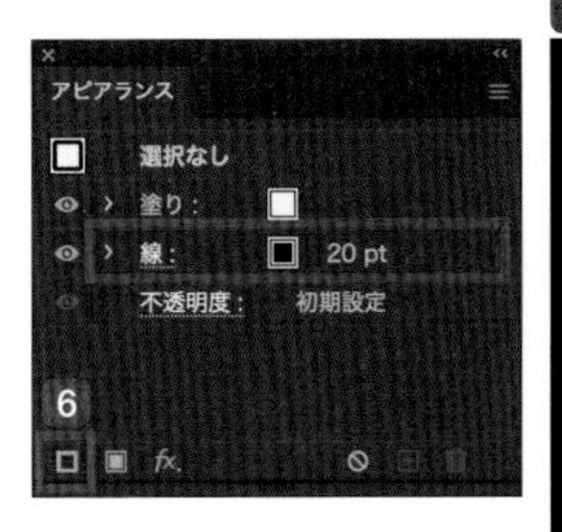

7

フォントは「Arial Black」、塗りは白、線は黒です。

5 文字に効果を追加する

「アピアランス」パネルの「新規効果を追加」［fx］8 ➡「ワープ」➡「円弧」➡「ワープオプション」ダイアログボックス9で文字を円弧状にゆがめます。

さらに、「新規効果を追加」［fx］10 ➡「3D」➡「押し出し・ベベル」➡「3D押し出し・ベベルオプション」ダイアログボックス11で、文字に遠近感をつけます。

文字のサイズや配置、効果など微調整をします。

※CC 2022の場合は「新規効果を追加」［fx］➡「3Dとマテリアル」➡「3D(クラシック)」➡「押し出しとベベル(クラシック)」を選択すると図のような表示になります。

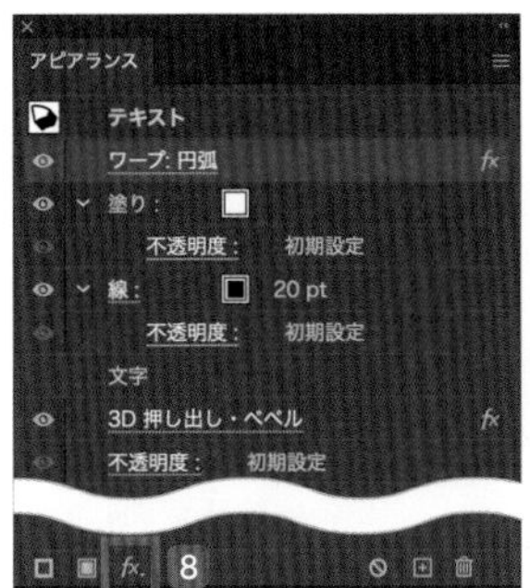

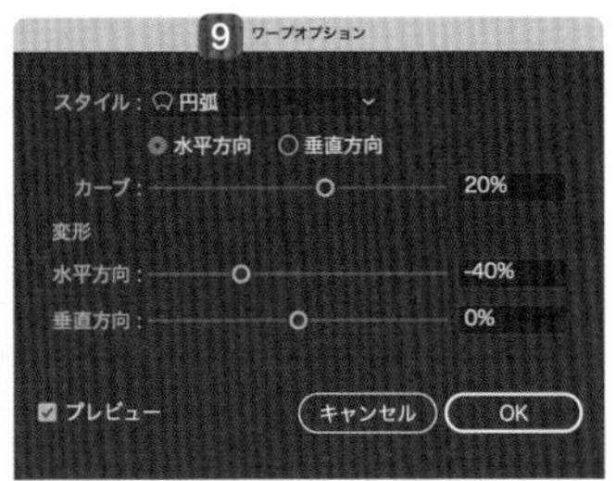

［スタイル：円弧（水平方向）］、［カーブ：20%］、「変形」は［水平方向：-40%］に設定します。

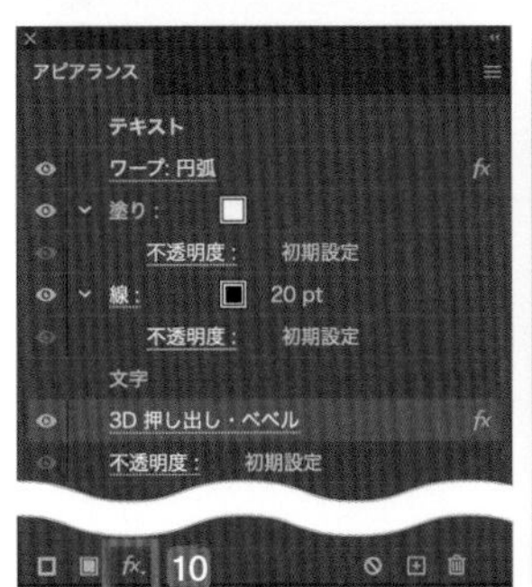

「位置」を「自由回転」、X軸とY軸を［20°］、「押し出しの奥行き」を［100pt］に設定します。

知っ得メモ

それぞれのオブジェクトに色やパターンを追加したり、背景をカラーにすることでカラーマンガ風のデザインになります。
効果を維持したまま単語の変更も可能なので、様々なバリエーションが作れます。

DLデータ sample028.ai

ナイフ効果でランダムに切り込みが入ったロゴ

028 鋭さを感じる ガラスが割れた表現

ガラスやビンなどの透明なものが割れて重なったり、光の屈折が起こっているような表現です。タイトルやロゴタイプなどにも応用できる作り方です。

1 文字を書きアウトライン化する

文字ツール T でお好みの単語を書きます 1 。
「書式」メニュー ➡「アウトラインを作成」で文字をアウトラインオブジェクトにします。

2 ナイフツールで オブジェクトを切っていく

オブジェクトを選択してナイフツールを使い、ランダムにドラッグします 2 。
オブジェクトに大小のメリハリがつくようにドラッグします。

ナイフツールでランダムにドラッグします。

3 切ったパーツを ランダムに配置する

文字と切り込みはグループ化されているので、グループを選択した状態のまま「オブジェクト」メニュー ➡「グループ解除」を選択してグループを解除します。
グループ解除したパーツをすべてを選択し、「オブジェクト」メニュー ➡「変形」➡「個別に変形」を選択します。
「個別に変形」ダイアログボックスが開くので、「ランダム」にチェックを入れて、移動距離と回転角度を設定します 3 。

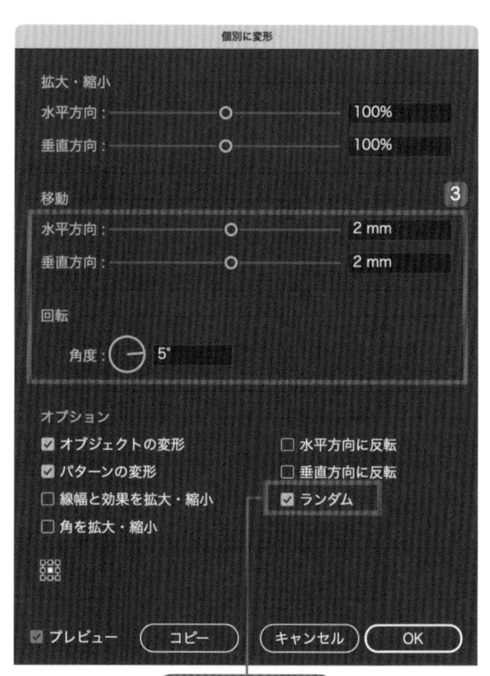

※右ページ「知っ得メモ」参照

文字とナイフの切り込みがランダムに移動・回転します。

4 オブジェクトを重ねる

オブジェクトの塗りに色をつけて「透明」パネルで描画モードを「乗算」にすると、重なった部分が濃くなります 4。

塗りの色は [C:50 Y:10 K:10] です。

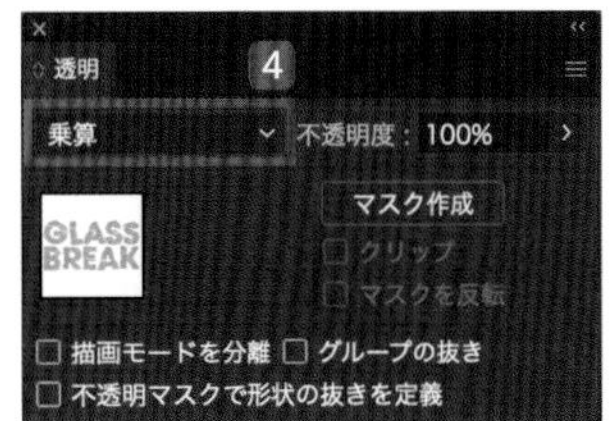

5 ガラスの厚みを作り光の屈折を出す

「アピアランス」パネルの「新規線を追加」 5 をクリックして、「線」 6 と「塗り」 7 を設定します。
線を選択して「アピアランス」パネルの「新規効果を追加」 ➡「パスの変形」➡「変形」を選択します。
「変形効果」ダイアログボックス 6 が開くので、「ランダム」をチェックして、移動距離と回転角度を設定します。

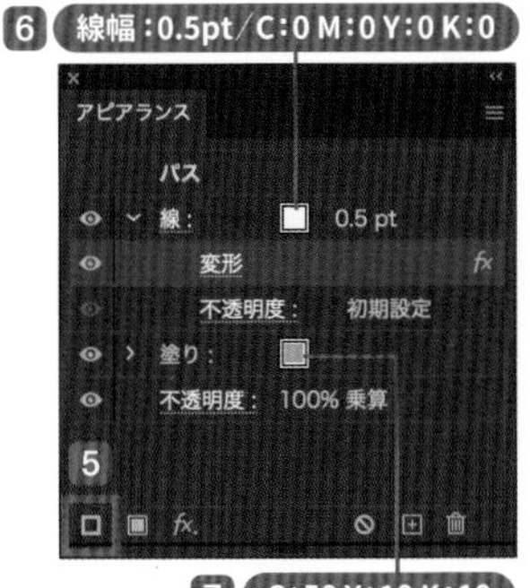

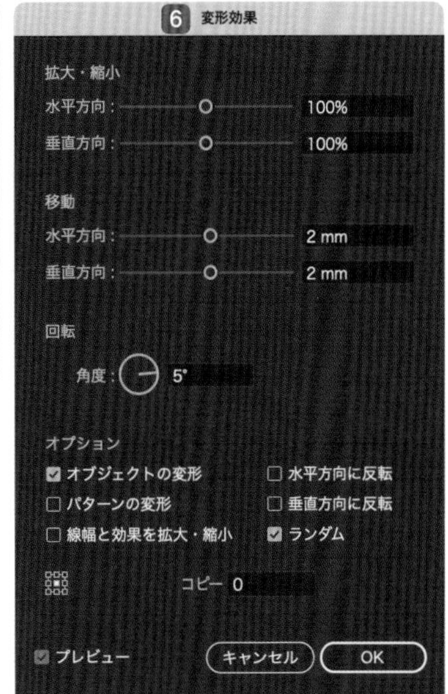

「拡大・縮小」は「水平方向」「垂直方向」ともに [100%]、「移動」距離もともに [2mm]、「回転」の「角度」は [5°] に設定し、「ランダム」にチェックを入れます。

線のみに移動、回転を追加することで、ガラスの厚みと光の屈折表現ができます。

知っ得メモ

「個別に変形」や「変形効果」ダイアログボックスの右下にある「ランダム」にチェックを入れると、パーツが指定の数値の範囲内でランダムに変形します。
多数のオブジェクトをランダムに変形させるときに使うと便利です。
ランダム配置の結果に違和感のある部分は、手動で変形させます。

DLデータ sample029.ai

パスのオフセットを重ねて文字を途切れさせる

029 途切れ文字がレトロなステンシル風加工

既存フォントを加工してステンシル（型抜き）で描いたような文字を作ります。パスのオフセットを重ねますが、プラスとマイナスのオフセットの特性をうまく使います。

1 ベースとなる文字を作る

文字ツール T を選択し、好みの書体（フォント）、サイズで文字を入力します。
ここでは「Big Caslon Medium」という書体で［120pt］で書きました 1。カラーは黒に設定して、最後に着色します。
文字を途切れさせる効果を狙うので、細めから中太程度のセリフ系（明朝系）を使うと効果的です。

2 パスのオフセットを適用する

「アピアランス」パネルの「新規効果を追加」fx ➡「パス」➡「パスのオフセット」を選択し、重複して3つ適用します 2 3 4。それぞれのオフセットの数値を変更します。「角の形状」「角の比率」はそのままで大丈夫です。

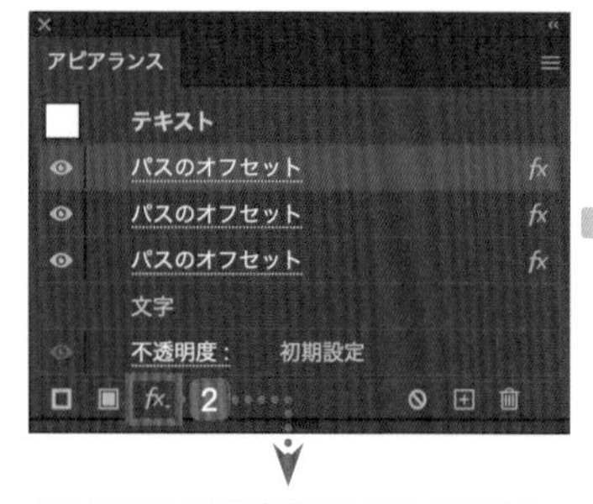

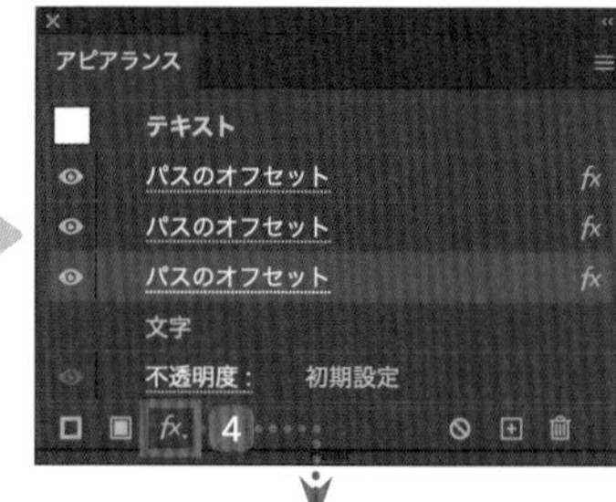

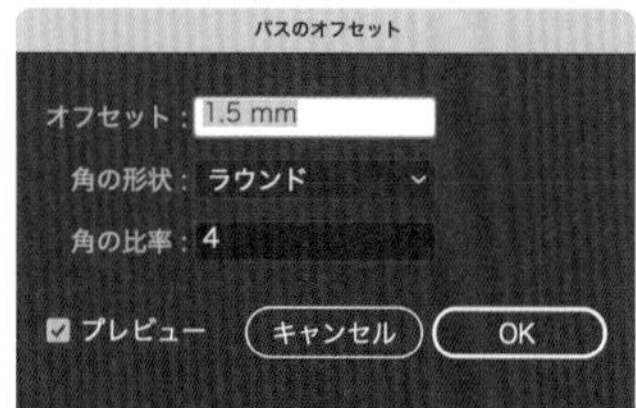

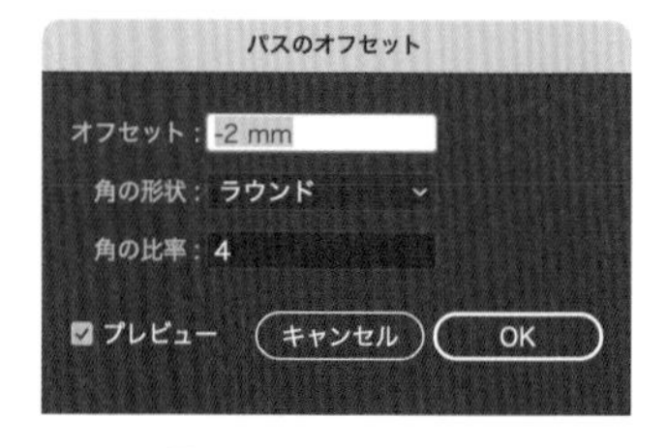

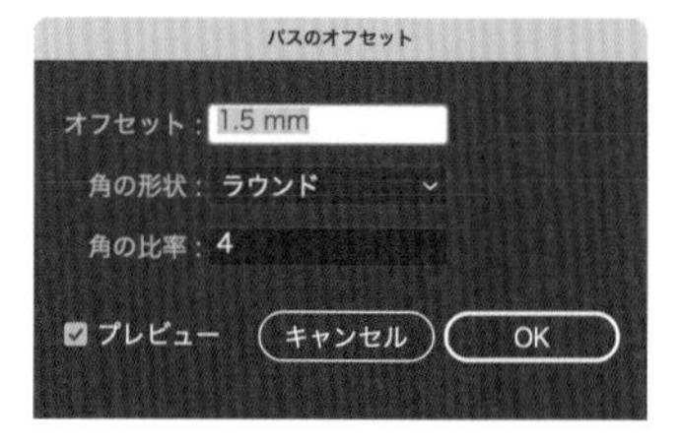

③ オフセットの微調整

フォントの種類やサイズで見え方が変わるので、「プレビュー」を見ながら調整します5。
この例では、[1.5mm] のオフセットで太らせます。
マイナス [2mm] のオフセットを適用して、文字が細くなり欠けができます。
さらに [1.5mm] のオフセットをつけると、欠けた部分はオフセットされないので、文字の輪郭の部分だけが太くなります。

知っ得メモ

文字の線に強弱のある明朝体（セリフ体）のフォントを使うと、よりステンシル風になります。

フォントに途切れた部分ができ、ステンシルの雰囲気が出てきました。

④ ラフ効果をかける

「アピアランス」パネルの「新規効果を追加」fx 6 ➡「パスの変形」➡「ラフ」を適用し、「ラフ」ダイアログボックス7で文字のアウトラインに不規則なガタつきを作ります。

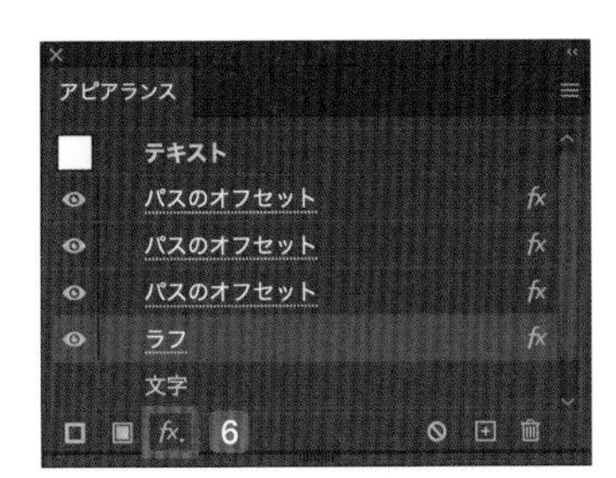

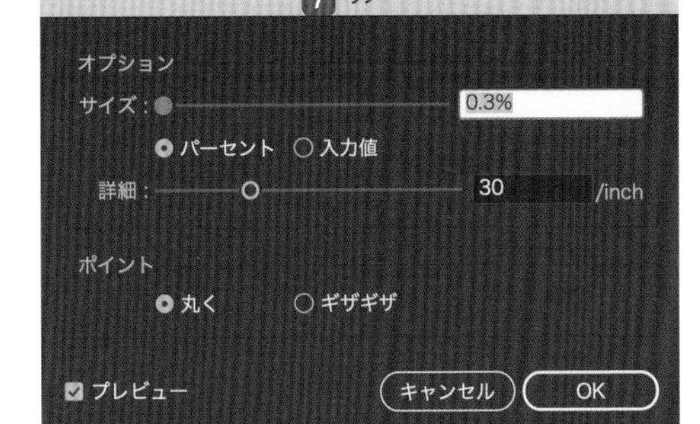

[サイズ：0.3%]、[詳細：30/inch] です。

パスに不規則なガタつきがでて、インクのにじみのようなステンシルらしい風合いが出ました。

文字の色を変え、背景にインクがこぼれた跡を加えました。

クリッピングマスクでランダムなグラデーション

030 涼しげな配色で氷の質感を表現

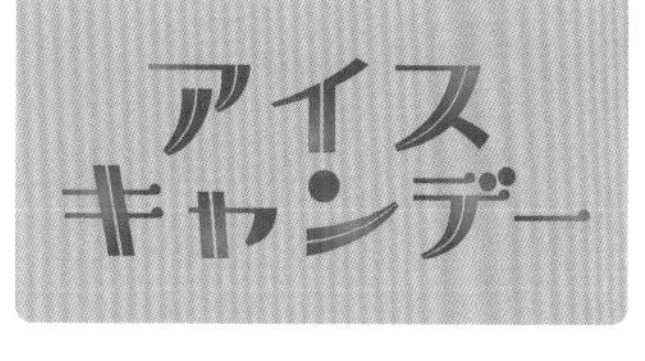

DLデータ sample030.ai

ロゴにグラデーションの円形を配置、クリッピングマスクをかけ、ランダムなグラデーションを表現します。アイスキャンディーの氷を表現したグラデーションを表現します。

1 ロゴを作成

メインのロゴを用意します。カラーを［C:100 M:40 Y:15］に設定します1。

アイス キャンデー → 1 アイス キャンデー

オリジナルのロゴを作成しました。

カラーを［C:100 M:40 Y:15］に設定します

2 楕円にグラデーションをかける

楕円形ツールで塗りを白色にした円形を描いてグラデーションをかけます。
「グラデーション」パネルで「種類」を「円形グラデーション」2、不透明度［100%］から［不透明度0%］3にグラデーションをかけていきます。

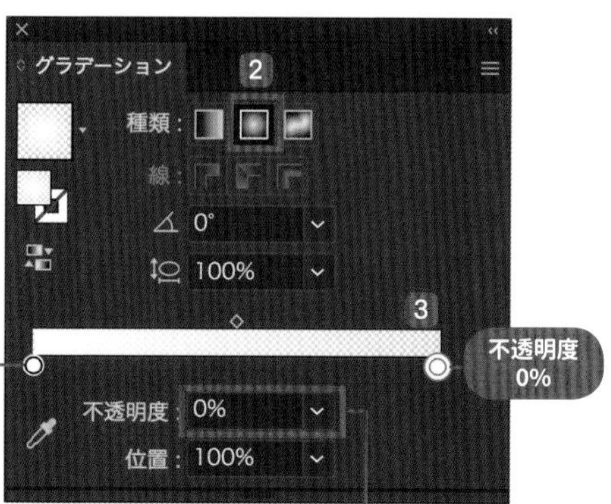

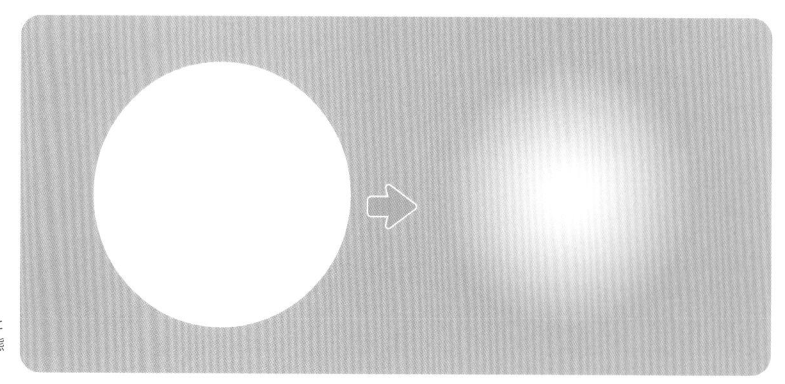

円形にぼんやりと白が広がった状態になりました。

③ グラデーションを配置

作成したグラデーションをロゴの上にお好みで配置していきます。
グラデーションの描写モードを、「透明」パネルで「オーバーレイ」に変更します。

グラデーションをロゴの上に配置していきます。

グラデーションを「オーバーレイ」モードにすると、下にあるロゴが透けて見えるようになります。

④ 飾りや色を変える

クリッピングマスクをかけるため、ロゴ部分を選択して「コピー」し、「前面へペースト」します4。
ペーストしたロゴを「オブジェクト」メニュー ➡「複合パス」➡「作成」を選択して複合パスにします5。
ロゴとグラデーションを選択し6、「オブジェクト」メニュー ➡「クリッピングマスク」➡「作成」を選択してクリッピングマスクを作成します7。

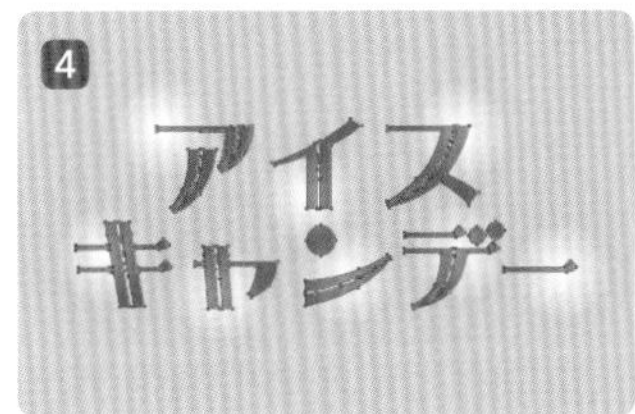

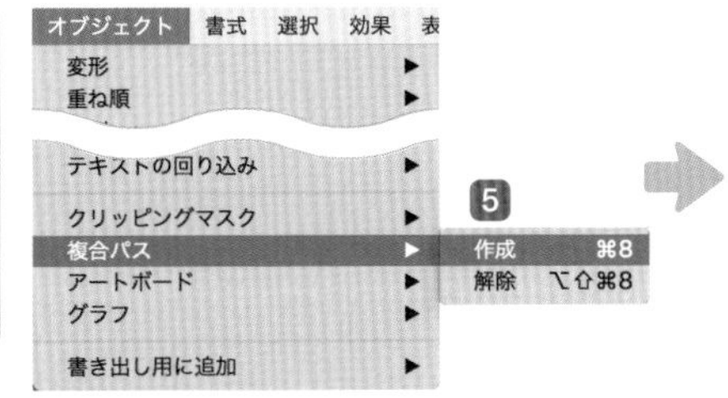

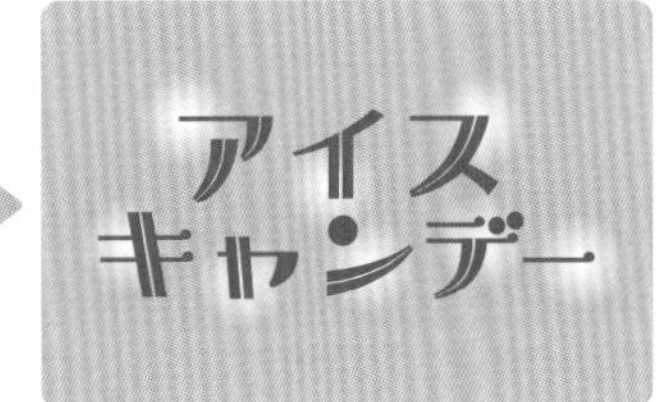

前面にペーストしたロゴを複合パスにします。

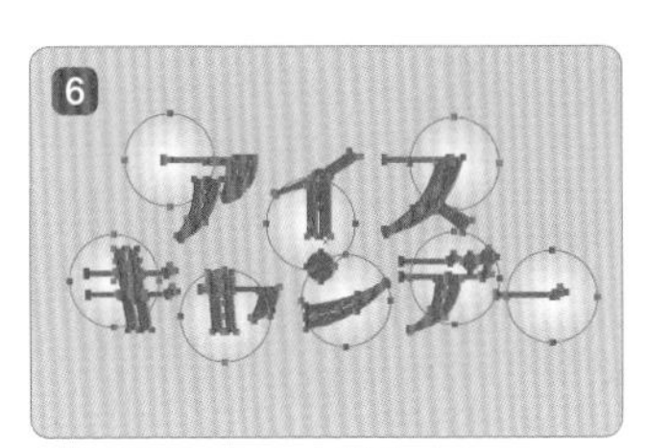

ロゴとグラデーションを選択します。

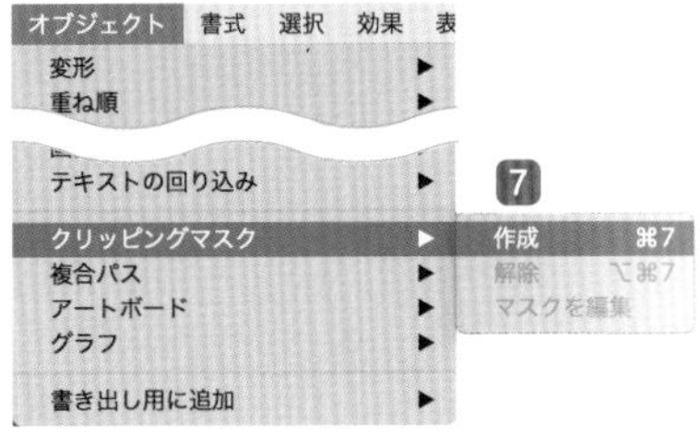

クリッピングマスクを作成したことにより、円状のぼかしが見えなくなり、ロゴの上の効果だけが見える状態になりました。

031 アーチ状のシンメトリーなロゴ

DLデータ sample031.ai

エンベロープのメッシュを使い、自由に文字を変形させてアーチ状のシンメトリーなロゴを作ります。

1 素材を用意する

ロゴに使用する文字やイラストを用意します。テキストは「書式」メニュー ➡「アウトラインを作成」でアウトライン化します1。

2 エンベロープで形を変形させる❶

変形させるテキストを選択し、「オブジェクト」メニュー ➡「エンベロープ」➡「メッシュで作成」2を選択して「エンベロープメッシュ」ダイアログボックスを開きます。

「メッシュ」を［行数：1］［列数：1］に設定します3。

四隅にメッシュのパスができるので、メッシュツール でパスを右上に上昇するように変形させます4。

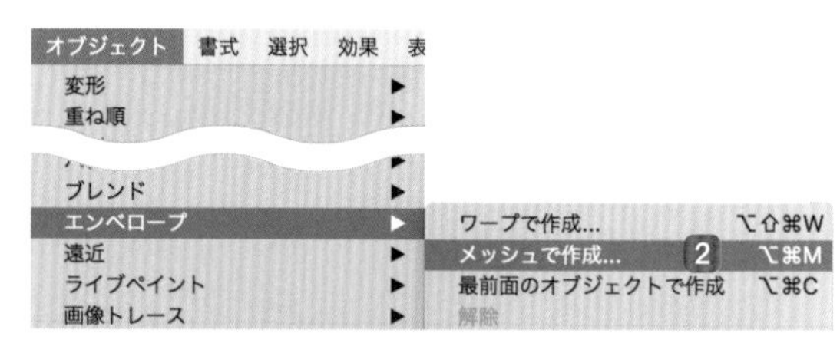

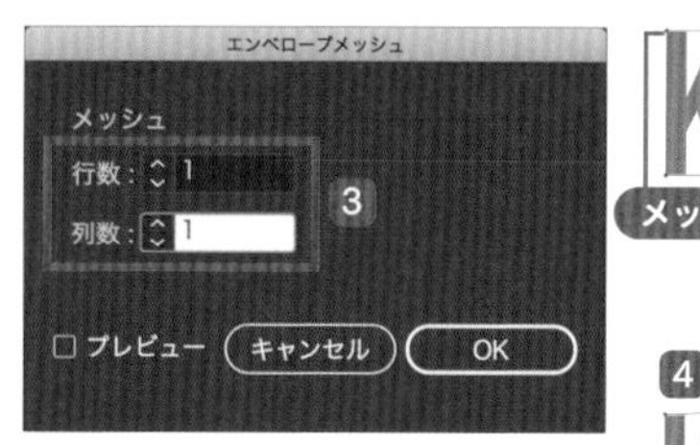

好みの形に変形しましょう。

3 エンベロープで形を変形させる❷

変形したテキストを真横に複製（「コピー」&「ペースト」）し、「オブジェクト」メニュー ➡「エンベロープ」➡「解除」5を選択します。

解除して分割されたグレーのオブジェクト6と、もう1つのテキストを7リフレクトツール で垂直軸で反転します8。

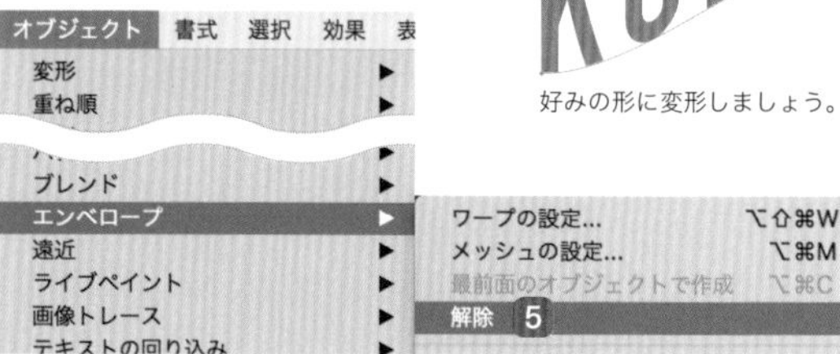

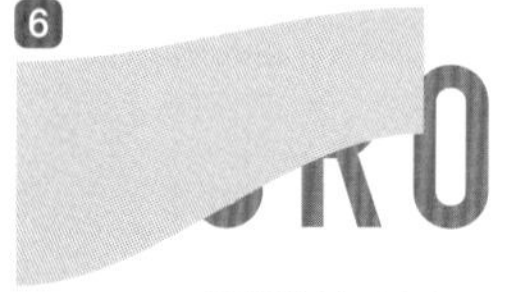

エンベロープが解除されました。

7 NEKO

文字とグレーオブジェクトを垂直に反転させます。

4 もう一つのテキストにエンベロープする

反転したグレーのオブジェクトとテキストを選択し、「オブジェクト」メニュー ➡「エンベロープ」➡「最前面のオブジェクトで作成」9を実行します10。

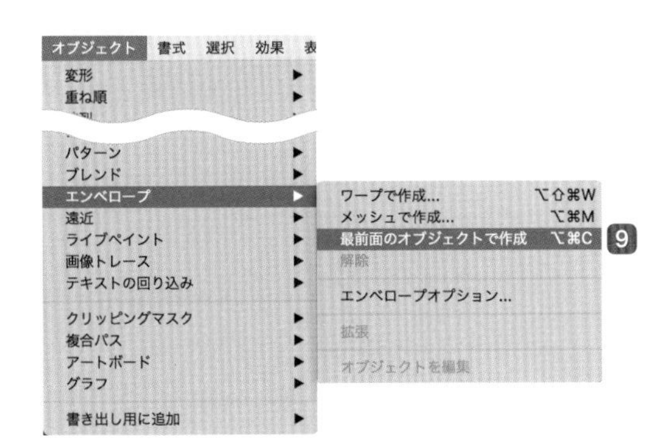

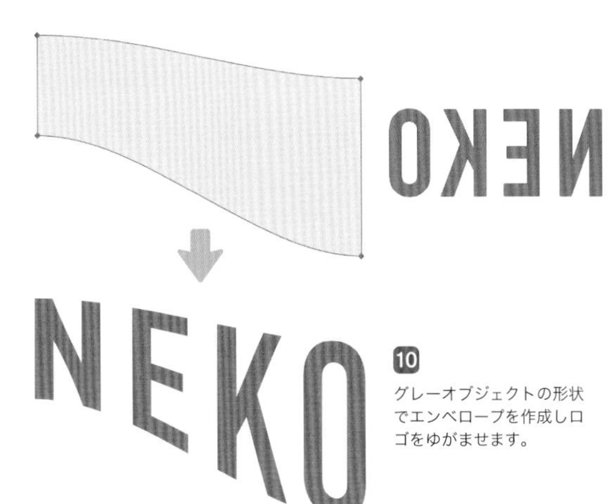

10 グレーオブジェクトの形状でエンベロープを作成しロゴをゆがませます。

5 調整する

作成したテキストやイラストをレイアウトし、飾りなどを加え、完成です。

KUROとNEKOの間に飾りを入れ、「喫茶」の文字を追加しました。

3D効果で1文字ずつ立体感を与える

032 立体的で遊び心のあるカラフルな3D文字

DLデータ sample032.ai

3D効果を使い、文字にランダムな立体感を出します。リアルすぎない質感にすることでフラットデザインとも相性が良い表現です。

1 ベースとなる文字を作る

文字ツール T で文字を任意の塗りで入力したら、「書式」メニュー ➡「アウトラインを作成」を選択してアウトライン化します 1。
自動的にグループ化されるので、「オブジェクト」メニュー ➡「グループ解除」でグループを解除します。

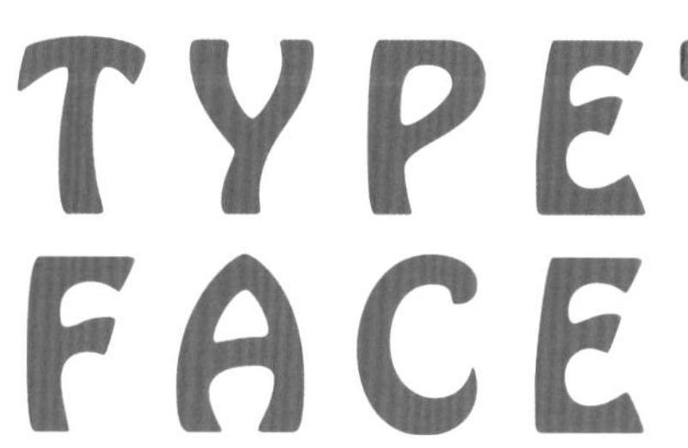

フォントは「Hobo Std Medium」です。

2 文字に立体感を追加

すべてのオブジェクトを選択し「アピアランス」パネルの「新規効果を追加」fx ➡「3D」➡「押し出し・ベベル」2 を適用します。
「3D押し出し・ベベルオプション」ダイアログボックスで、数値を設定します 3。

※CC 2022の場合は「新規効果を追加」fx ➡「3Dとマテリアル」➡「3D(クラシック)」➡「押し出しとベベル(クラシック)」を選択すると図のような表示になります。

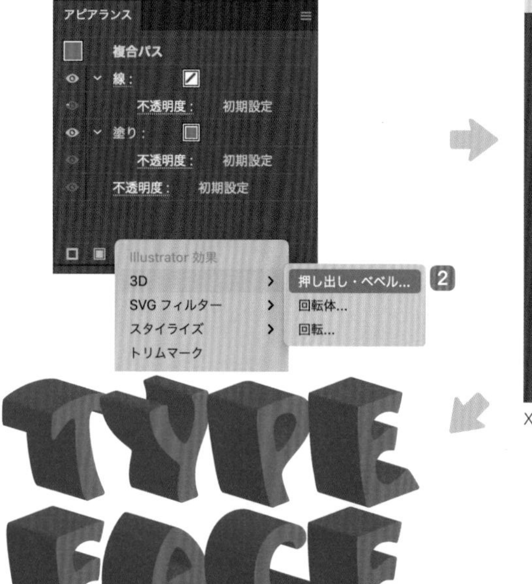

X軸とY軸を［-20°］、Z軸を［20°］に設定します。

3 個別に立体感を調整

1文字ずつ選択し「アピアランス」パネルの「押し出し・ベベル」をクリックして、個別に角度を変更し、立体感の向きを調整します。
「3D押し出し・ベベルオプション」ダイアログボックスが表示されるので「プレビュー」にチェックを入れ4、パネル内の立方体5をドラッグすると感覚的に角度を調整できます。

文字を回転させるとランダム感が増します。

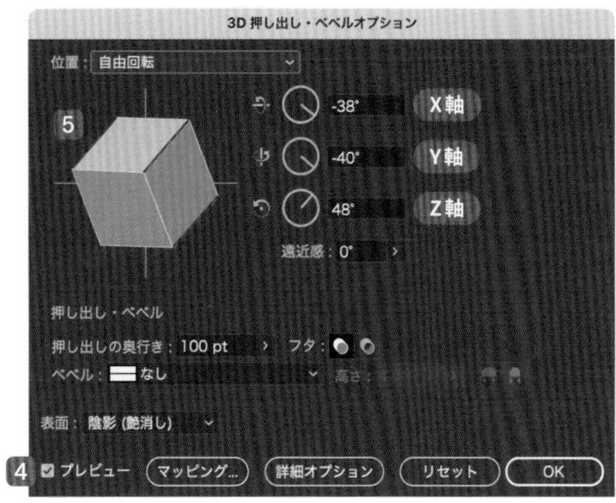

X軸を［-38°］、Y軸を［-40°］、Z軸を［48°］に設定します。

4 効果を確定させる

それぞれの文字を離して間隔を取ります。
「オブジェクト」➡「アピアランスを分割」6で立体部分を選択して編集できるようにします。
自動的にグループ化されるので、「オブジェクト」メニュー ➡「グループ解除」を選択してグループを解除します。

この段階でグループ解除しておかないと、
後の作業がうまく作用しません。

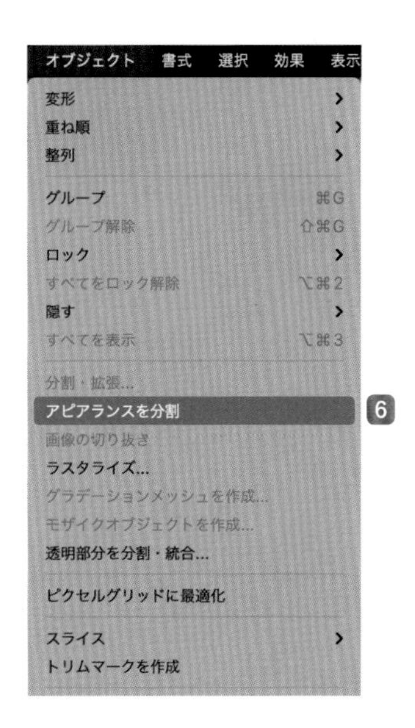

5 立体部分を合体させる

文字部分を個別に選択し、「オブジェクト」メニュー ➡「隠す」➡「選択」7 で表示を隠します。
立体部分を選択して「パスファインダー」パネルの「合体」8 で単色に設定します 9。
すべて選択して合体した場合は自動的にグループ化されるので、「オブジェクト」メニュー ➡「グループ解除」でグループを解除します。

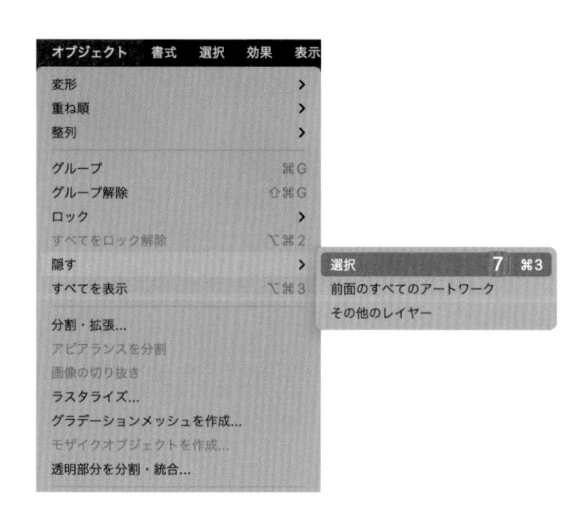

文字の表面部分のみを選択した状態です。

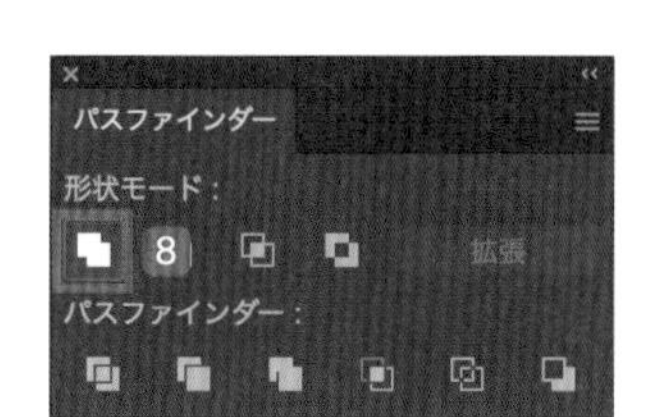

文字部分を隠し、立体部分のみが見えている状態です。

⑥ 色味や配置の調整

「オブジェクト」メニュー ➡「すべてを表示」で隠していた文字部分を表示させ、文字部分や立体部分の色を変更します10。
サイズや配置の調整を行い完成です。

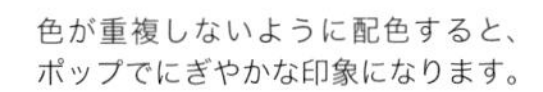
色が重複しないように配色すると、ポップでにぎやかな印象になります。

Part 2

知っ得メモ

「カラー」パネルの右上のパネルオプション☰から「HSB」に設定を変更し、彩度と明度の調整を行うと、色味を保ったまま明るくしたり鮮やかにしたりできます。

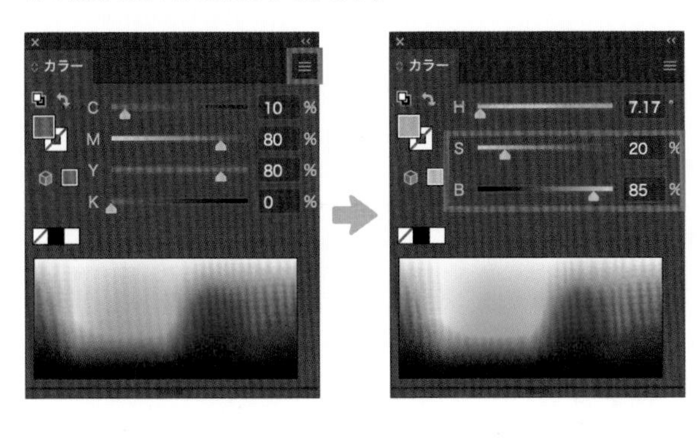

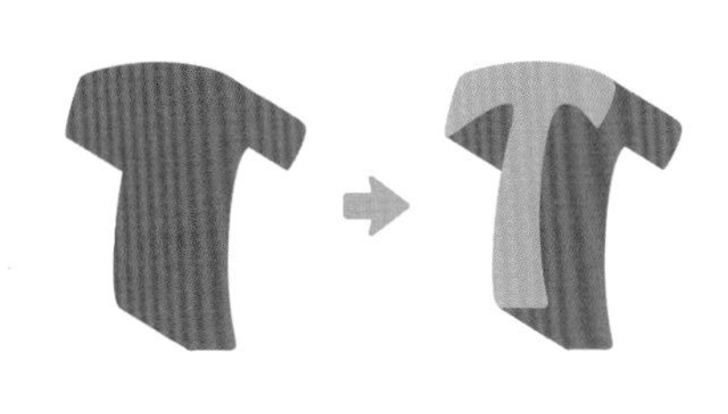

太さや間隔を設定した新規のカリグラフィブラシ

033 ガイドに沿って筆記体を上手に書く

DLデータ sample033.ai

欧文の書道といわれるカリグラフィを、ペンツールを使って書きます。一定のルールを守って書くことで、オリジナルのカリグラフィがキレイに書けるようになります。

1 下書きを用意して、ガイドラインを作る

手書き文字の下書きを配置して不透明度を下げます。大文字と小文字の高さに合わせてガイドラインを引きます1。
下書きとガイドラインはロックします。

英語学習用ノートのように、3本のガイド線を引きます。

2 下書きに沿ってペンツールでなぞる

ペンツールで下書きを上からなぞっていきます2。

ルール1 ガイドラインに合わせる

文字の高さを統一するために、ガイドラインに合わせて書きます。

ルール2 ハンドルは水平方向のみ

shift キーを使いながら水平方向のみのハンドルで書きます。

※始点と終点は文字の形や流れに合わせ、クリックか水平方向のハンドルで処理します。

知っ得メモ

「表示」メニュー➡「スマートガイド」をオンにしておくと、アンカーポイントやパス同士が吸着します。

3 全体像が見えるよう書き切る

2の2つのルールを守りながらすべてを書き切ります。多少のズレやアンバランスさは気にせずに書き切りましょう3。

途中で筆を止めても大丈夫なので、とにかく書ききります。

4 全体のバランスを見ながら形を整える

下書きを非表示にします。ダイレクト選択ツールで文字の角度や間隔を整えます。この際も2のルールを守りながら調整します4。

5 ブラシを作成し適用する

「ブラシ」パネルの[+] 5 をクリックし、「新規ブラシ」ダイアログボックスで「カリグラフィブラシ」を選択します 6。「カリグラフィオプション」ダイアログボックスが開くので、ブラシの設定を行います 7。
カリグラフィを選択し、「ブラシ」パネルから作成したブラシを適用します 8。
全体を見ながら線の太さや間隔、ブラシの設定などを調整します。

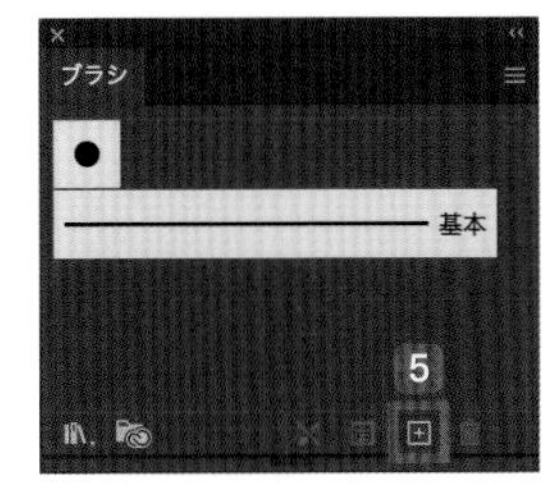

カリグラフィブラシを適用した状態です。

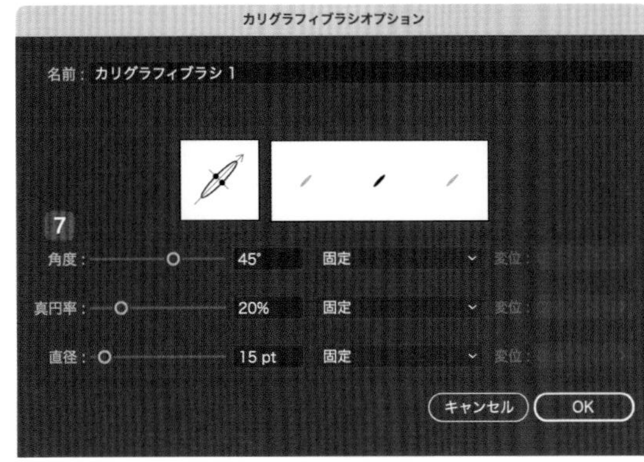

[角度：45°]、[真円率：20%]、[直径：15pt] に設定しました。

6 文字にグラデーションとドロップシャドウをつける

「オブジェクト」メニュー ➡「パス」➡「パスのアウトライン」を適用し、全てを「塗り」のオブジェクトに変更しグラデーションをかけます。
立体感を出すため、カリグラフィオブジェクトにドロップシャドウを適用し、板チョコオブジェクトを背景に配置します。
「スウォッチ」パネルの「スウォッチライブラリ」メニュー ➡「グラデーション」➡「メタル」を選択し、「メタル」パネル 9 からグラデーションを1つ選択します。
色分布や角度を変更して金属感のあるグラデーションを作ります。

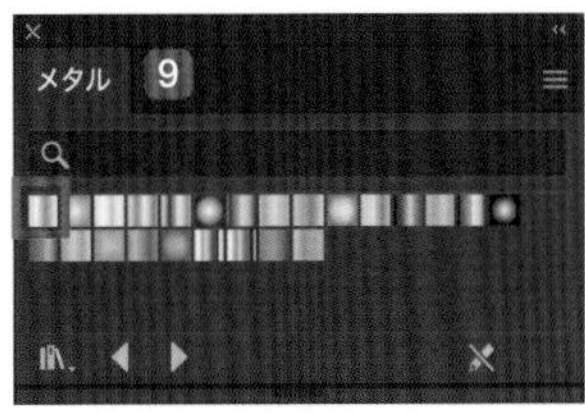

Chocolateの文字に適用するグラデーションを選択します。

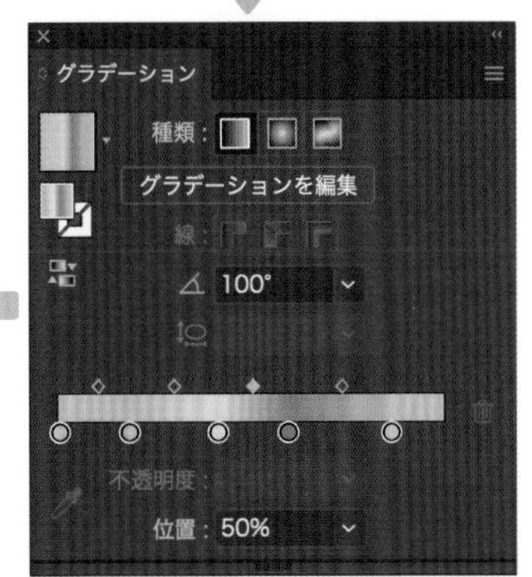

金属感が出るようにスライダーで設定します。

知っ得メモ

カリグラフィなどの曲線を書く際、できるだけアンカーポイントの数を少なくすることで滑らかな線を描くことができます。

コーナーの設定で好きな角だけ丸くできる

034 長方形だけで作る角丸ロゴデザイン

角アール KADO R

DLデータ sample034.ai

長方形ツールを使ってロゴを作り、ロゴのコーナーにアールをつけて、簡単にオリジナリティーのあるロゴデザインを作ります。

1 長方形ツールでロゴを作る

長方形ツールを使い、ロゴを作っていきます。
今回は「角アール」という文字です1。
キレイなロゴにするために、線幅を揃え、シアーツールを使って斜体をかけていきます2。

1 角アール

長方形を組み合わせてロゴを作成します。

2 作成したロゴを合体させる

作成した複数の長方形ロゴを選択し、「パスファインダー」パネルで「合体」をクリックし、オブジェクトを合体させます3。

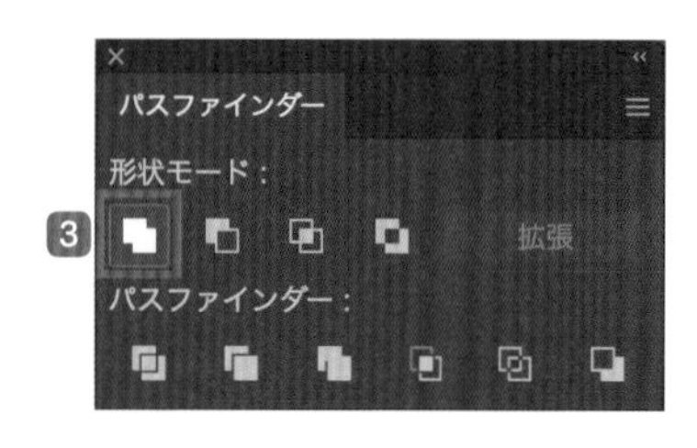

3 右上にアールをつける

ダイレクト選択ツールで、ロゴの右上のパスを選択します4。
ドキュメント上部にあるツールバーで「コーナー」を［3mm］に設定します5。

④ 左上にアールをつける

次に、左上の角部分をダイレクト選択ツール で選択し、「コーナー」を［1mm］に設定します。

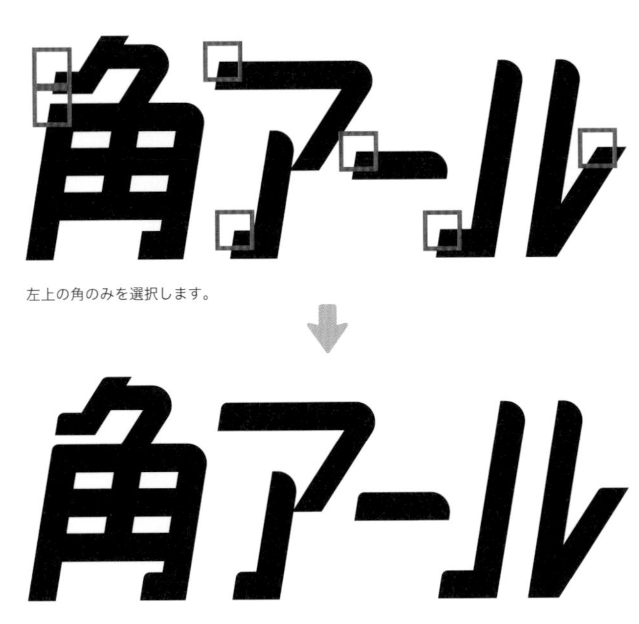

左上の角のみを選択します。

左上の角のみをが丸くなりました。

⑤ 微調整する

残った角に「コーナー」で［0.5mm］のアールをつけて、装飾や微調整を行ったら完成です。

パンクとパスのオフセットで鋭い立体感

035 ハイライトと影を加えて文字に立体感をつける

DLデータ sample035.ai

袋文字にしたロゴに、ハイライトと影を加えて立体感のあるロゴを作ります。

1 テキストを用意する

アウトライン化したテキストを用意します1。テキストを白色に変更して、「コピー」し、「背面へペースト」します。背面にペーストしたテキストに「線」パネル2で線を加え、「オブジェクト」メニュー ➡「パス」➡「パスのアウトライン」3を選択します。パスをアウトライン化した黒のオブジェクトを選択して、「パスファインダー」パネルで「合体」4をクリックします。

1 ハイライト

オリジナルのロゴを作成しました。

「線」パネルで［線幅：4.25mm］［線端：丸型先端］［角の形状：ラウンド結合］［線の位置：線を中央に揃える］に設定します。

2 袋文字で影をつける

黒い袋文字になる部分を「コピー」し、「前面へペースト」で複製します。複製したオブジェクトを左斜め上へ少しずらし5、黒い袋文字になる部分２つを「パスファインダー」パネルで「中マド」にします6 7。

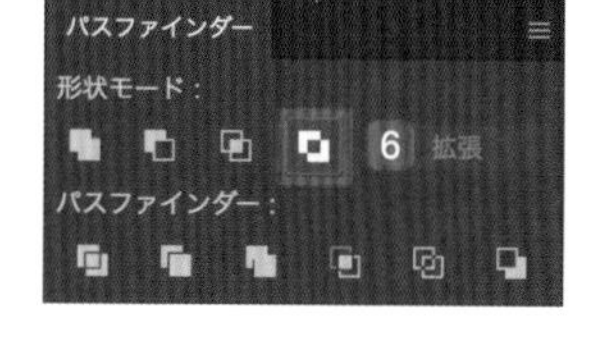

③ ハイライトを作り込む

ハイライトが当たるであろう左上の部分だけを残し、他の部分はダイレクト選択ツールで選んで delete キーで削除します8。
「オブジェクト」メニュー ➡「パス」➡「パスのオフセット」で「パスのオフセット」ダイアログボックスを開き、「オフセット」9で少し内側にオフセットを設定して、一回り小さいオブジェクトを作ります10。
カラーを白色へ変更して、袋文字にのせます11。

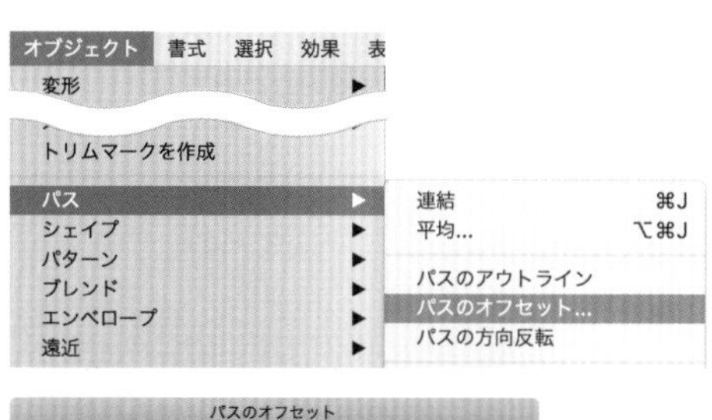

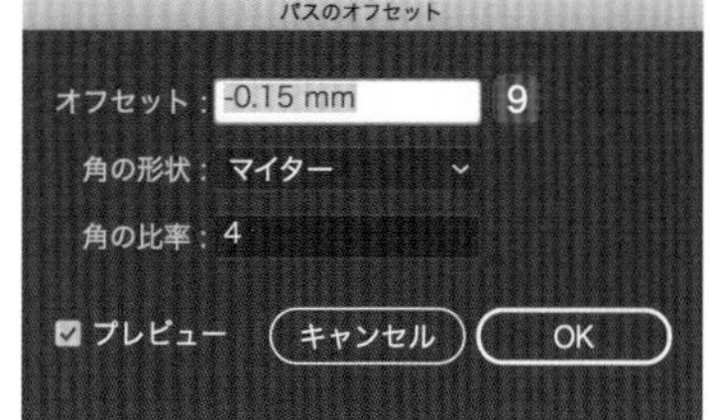

「オフセット」を [-0.15mm] に設定します。

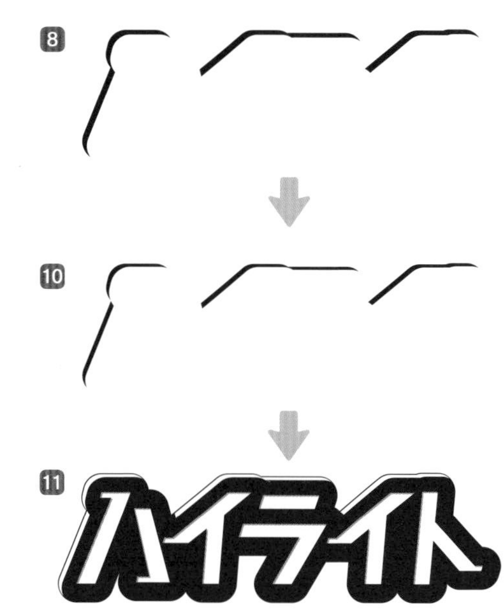

左上にハイライトが入りました。

④ グラデーションを加える

ハイライトのオブジェクトにグラデーションを加えます。
「グラデーション」パネルで「線形グラデーション」12を選択し、白色の不透明度 [0%～100%～0%] のグラデーションを加えます13。
グラデーションツールを使い、図の赤矢印の方向へグラデーションをかけていきます14。

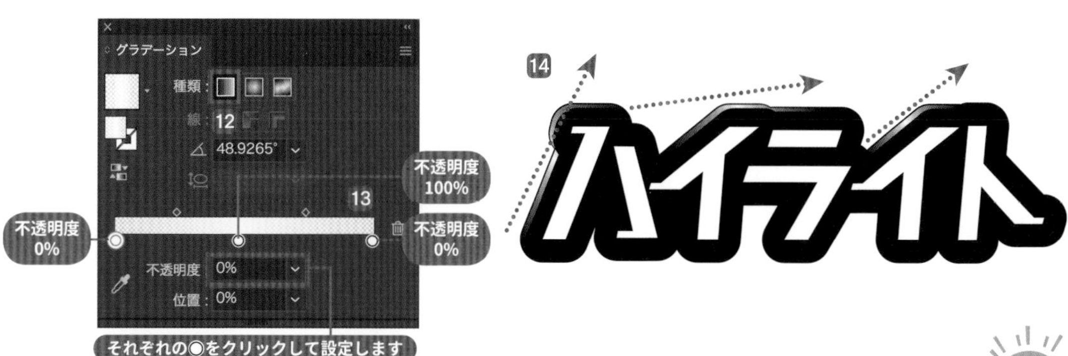

⑤ 内側の白文字に影を加える

①～③の手順を繰り返し、白文字の方にも影になる部分を作成します。

パスの取捨選択でスムーズにオブジェクトを作る

036 8を作れば応用できるデジタル時計の数字

デジタル時計の数字部分の作り方です。1文字作れば複製して使えるので、時計デザイン以外にも数字インデントや番号デザインなどに応用できます。

DLデータ sample036.ai

1 ベースとなる「8の字」を作る

長方形ツール で正方形を作り縦に2つ並べます 1。「整列」パネルや「スマートガイド」を使って接点が重なるように配置します。

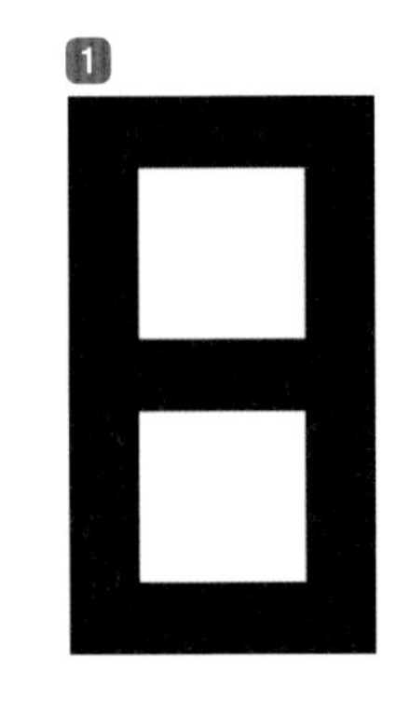

線幅のサイズが時計の表示部分になるので、お好みで調整してください。
色は [K:100] にしています。

2 表示線を分割する

直線ツール で、45°の斜めの直線を引きます 2。
「8の字」の角にあるアンカーポイントを始点に、option + shift キーを押しながら中央から直線を引きます。
時計の表示線とのバランスを見て、線の太さを調節してください。

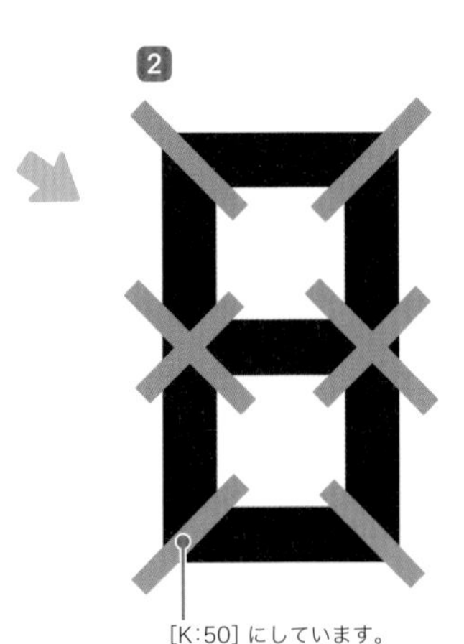

[K:50] にしています。

3 「8」の四隅を角丸にする

「表示」メニュー ➡「コーナーウィジェットを表示」3 を選択し、「8」の上下の角の を内側にドラッグしアールをつけます 4。数値で設定したい場合は、 をダブルクリックして「コーナー」ダイアログボックスで数字を入力します 5。

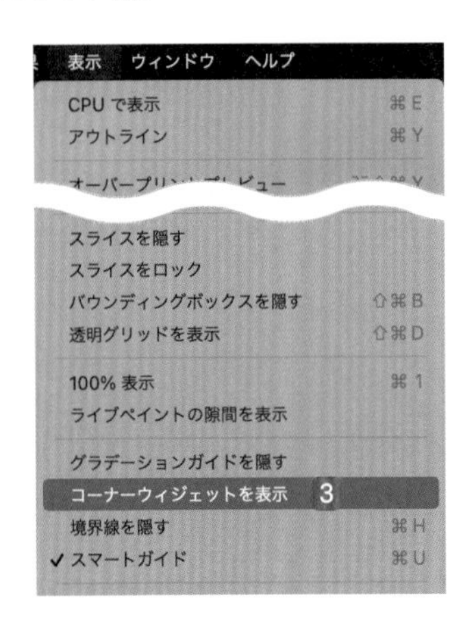

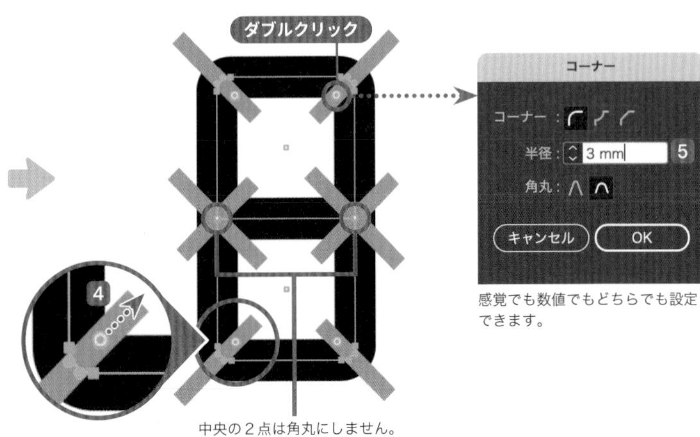

中央の２点は角丸にしません。

感覚でも数値でもどちらでも設定できます。

④ パスのアウトライン化、不要部分の消去

「8の字」と「斜め線」をすべて選び、「オブジェクト」メニュー ➡「パス」➡「パスのアウトライン」6を選択します。

シェイプ形成ツールで option キーを押しながらドラッグして、不要な部分を消去します7。

残した部分は「パスファインダー」パネルで「合体」を適用します8。

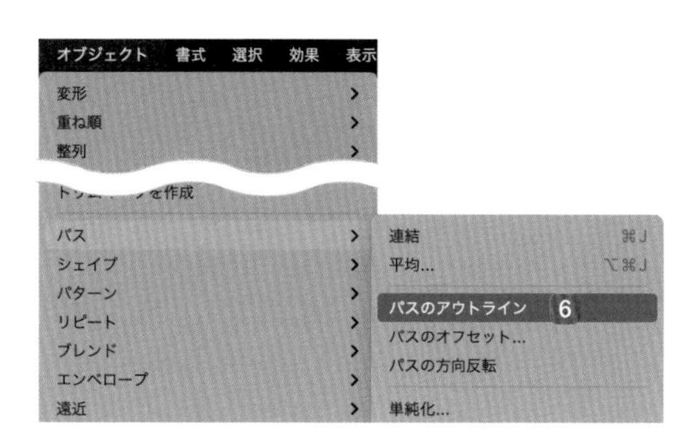

[M:100] にしています。

「パスのアウトライン」を実行します。

option キーを押しながらシェイプ形成ツールのカーソルをのせると自動で選択されます。

「パスファインダー」パネルで「合体」を適用します。

⑤ 「8の字」を複製して時計表示にする

「8の字」を複製して整列させ、「:」を付け加え「88:88」を作ります9。

任意の数字になるように、ダイレクト選択ツールまたはグループ選択ツールでオブジェクトを選択して、不要部分を削除したり色を変更します10。表示されない部分は不透明度を [10%] に落とすとデジタル時計感が増します11。

数字の色を [Y:100] にしました。

完成

知っ得メモ

RGBモードで作るとWEBサイトやモニターで表示させた場合、発色も鮮やかになります。
暗めの背景にして「光彩（外側）」効果で描画モードを「スクリーン」にすると発光しているような表現が際立ちます。

ブレンドでS字状に連なった文字を作る

037 滑らかに繋がる タイトル文字

DLデータ sample037.ai

テキストをブレンドで繋ぎ、タイトル文字を作ります。ブレンドのステップ数、色、サイズ、角度、テキストの内容など自由に変更できるので様々な表現が試せます。

1 テキストを並べ文字の設定をする

文字ツール で、「EXPERIENCE」と入力し、真下に複製します。今回は「Helvetica Neue Condensed Black」というフォントを選びました。
それぞれの文字の線に色を適用し、塗りは白色にしました1。

真下に複製し青系の線の色を設定します。

2 ブレンドの適用と詳細設定

2つの文字オブジェクトを選択し、「オブジェクト」メニュー ➡「ブレンド」➡「作成」2を選択し、ブレンドを作成します3。

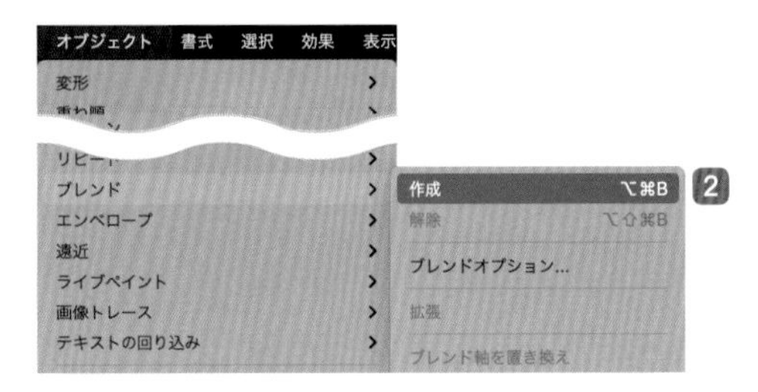

ブレンドを作成します。

3 S字の線を作り、ブレンド軸を置き換える

直線的なブレンドを曲線に置き換えるためのS字の線をペンツール で書きます4。
ブレンドオブジェクトとS字の線を選択し、「オブジェクト」メニュー」➡「ブレンド」➡「ブレンド軸を置き換え」5を適用します6。

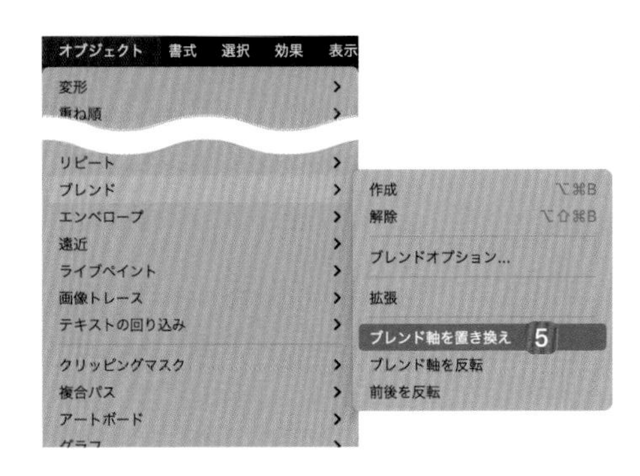

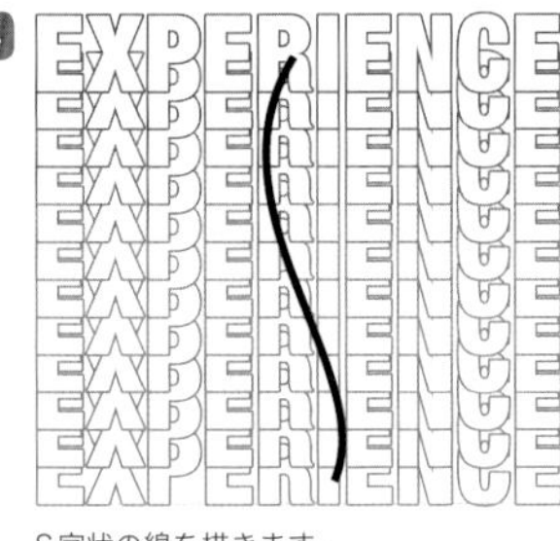

S字状の線を描きます。

ブレンドがS字状に並びます。

4 ブレンドのステップ数を設定

オブジェクトを選択し、「オブジェクト」メニュー ➡「ブレンド」➡「ブレンドオプション」7を選択し、「ブレンドオプション」ダイアログボックスで「間隔」を「ステップ数」8に設定し、「プレビュー」9で確認しながら数値を変更します10。

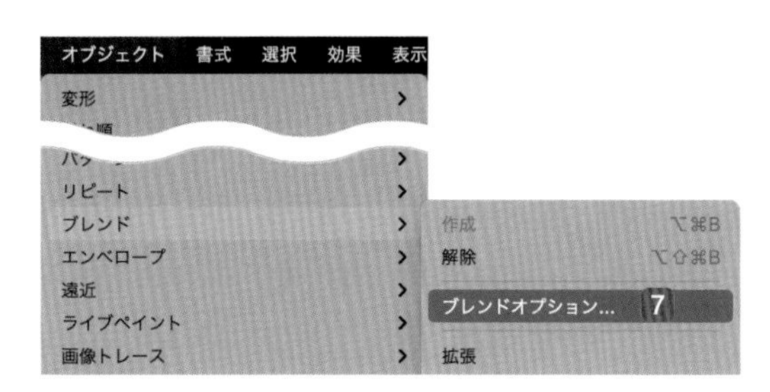

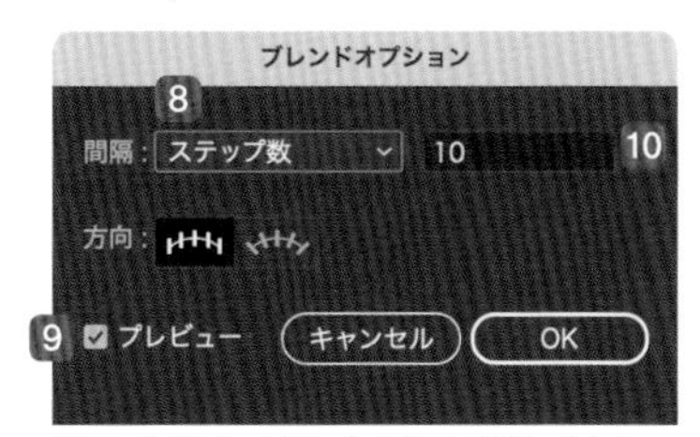

ここでは「ステップ数」を［10］に設定しました。

知っ得メモ

ステップ数を多くすればするほど滑らかになりますが、データが重くなり、動作に影響が出ることもあります。

5 オブジェクトのサイズや角度を変更する

ダイレクト選択ツールでS字パスのハンドルやアンカーポイントの位置を調整したり、オブジェクトの角度やサイズをお好みで調整します。
下の文字を縮小してS字カーブを強めにして、文字が飛び出してくるような表現にしてみました。

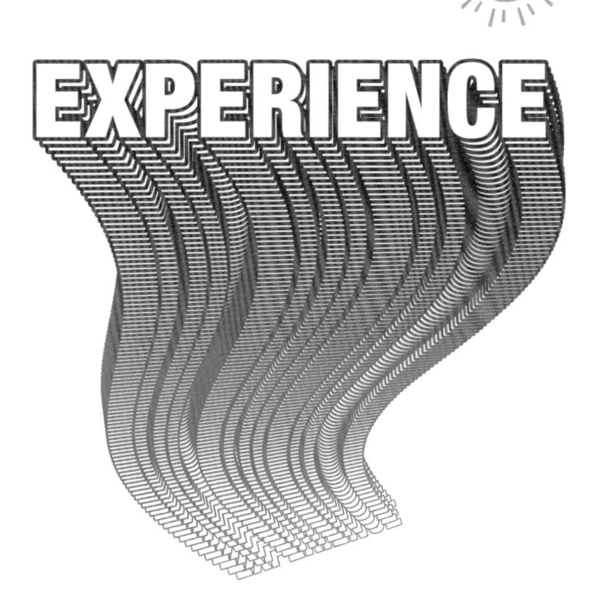

完成

Part 2

基本図形とアピアランスで重なり表現も手軽

038 基本図形でできる簡単無限マーク

DLデータ sample038.ai

無限マークを基本図形だけで簡単に作る方法です。交差部分を上と下に分け、キレイなバランスで作るのでロゴマークのパーツやイラストの要素にも使えます。

1 正方形を作る

長方形ツールで正方形を作成し、線幅を設定します1。

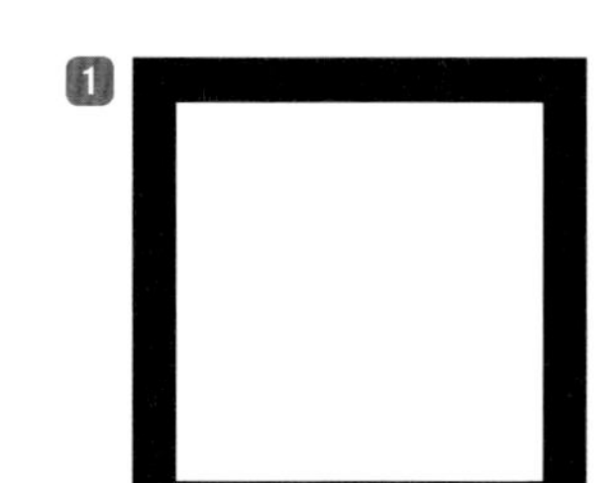

2 パスを消去し、基本形を作る

ダイレクト選択ツールで正方形の上下のパスのみを選択し、消去します2。

右上と左下のアンカーポイントをダイレクト選択ツールでそれぞれ選択し、「オブジェクト」メニュー ➡「パス」➡「連結」を選択します。

左上と右下のアンカーポイントをダイレクト選択ツールでそれぞれ選択し、同じように「連結」します3。

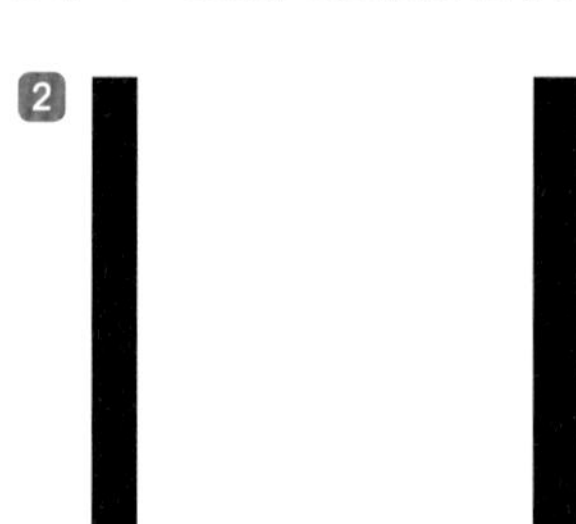

上下のパスを削除します。

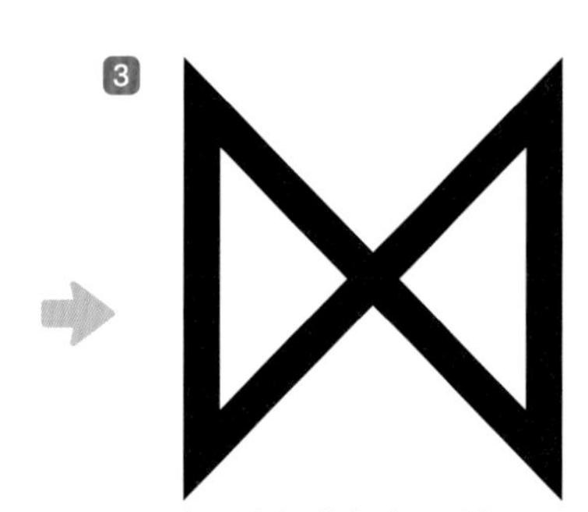

左下と右上、左上と右下を連結します。

3 角を丸くする

「表示」メニュー ➡「コーナーウィジェットを表示」を選択し、オブジェクトの四隅のコーナーウィジェットを内側にドラッグします4。お好みのサイズや線幅に調整します。

※角丸を数値で管理したい場合は、をダイレクト選択ツールでダブルクリック ➡「コーナー」ダイアログボックスを表示させ、数値を入力します（90ページ参照）。

コーナーウィジットで無限大マークになるようアールをつけます。

知っ得メモ

丸くなる線が赤く表示されたら角の丸みが限界になります。

両端もしくは片方のアンカーポイントまでの距離でコーナーの半径の最大値が変わります。

4 交差部分の上下を作る

ダイレクト選択ツール［ツールアイコン］で交差部分のパスのみを選択して5「コピー」し、「前面へペースト」します。

交差部分のパスをコピー＆前面にペーストします。

5 線にフチを加える

ペーストした線を選択して、「アピアランス」パネルで「新規線を追加」［アイコン］6をクリックし、パネル内の上の線（ピンク）はそのままで下の線（ブルー）を太くします7。（※分かりやすいように色を変えています）

オブジェクトや背景に合わせて色や線幅を変更してバランスを整えます8。

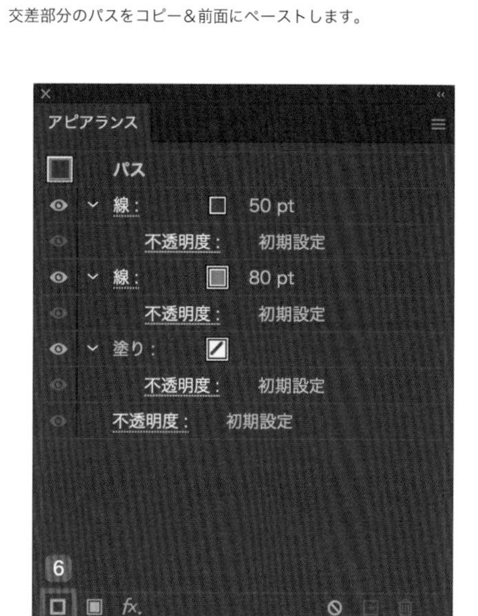

青い部分を白にするとこのようになります。

完成

7でブルーに設定した部分を背景色と同じにすると、交差部分の下側を表現することができます。

アピアランスの塗りと線で重なりを表現

039 コロコロかわいい文字が重なったロゴ

DLデータ sample039.ai

線で描いたロゴにアピアランスの線と塗りを使い、文字同士が重なっているポップな雰囲気のロゴを作ります。

1 ペンツールを使ってロゴを作成

ペンツールを使って「塗り」を「なし」に、「線」にカラーを選択し、テキストを作ります。下絵を描いてからトレースしても良いでしょう。

線の太さはお好みで設定してください。

2 ロゴをアウトライン化する

①で作成したパスのロゴを、「オブジェクト」メニュー ➡「パス」➡「パスのアウトライン」1を選択してアウトライン化します2。

文字が交差している部分を「パスファインダー」パネルで「合体」し、パーツごとに分かれていた文字を1つの文字に統合していきます。

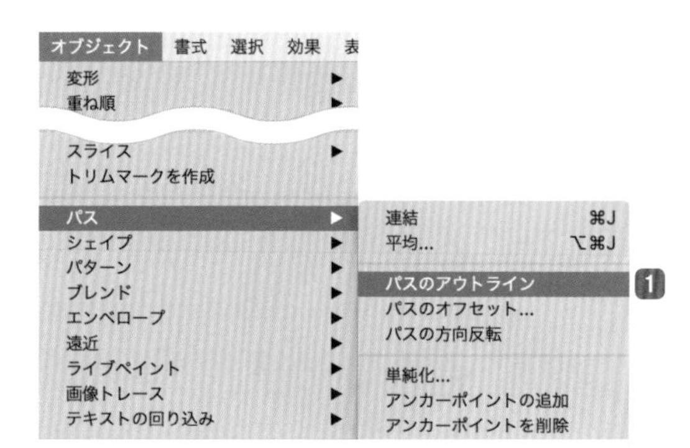

3 文字に線幅を加え重なりができる

②で作成したロゴに、「アピアランス」パネルで線に色を加えて、文字同士が重なるくらいまで太くしていきます。

例では白い線［1.5mm］を加えています3。ここで文字と文字の重なりができます。

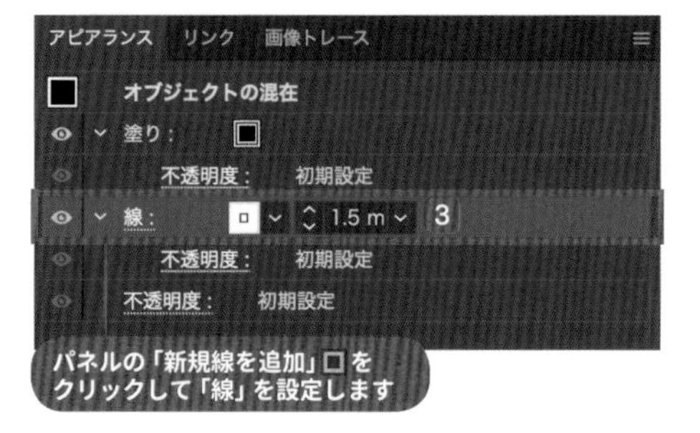

パネルの「新規線を追加」□をクリックして「線」を設定します

④ 文字位置を調整

③で作成したロゴのサイズや位置を調整していきます。
キレイに重なるよう「オブジェクト」メニュー➡「重ね順」で文字の順番を変更していきましょう。

⑤ アピアランスの分割

④で作成したものを選択し、「オブジェクト」メニュー ➡「アピアランスを分割」4を選択すると、文字と線の塗り部分が個別のオブジェクトになります5。
その後、「オブジェクト」メニュー ➡「パス」➡「パスのアウトライン」6を選択すると、白い線がアウトライン化され塗りのデータへと変換されます。
さらに文字をすべて選択して「パスファインダー」パネルで「刈り込み」7をクリックすると、同じ色同士のオブジェクトが分割されます。
最後に、分割された白色の塗りだけを削除して完成です。

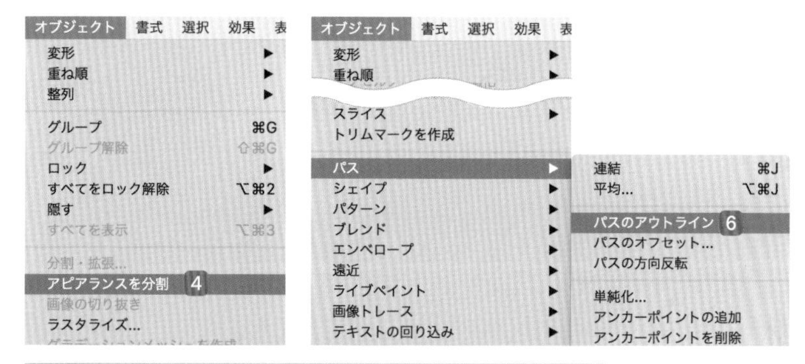

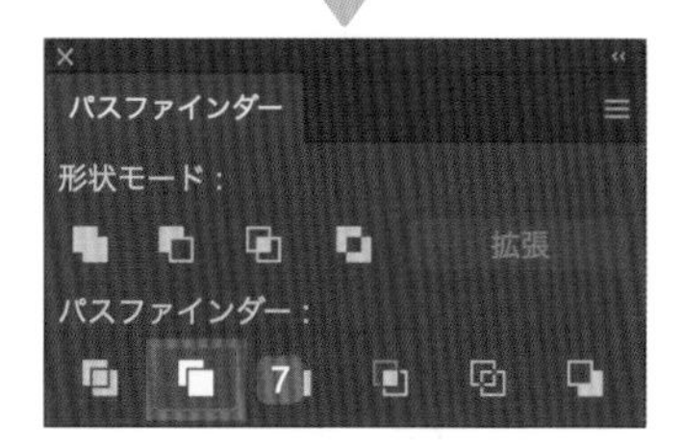

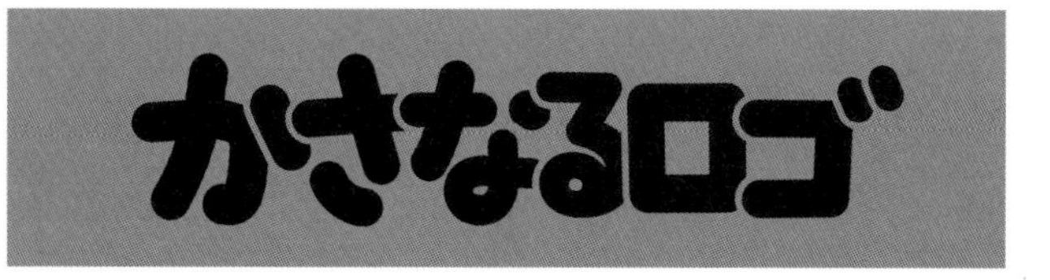

グラデーションで文字の一部を消す

040 重なった部分が消えて見える不思議ロゴ

DLデータ sample040.ai

パスで作成したロゴにグラデーションをかけ、交差する部分が消えていく雰囲気を加え、幻想的なロゴにしていきます。

1 テキストを用意する

ペンツールでお好みのテキストを作成します。
文字が重なり合う部分を切り離して、個別のオブジェクトとして作成していきます 1 。

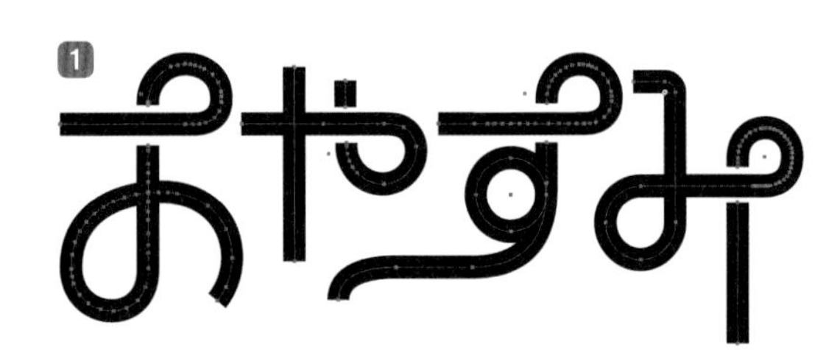

2 ペンツールで書いた文字を加工する

「オブジェクト」メニュー ➡「パス」➡「パスのアウトライン」を選択して、パスで作成したテキストをアウトライン化します 2 。
その後、オブジェクトを選択して「パスファインダー」パネルで「合体」 3 をクリックします。

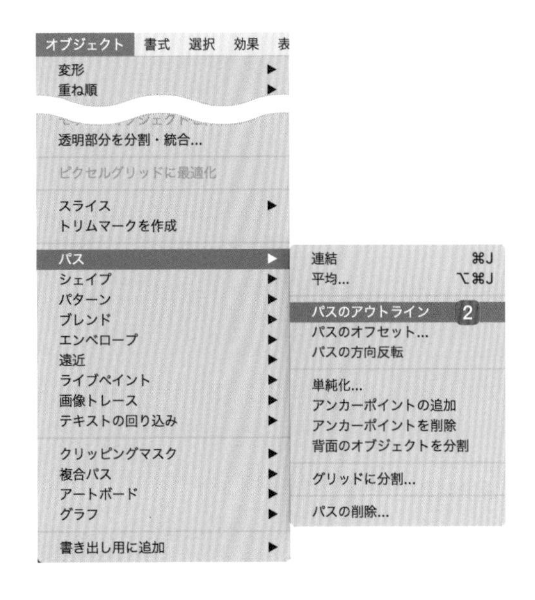

切り離して作ったパーツを1つのオブジェクトに合体させました。

3 文字にグラデーションを加える

テキストの塗りを白色にし、背景色［C:100 M:58 K:75］の角丸長方形を加えます4。
「グラデーション」パネルで「線形グラデーション」5を選択し、背景と同じカラーで［10%］の位置から不透明度［100%〜0%］のグラデーションを作ります6。
グラデーションのオブジェクトを、途切れている部分に配置していきます7。

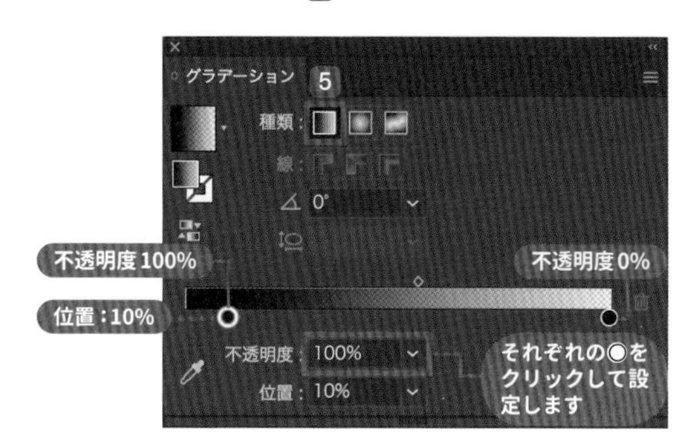

グラデーションの四角形を文字の幅で作成します。

グラデーションの四角形を文字の交差している部分に配置します。

4 グラデーションを加えていく

テキストを選択して「コピー」し、「前面へペースト」します。
ペーストしたテキストは「オブジェクト」メニュー ➡「複合パス」➡「作成」8を選択して複合パスにします。
背景以外をすべて選択し、「オブジェクト」メニュー ➡「クリッピングマスク」➡「作成」9を実行すると、クリッピングマスクが作成されます。

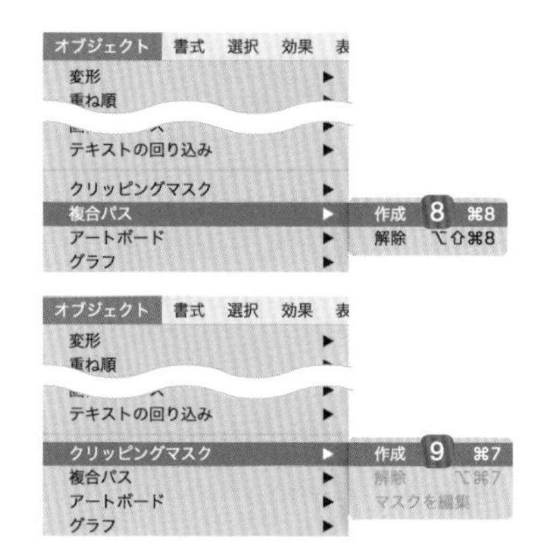

5 イラストを加えて完成

最後に斜体や飾りなどの微調整を加え、背景に星や月などを加えて完成です。

Part 2

ペンツールと楕円ツールで枠を作る

041 リフレクトで簡単 ラインのオーナメント

ペンツールや楕円形ツールなど基本的なツールのみを使用し、飾り枠を作成していきます。1/4だけ作成すれば、左右、上下のリフレクトで簡単にオーナメントになります。

DLデータ sample041.ai

1 手描きイラストをトレース

手描きの枠のイラストを配置し1、4分の1のみをトレースしていきます2。

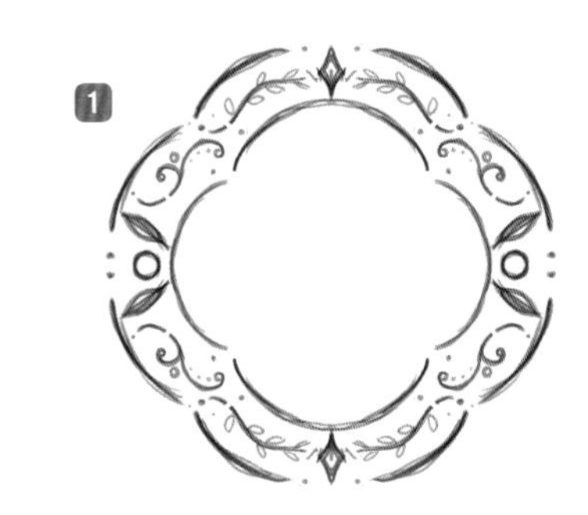

2 楕円形ツールを使う

①で作ったものに、楕円形ツールを使って飾りを加えていきます3。

3 リフレクトツールで複製する

リフレクトツールを使い、shift + option キーを押しながら左右にドラッグして複製していきます4。

4 さらに下へ リフレクトツールで複製する

③で作ったものを下半分へ複製します。
中央にテキストを入れて完成です。

アルファベットもデザインの一部に

042 英字パーツを漢字にあしらうおしゃれロゴ

DLデータ sample042.ai

アルファベットのセリフや飾りを使って文字を飾っていきます。同じフォント同士の日本語とアルファベットを使うことで、統一感とオリジナリティーのあるロゴを作ります。

1 テキストを用意する

「魔法」のロゴと小文字のアルファベットを用意します。

魔法 abcdegghijklmn opqrstuvwxyz

フォントは「A1明朝」に設定しました。

2 下準備

「魔法」の文字を装飾するために、アウトライン化したら、消しゴムツール 1 を使って文字をバラしていきます。

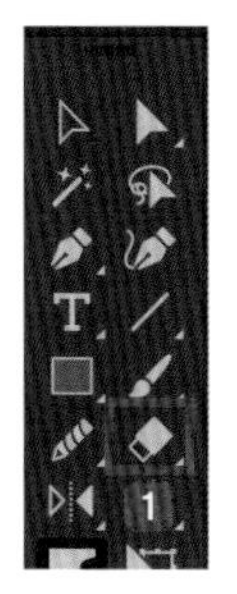

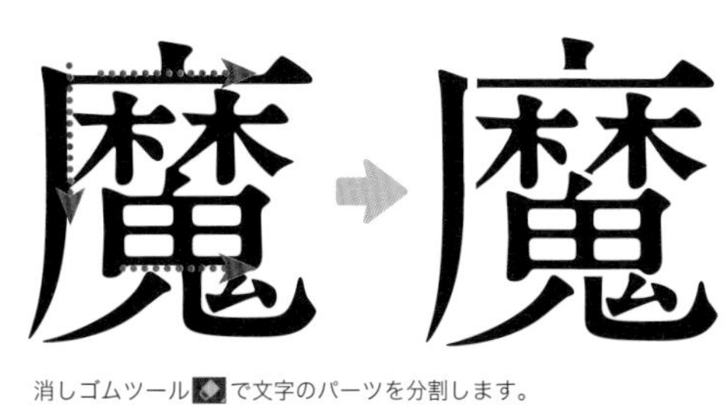

消しゴムツール で文字のパーツを分割します。

3 アルファベットの装飾を移植する

アルファベットの文字を「魔法」に移植していきます。
ここでは「j」「r」「l」などの小文字を使っていきます。

漢字のパーツに似たような形の英小文字を当てはめるのがポイントです。

4 形やバランスを調整する

アルファベットを移植して飾りをつけたら、バランスの調整や形を整えて完成です。

完成

DLデータ sample043.ai

ペンツールでアーチに文字を沿わせる

043 アーチ状のテキストでレトロなロゴマーク

ペンツールでアーチを描き、アーチにテキストを沿わせていくことで、簡単にロゴマークのようなレトロな雰囲気を作り出すことができます。

1 アーチを作る

ペンツールでアーチの左半分を作成します1。
リフレクトツールを選択し、shift + option キーを押しながらアーチを横にドラッグし、もう半分のアーチを複製します2。
２つのアーチの頂点にある端点を選択し3、「オブジェクト」メニュー ➡「パス」➡「連結」4を選択してアーチを連結します。

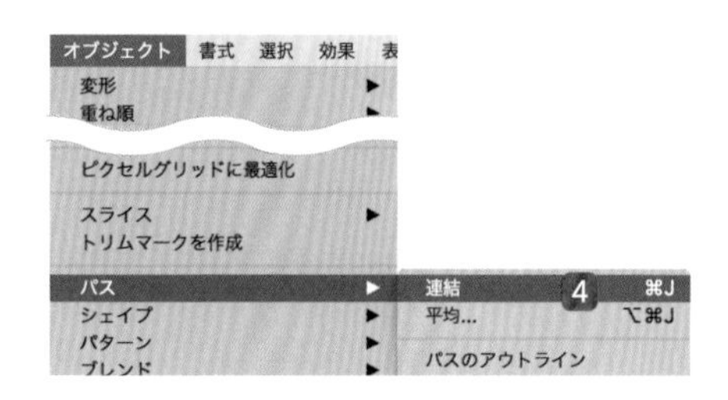

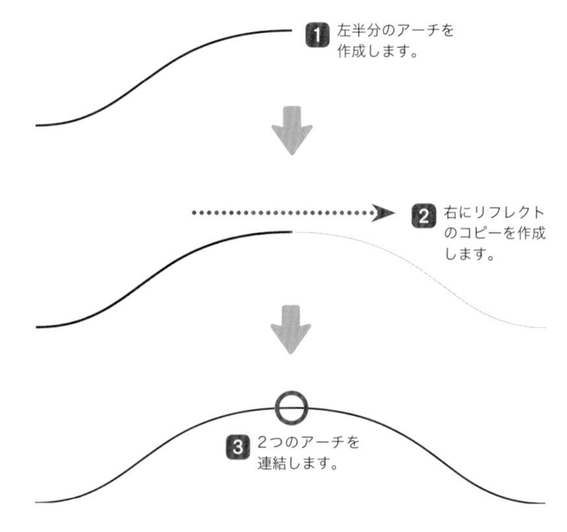

2 アーチにテキストを沿わせる

パス上文字ツールでアーチをクリックし、アーチに沿った文字を「中央揃え」で入力します5。

フォントはDINに設定しました。

知っ得メモ

文字を打ち込んだ際に、文字が反対を向いていたり途中から文字が始まっている場合は、ハンドルを移動させて調整していきます。

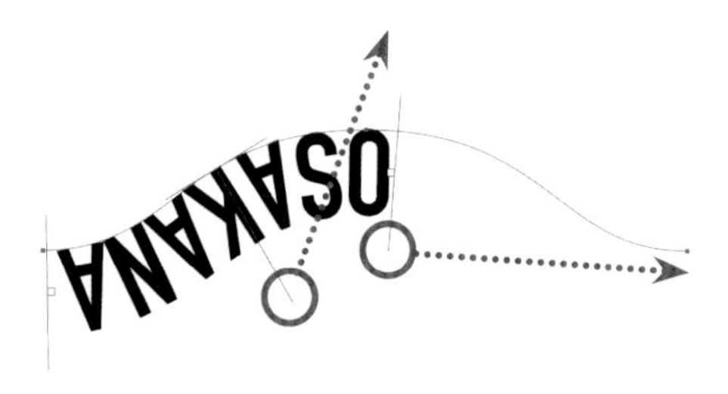

③ 文字を加工する

②と同様に、下にもアーチを作ってアーチ状にテキストを入力します6。
テキストに0.15mm程度の線を加えてすべてを選択し、「効果」メニュー ➡「パスの変形」➡「ラフ」を選択して数値を設定します7。
さらに「効果」メニュー ➡「スタイライズ」➡「角を丸くする」8を選択して、文字に少し丸みをつけます9。

下にアーチを作成し、それに沿って文字を入力します。

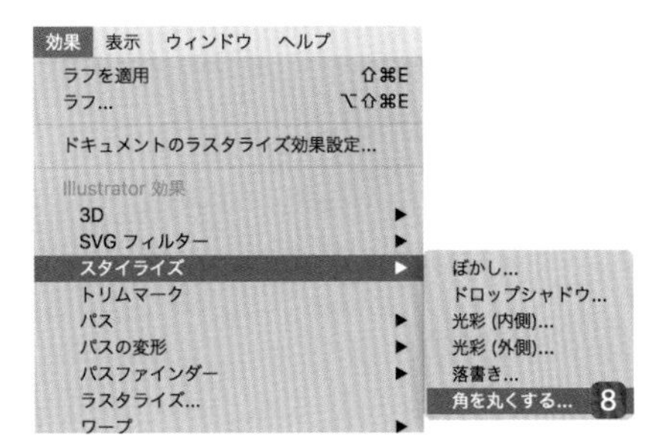

文字に線幅を加えて太くします。ラフの数値は[0.2%]、詳細は[70インチ]です。

文字の角を丸く処理して、角丸文字にします。

④ カラーを変更してイラストを追加する

文字の加工が終わったら、カラーの変更やイラストなどを加え、飾りつけします。

四角と丸を並べ重なりの描画モードで透明感を出す

044 おもちゃのような ポップなロゴデザイン

DLデータ sample044.ai

長方形や円形の基本図形だけでカタカナのロゴデザインを作っていきます。重なり部分を作って、描画モードを適用することで、特徴のあるポップなロゴを制作します。

1 基本図形を制作

長方形ツール と楕円形ツール を使い、正円、半円、台形などを作成していきます 1。

円形や四角形をロゴのパーツとして用意します。

2 ガイドを制作

「ズケイロゴ」というロゴを作成するので、5マスの正方形を作成し 2、「表示」メニュー ➡「ガイド」➡「ガイドを作成」3 を選択して、ガイドに変換していきます。

作りたいロゴの文字数に合わせて正方形を用意しガイドに変換します。

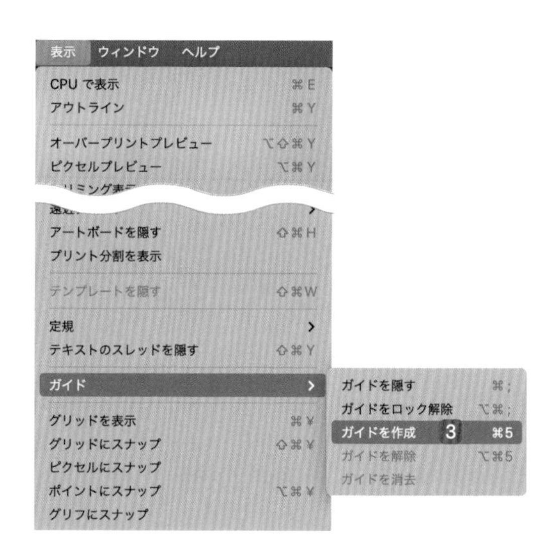

3 ロゴを作成していく

ガイドに合わせて、①で作成した図形を使い「ズケイロゴ」と文字を組んでいきます。

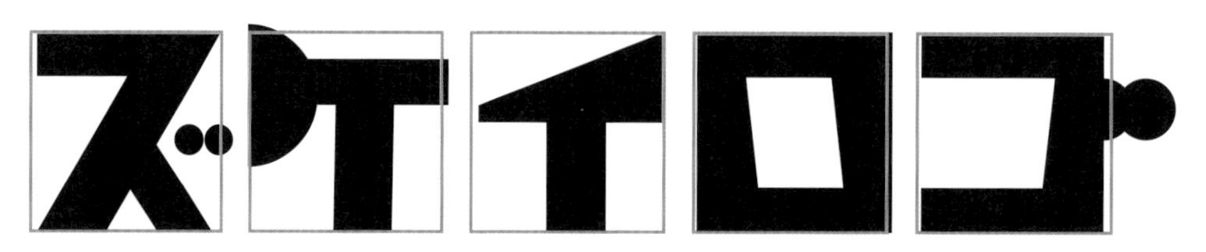

パーツを組み合わせて5つのロゴを作ります。

4 ロゴに色を付ける

作成したロゴのパーツごとに5色の色を加えていきます。
色を加えたロゴに「効果」メニュー ➡「パスの変形」➡「ラフ」4を実行し、「サイズ」は [0.15%]、「詳細」は [75/inch] に設定していきます5。

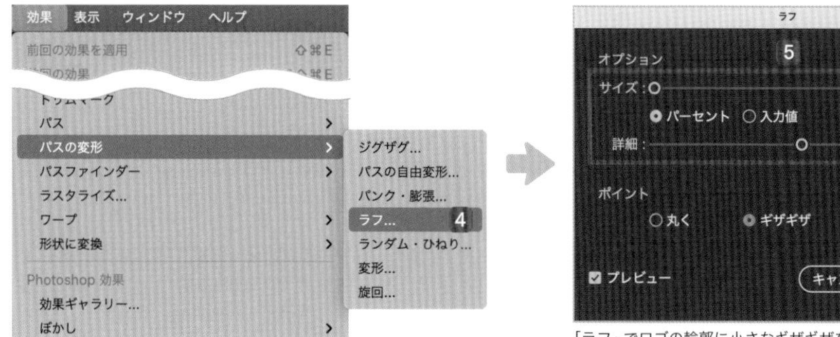

「ラフ」でロゴの輪郭に小さなギザギザを加えます。

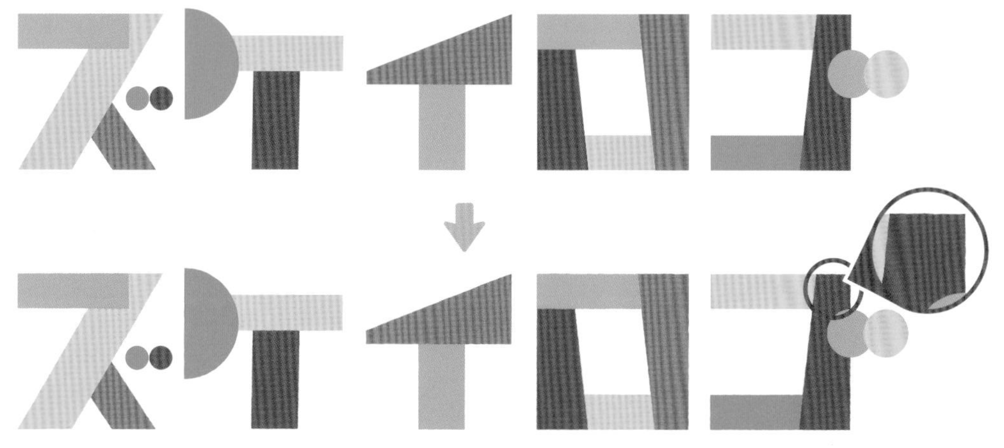

ロゴのポップな形を活かすため、色は明るめにしました。

5 乗算を加える

最後に、全体に「透明」パネルの描画モードで「乗算」6の効果を加えて完成です。

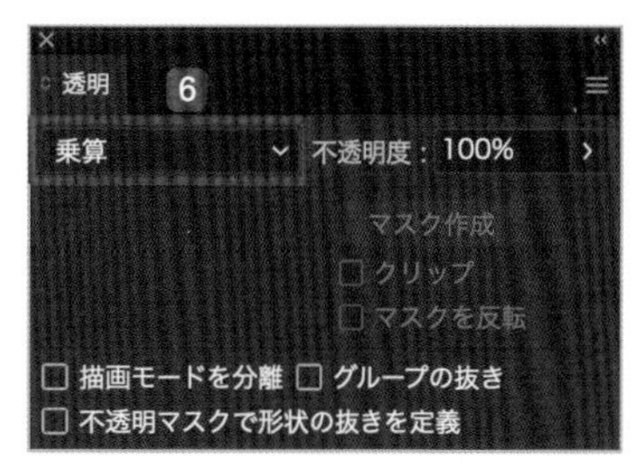

描画モードを「乗算」にすると、ロゴパーツ同士に透明感がでます。

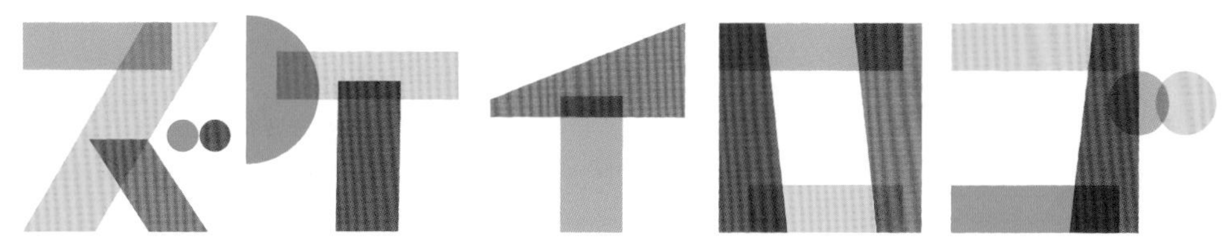

アイソメトリックイラストの応用編

045 ブロックトイで作るタイポグラフィ

DLデータ sample045.ai

アイソメトリックイラストの応用でブロックトイを作り、タイポグラフィとして使用する方法です。オモチャ感が出るので子ども向けのイベントのタイトルなどにも使えます。

1 正方形と正円を作る

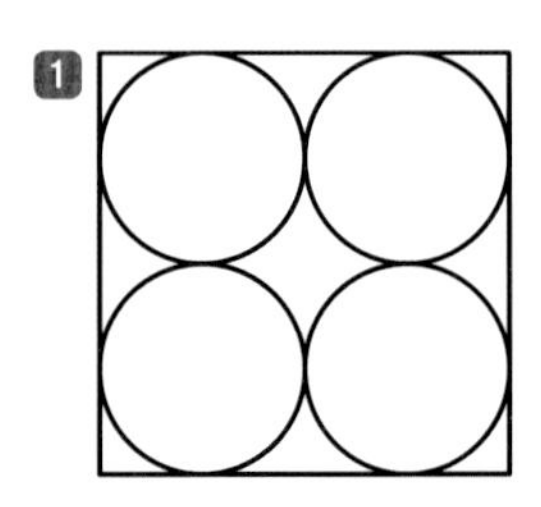

長方形ツール で正方形を作り、縦横50%縮小サイズの正円を４つ作り、正方形の中に整列させます 1 。

2 正円を縮小し、傾ける

４つの正円を選択し「オブジェクト」メニュー ➡「変形」➡「個別に変形」を選択して「個別に変形」ダイアログボックスを表示します。「拡大・縮小」を「水平方向」「垂直方向」ともに［80%］ 2 、「回転」の「角度」を［45°］に設定します。改めて正方形と４つの正円を選択し、全体を45°回転させます 3 。

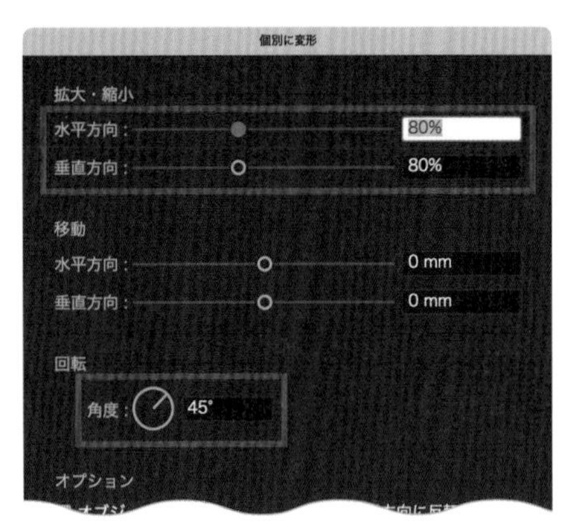

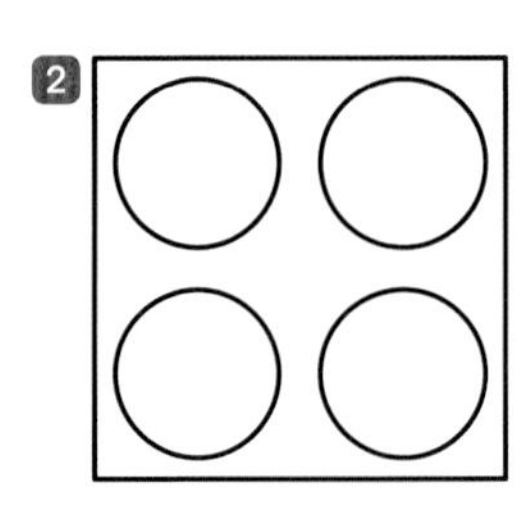

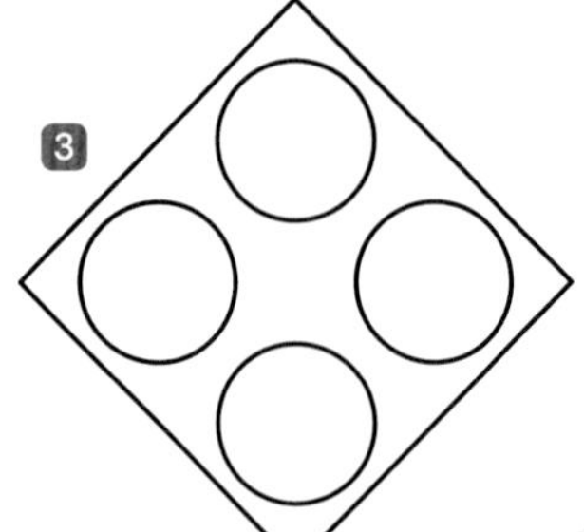

知っ得メモ

それぞれの正円を先に45°回転させておくことで、全体を回転させたときにアンカーポイントの位置が上下左右に来るようにしておきます。④の円柱が作りやすくなります。

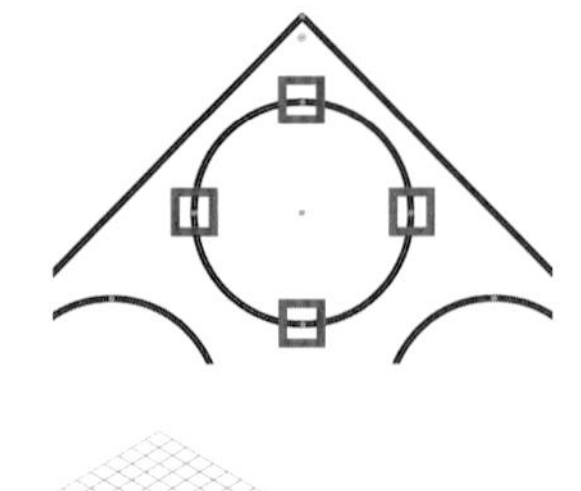

3 ガイド線に沿った形状に変形させる

「自作のガイド線でアイソメトリック描画」（208ページ）の際に使用したガイド線を使い、天面（正方形と正円）のオブジェクトをガイド線とアンカーポイントに吸着するようサイズを調整します。
側面のオブジェクトを描き、全体をブロック上のイラストにします 4 。

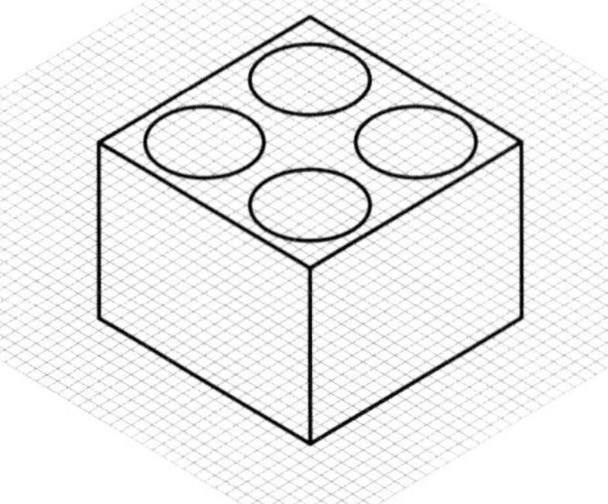

4 円柱を作る

②で作った楕円5を、option＋shiftキーを押しながら上へドラッグしてコピーし縦に2つ並べます。上の楕円を「コピー」しておきます。
ダイレクト選択ツール でそれぞれのアンカーポイント（図の赤丸）6を選択して消去し、縦のライン（図のピンクとブルー）で連結します7。
円柱の側面の上に先ほどの楕円を「前面へペースト」します8。高さと色味を調節して残り3つを複製し配置します9。ブロックトイが完成したらグループ化しておきます。

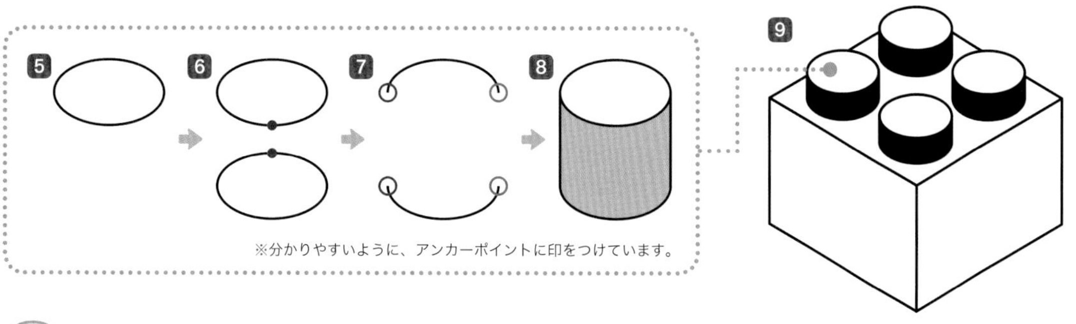

5 ブロックを並べて文字を作る

「表示」メニュー ➡「スマートガイド」を選択してスマートガイドをオンにし、縦に5つ横に3つブロックを並べて文字の数だけ複製します10。
アルファベットになるよう不要なブロックを消去して文字を作ります11。
色味や影の調整をして完成です。

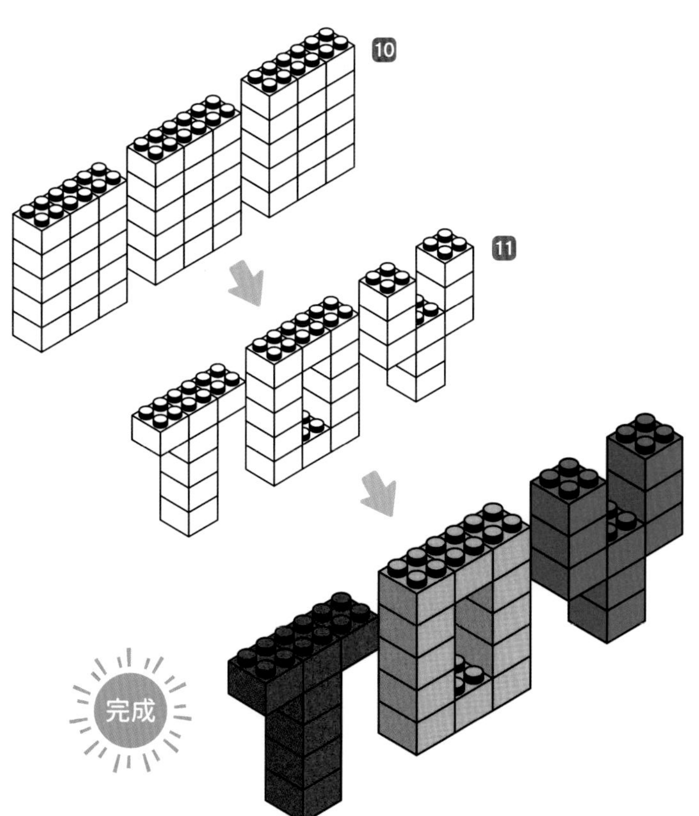

知っ得メモ

「移動」ダイアログボックスで「角度」を［30°］に設定してコピーしていくと角度を統一できます。

※「移動」ダイアログボックスは、移動したいオブジェクトを選択してreturnキー、または選択ツール かダイレクト選択ツール のアイコンをダブルクリックすると表示されます。

テイストやジャンルを絞って、特化型アピール方法を試す

特化型のスタイルを作る

現在、クリエイターとして活躍している方々は多くの経験と研鑽を積むことで、様々な角度から表現方法やアプローチ方法を身につけています。
たくさんの技術や表現が身につくことで制作の幅も広がり、お仕事の依頼も増え対応力も上がります。
数多くの得意を持つこととは別に、自分にしかできない独特の表現や挑戦したいジャンルを絞り、ピンポイントでアピールすることで自分だけの特化型スタイルを身につけることも可能です。
「テイスト」と「ジャンル」この2点を意識し、様々なアピール方法を試します。

特化型の作品だけを見せる

見た人の印象に強く残るような制作物一覧を作ります。
ポートフォリオ、フライヤー、名刺、WEBサイト、SNSなど媒体や発信方法はたくさんあります。見せ方や運営も工夫しながら自分に合ったアプローチ方法を模索します。
特化していきたいテイストやジャンルの実績が少ない場合は、自主制作や不採用の提案作品（案件によっては許可必須）などを掲載しても良いでしょう。
自身が特化していくテイストやジャンルを明確にすることで「○○○といえば□□□さん」という印象が残り受注にいたったり、それを見た友人知人の口コミから広がることも大いにありえます。

名刺やフライヤーなどは、直接会う機会に渡すことができる優秀なツールです。
いつでも渡せるように、自分が携帯できる形状が望ましいでしょう。
持ち帰りやすいサイズにしたり、かさばらないようにする配慮も必要です。
直接手渡しできるメリットは、自身の言葉で内容の補足をしたり、人となりや姿勢、熱意なども伝えやすいので、記憶に残りやすくなります。
WEBサイトやSNSも特化型に作り込まれたページやアカウントがあると見つけやすくなります。
たくさんの情報量が掲載できるので、制作物の他にも解説や補足情報を掲載することができます。
フライヤーや名刺と連動させることで、詳細が掲載されているWEBサイトへの導線設計も大切です。

様々なテイストでの制作スキルを身につけたり、あらゆるジャンルに精通していることはとても魅力的です。
もし、1つのことに集中できる得意なことや好きなことがあれば、特化型スタイルに挑戦してみる価値はあるでしょう。

Part 3

パターンの魔法

ちょっとしたデザインに便利なパターンの作り方を解説します。連続したデザインは、Illustratorで効率的に作っていきましょう。

基本図形の組合せでカンタン定番パターン

046 ひし形と斜め線で作るアーガイルパターン

DLデータ sample046.ai

長方形、ひし形、直線でアーガイルパターンが簡単にできます。スウォッチパネルに登録しておけば、いつでも選択したオブジェクトにパターンを適用できて便利です。

1 ひし形を作る

「表示」メニューから「グリッドを表示」を選択し、さらに「グリッドにスナップ」を選択します。
長方形ツール で縦長の長方形を描き、次にペンツール を選択し、別の色で最初の正方形内にぴったり収まるひし形を描きます 1 。

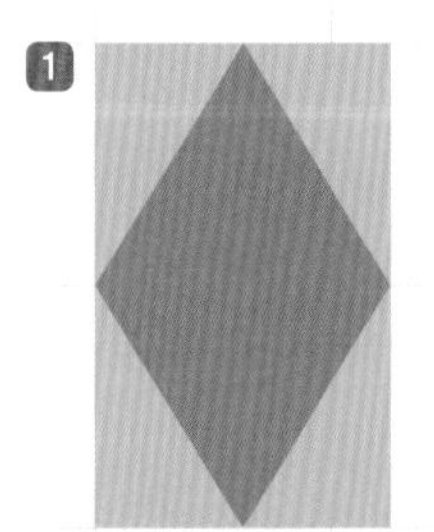

背面の長方形の上にひし形を重ねます。ひし形は、正方形を45°回転して縦に拡大する方法でも描けます。

2 斜めに線を入れる

直線ツール を選択し、①で最初に描いた長方形の対角線になる2本の斜め線を描きます 2 。
「線」パネルで「破線」 3 にチェックを入れ、「線分」や「間隔」の数値をちょうど良いサイズに設定します。
ここでは、[線分:8pt 間隔:0pt] にしました 4 。

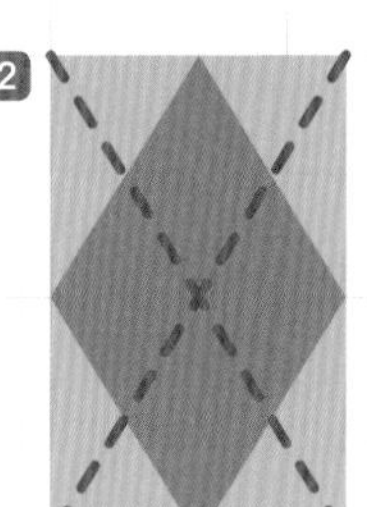

[線分:8pt 間隔:0pt] で破線を設定します。
※作例のような等間隔の破線の場合ははじめの2カ所に入力すると自動的に繰り返して作成されます。

3 オブジェクトを変形する

②の2本の破線をともに選択し、「オブジェクト」メニュー ➡「変形」➡「個別に変形」を選択して「個別に変形」ダイアログボックスを表示させます。
「水平方向」「垂直方向」をともに [95%] 5 程度縮小させ、「OK」 6 をクリックします。

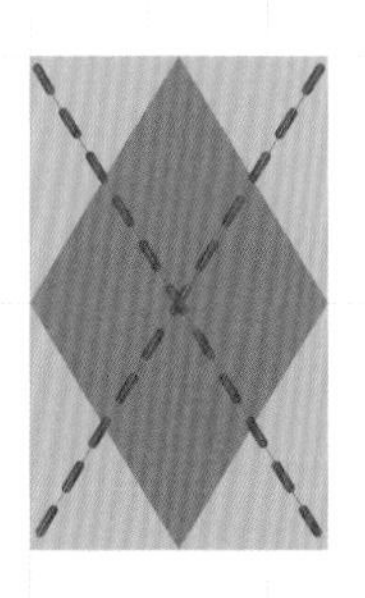

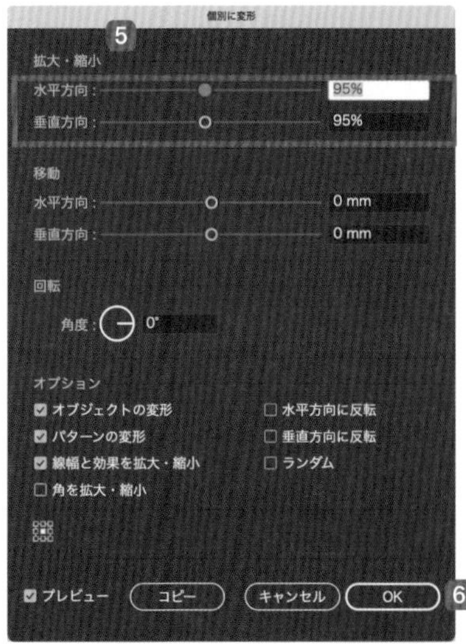

「水平方向」「垂直方向」をともに [95%] 程度に縮小します。

パターンを登録する

すべてのオブジェクトを選択し、「オブジェクト」メニュー ➡「パターン」➡「作成」を選択すると、作成したパターンが「スウォッチ」パネルに登録されます 7。
表示された「パターンオプション」パネルで「名前」を入力し 8、ドキュメントの上部にある「完了」をクリックしてパターン編集を終了します。

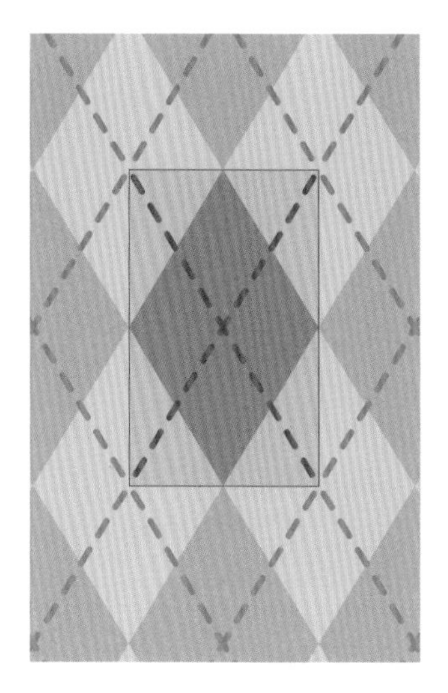

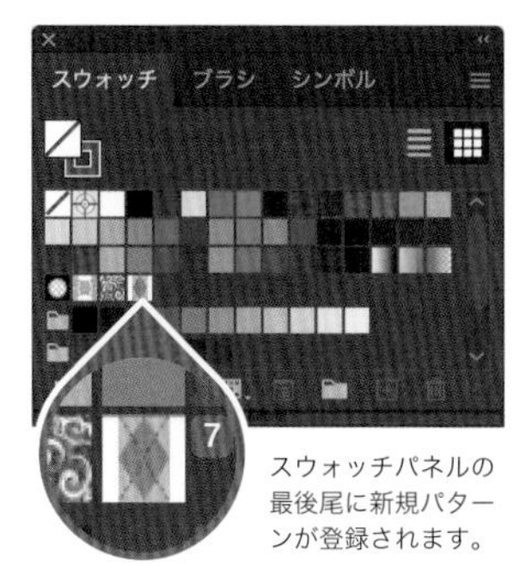

スウォッチパネルの最後尾に新規パターンが登録されます。

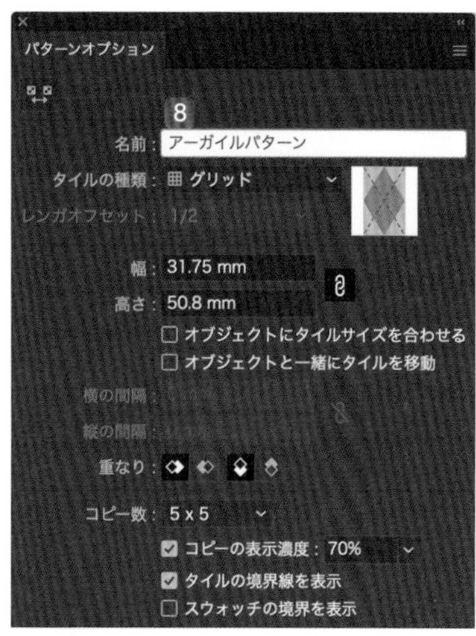

5 パターンを適用する

適用したいオブジェクトを選択して、「スウォッチ」パネルにあるパターンをクリックすると、オブジェクトにパターンが適用されます。
パターンが大きすぎる場合は、「オブジェクト」メニュー ➡「変形」➡「個別に変形」で表示される「個別に変形」ダイアログボックスの「オブジェクトの変形」9 のチェックを外すと、パターンのみを縮小させることができます。

パターンを水平・垂直方向に移動させることも可能です。

⬇DLデータ sample047.ai

三角形を複製するだけの簡単なパターン

047 1つの三角形から作るテキスタイル

三角形を複製し、汎用性の高いテキスタイルを作成します。いろいろな場面で使えるので、ストック素材として保存しておくと便利です。

1 三角形を作る

多角形ツール を選択した状態でドキュメント内をクリックし、「多角形」ダイアログボックスを開きます。
「辺の数」を［3］1にして三角形を作ります。

※大きさは自由です。

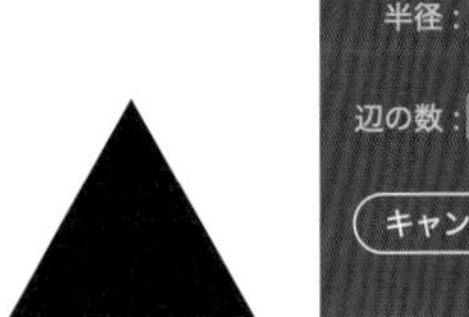

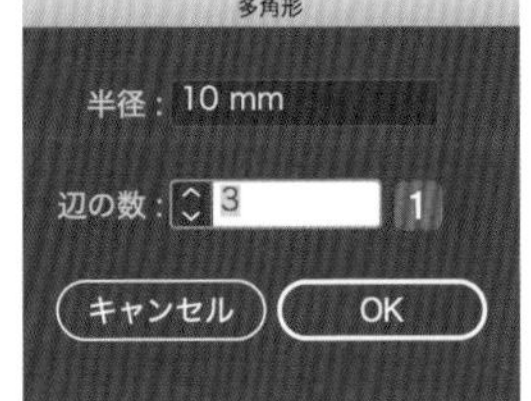

三角形は多角形ツール で「辺の数」を［3］にして作成できます。

2 三角形のカラーをグローバル化する

三角形の「塗り」を「スウォッチ」パネルに追加し2、その色をダブルクリックして「スウォッチオプション」パネルを開きます。
「カラーモード」を［CMYK］にし、カラーを［K:100］に設定して3、「グローバル」にチェックを入れます4。

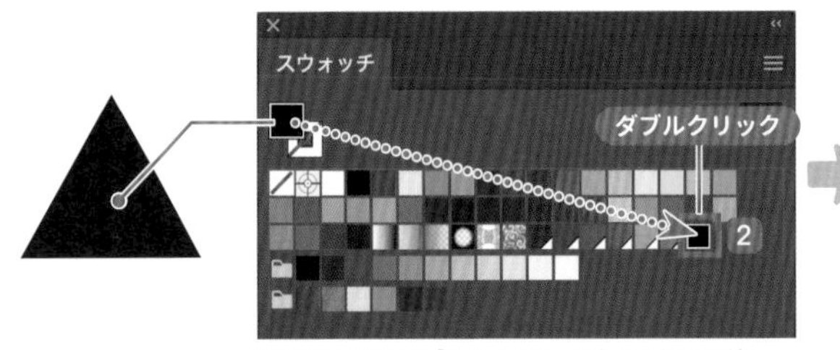

塗りのアイコンを「スウォッチ」パネルにドラッグ＆ドロップすると、追加できます。

「グローバル」にチェックを入れると、同じ色を一括で変更することができます。

3 三角形を複製する

②の三角形を、shift＋optionキーを押しながら右へドラッグして1つ複製します5。
複製した三角形を選択した状態で「オブジェクト」メニュー➡「変形」➡「変形の繰り返し」（command＋Dキー）でさらに複製します。
そのまま三角形を任意の数まで並べていきます6。

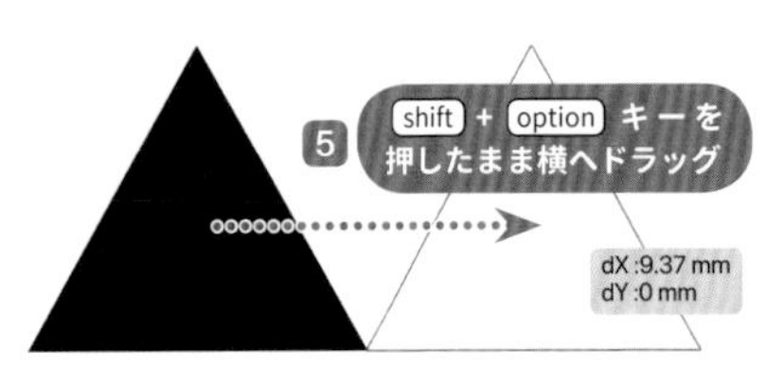

command＋Dキーを5回繰り返しました。
※command＋Dキーは直前の操作を繰り返すショートカットキーです。

④ 複製でテキスタイルを作る

③で複製したオブジェクトをすべて選択した状態で、option キーを押しながら左斜め下にドラッグして列を増やします7。
次に、2列8を選択して shift ＋ option キーを押しながら真下に複製します9。
そのまま「オブジェクト」メニュー ➡「変形」➡「変形の繰り返し」（command ＋ D キー）でオブジェクトをさらに下へ複製していきます。

左斜め下に option キー＋ドラッグして複製します。

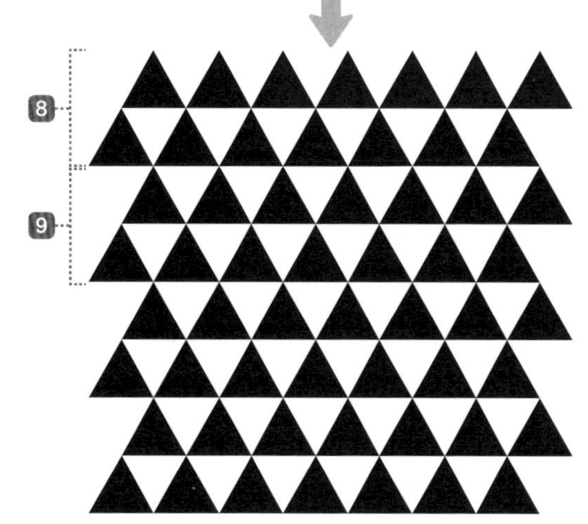

2列を真下に複製したら、command ＋ D キーを2回行います。

⑤ ランダムに色を変更する

④で作成した三角形をランダムに選択し、「カラー」パネルで濃度を変更していきます9。
他にも「透明」パネルで描画モードを「乗算」にするなど、色々な場面で使用してみましょう。

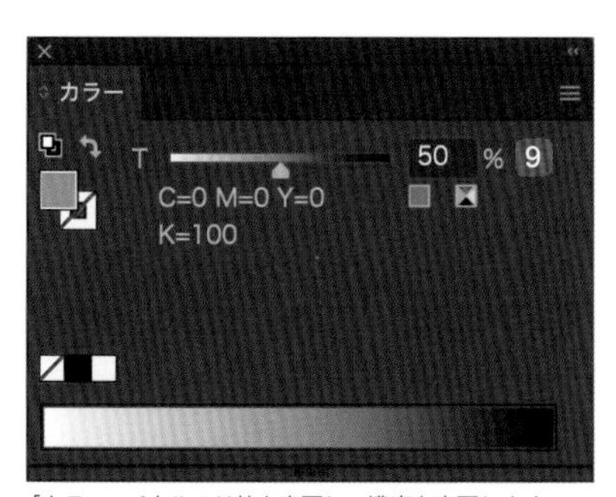

「カラー」パネルのK値を変更して濃度を変更します。

ランダムに三角形の濃度を変えます。

背面に好みの色を敷いて、いろいろなパターンが作れます。

DLデータ sample048.ai

ブラシをランダムに変形してテクスチャ化

048 チョークブラシを利用した星屑テクスチャ

ひとつひとつ描くと手間も時間もかかる星屑や銀河のようなテクスチャを、既存のブラシを編集して描いてみましょう。

1 ブラシで線を描く

ブラシツールで適度な線を描きます1。
ブラシの種類は「チョーク」に設定します2。

ガサガサとした質感の線になりました。
作例では2ptに設定しました。

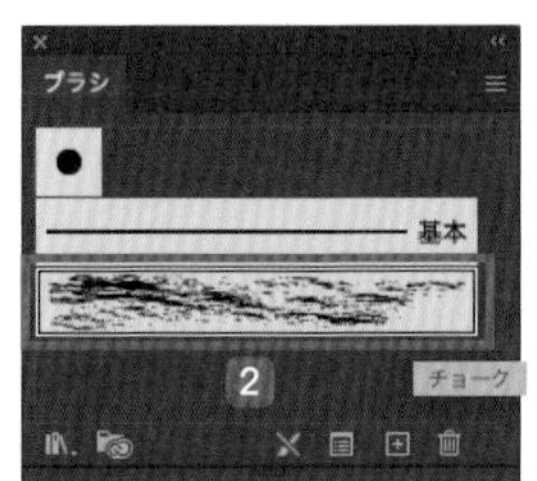

「チョーク」ブラシはブラシライブラリの「アート_木炭・鉛筆」にあります。

2 ブラシをアウトライン化し、不要なオブジェクトを消去する

線オブジェクトを選択して「オブジェクト」メニュー ➡「パス」➡「パスのアウトライン」3を適用し、アウトライン化します。
さらにグループ化を解除して塗りオブジェクトをひとつひとつ編集できる状態にし、全体的に見て大きいオブジェクトを消去します。

黒の範囲が広い部分を消去しました。

オブジェクト 書式 選択 効果 表示
変形
トリムマークを作成
パス
シェイプ
パターン
リピート
ブレンド
エンベロープ
連結 ⌘J
平均... ⌥⌘J
パスのアウトライン 3
パスのオフセット...
パスの方向反転

3 使いたい範囲まで広げる

オブジェクトをすべて選択し、使いたい範囲に収まる程度の大きさに拡大します4。

4

ランダムに変形する

すべて選択された状態で「オブジェクト」メニュー ➡「変形」➡「個別に変形」を選択します。
「個別に変形」ダイアログボックスが開くので、縮小率5、角度6を設定して「ランダム」にチェックを入れます7。

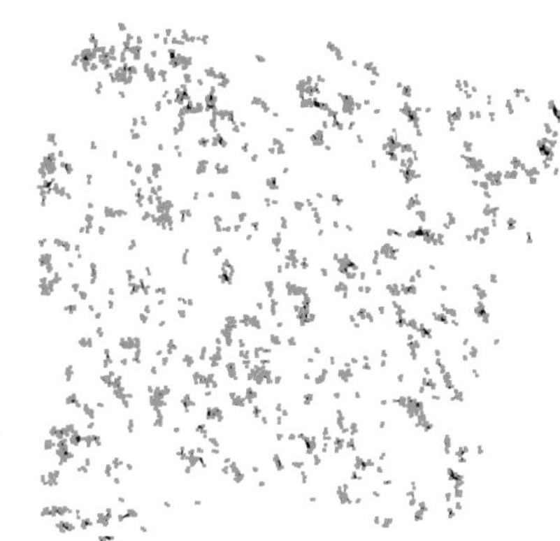

アウトライン化した線オブジェクトをすべて選択した状態です。

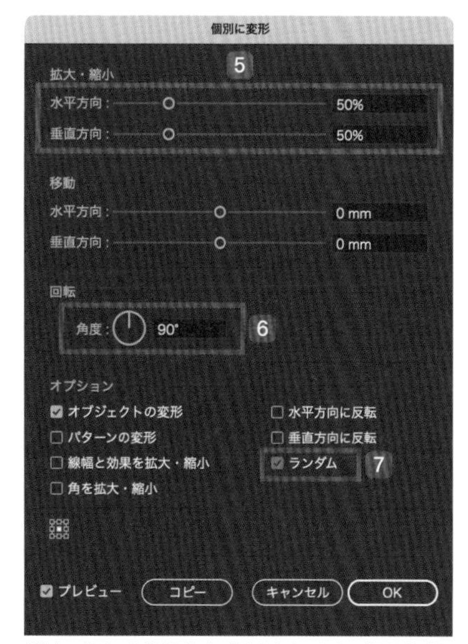

「拡大・縮小」は「水平方向」「垂直方向」ともに［50%］、「回転」は［90°］です。

5 微調整をする

おおよその大きさが決まったら、全体のバランスを見て星屑のように見えるように、個別にサイズや配置の調整を行います。
塗りを白、背景を黒にして完成です。

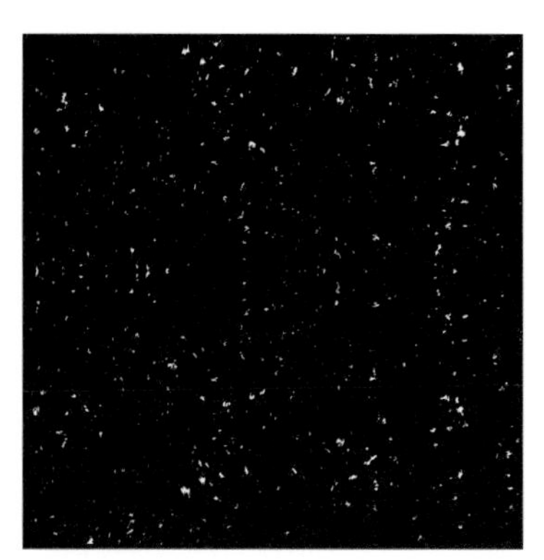

星屑のテクスチャになりました。

知っ得メモ

色やサイズを変更すると様々なテクスチャ素材として使えるので、いくつかパターンを作っておくと重宝します。

チョコミントのテクスチャです。

ワープやリフレクトを工夫してパターンを作る

049 弓形の繰り返しで作る北欧風テキスタイル

1つの弓形からリフレクトツールや変化の繰り返し、パスファインダーなどを使ってテキスタイルを作っていきます。短時間で簡単にオリジナルの柄が作れます。

DLデータ sample049.ai

1 半円を作って複製する

楕円形ツール で正円を作ります1。※大きさは自由です。
正円の上部を残し、消しゴムツール でカットします2。
残った円の一部（弓形）を shift + option キーを押しながら真横に移動させて複製します3。
その後「オブジェクト」メニュー ➡「変形」➡「変形の繰り返し」（command + D キー）を5回繰り返して弓形を7つ程複製します4。

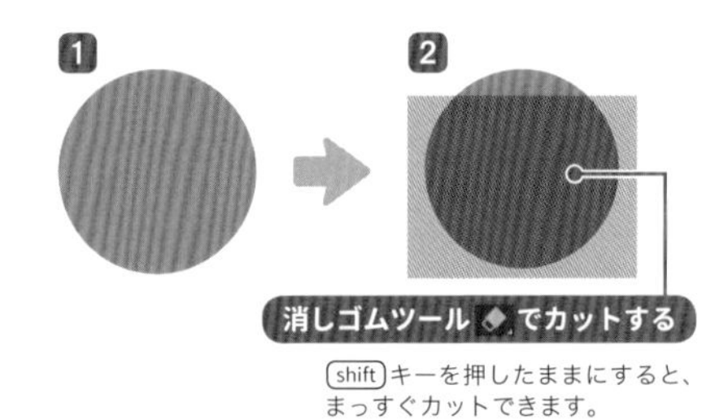

shift キーを押したままにすると、まっすぐカットできます。

shift + option キーを押したままドラッグして弓形を真横に複製します。

command + D キーを5回繰り返して7つの弓形を横に並べます。

※ command + D キーは直前の操作を繰り返すショートカットキーです。

2 エンベロープで変形を加える

弓形をすべて選択してグループ化しておきます。
「オブジェクト」メニュー ➡「エンベロープ」➡「ワープで作成」5を選択します。
「ワープオプション」ダイアログボックスで、「スタイル」から「円弧」を選択し6、「カーブ」を［-5％］に設定します7。
次に「オブジェクト」メニュー ➡「エンベロープ」➡「拡張」を選択すると、エンベロープによって変形した形のパスになります。

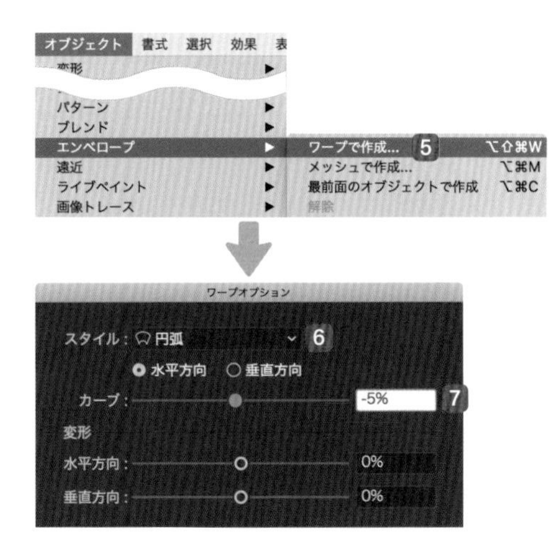

ワープで若干上向きにカーブさせます。

③ リフレクトツールを使う

②で作成したものを、45°回転させます。回転ツールで基準点を option キー＋クリックすると「回転」ダイアログボックスが表示されるので、「角度」を［45°］と入力すると正確に傾きます。
傾けたオブジェクトをリフレクトツールで option キーを押しながら180°に展開し、複製します8。
さらにリフレクトツールで下に180°展開し、複製します9。
四辺ができたら、上部と左の空間に飾りの点を入れておきます10。

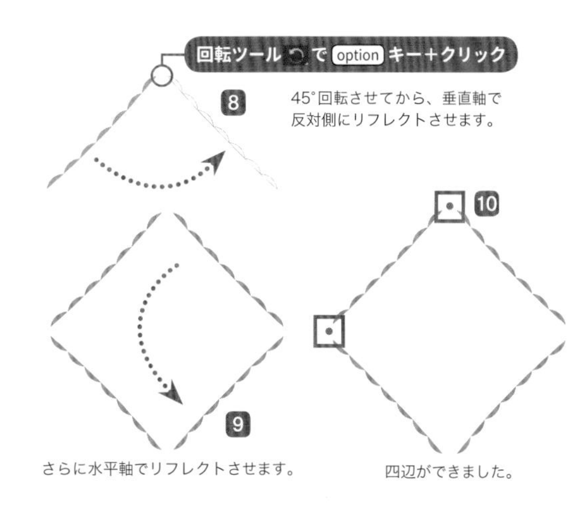

さらに水平軸でリフレクトさせます。

四辺ができました。

④ オブジェクトを複製する

③で作成したオブジェクトを、shift ＋ option キーを押しながら右にドラッグして複製します11。
「オブジェクト」メニュー ➡「変形」➡「変形の繰り返し」（command ＋ D キー）でオブジェクトを複製していきます12。
さらに上側に複製していきます13。

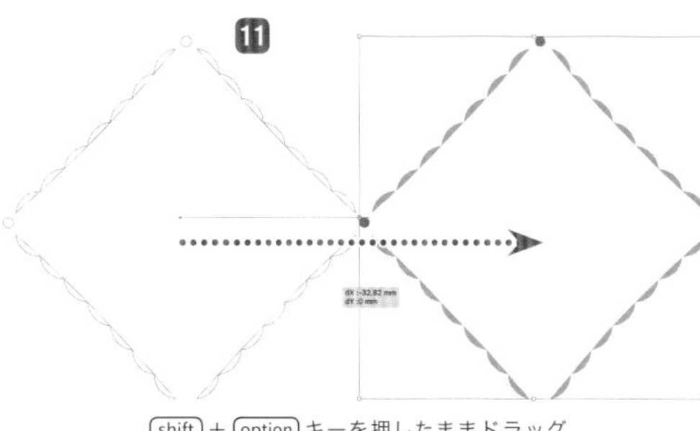

shift ＋ option キーを押したままドラッグして四辺を右に複製します。

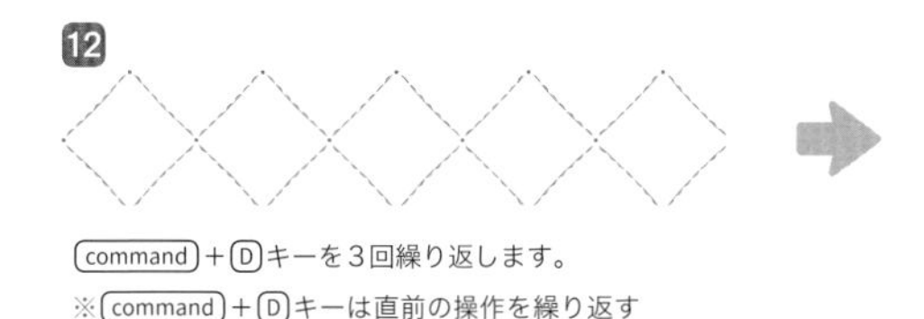

command ＋ D キーを3回繰り返します。
※ command ＋ D キーは直前の操作を繰り返すショートカットキーです。

13

下に複製し必要な分だけ繰り返します。

⑤ 飾りを加える

最後に四角の中に等間隔に飾りを加えたら、テキスタイルの完成です。

角丸長方形ツールで作成した四角形を等間隔に加えました。

ワープで作ったパーツを組み合わせたパターン

050 パターンを使って簡単なテキスタイル作り

パターンの機能を使って、簡単にテキスタイルを作っていきます。自分だけのオリジナルのテキスタイルを制作してみましょう。

DLデータ sample050.ai

1 パーツの制作

テキスタイル作りに必要な素材を作成します。半円、菱形、植物のパーツなど、テキスタイルに取り入れたいオブジェクトを用意します1。
2色の好きな色に設定していきます2。

今回は、
[C:75 M:0 Y:25 K:20]
[C:0 M:60 Y:18 K:0]
の2色を選びました。

2 弓形を複製→合体→ラフ

①で用意した弓形を右に5つほど若干重ねて複製し3、「パスファインダー」パネルで「合体」4を実行します。
次に、「効果」メニュー ➡「パスの変形」➡「ラフ」5を選択し、数値を[サイズ:0.15%][詳細:70/inch]ほどに設定しておきます6。
その後、「オブジェクト」メニュー ➡「エンベロープ」➡「ワープで作成」7を選択して「ワープオプション」ダイアログボックスを開き、「スタイル」で「円弧」8を選択して「カーブ」を[-7%]9に設定します。

3 shift + option キーを押したまま右へドラッグし複製します。

command + D キーを4回繰り返します。

※少し重なるように複製しましょう

※command + D キーは直前の操作を繰り返すショートカットキーです。

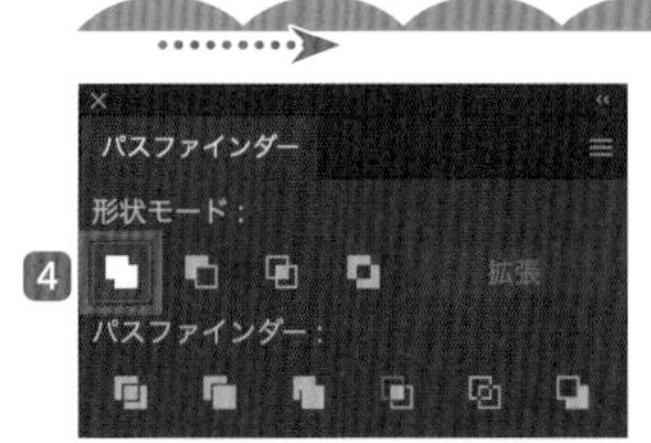

弓形をすべて合体させます。

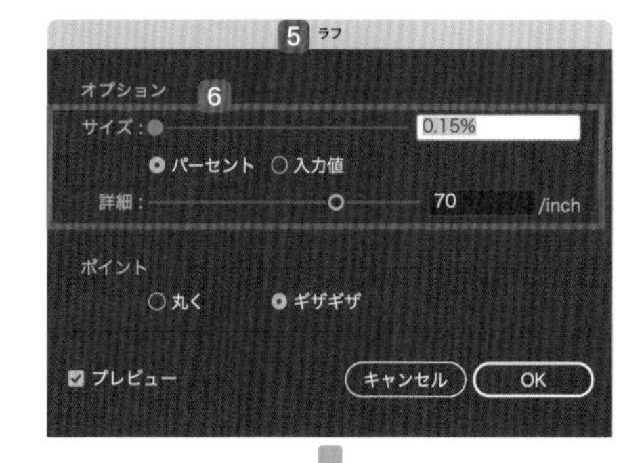

5

合体した弓形にラフをかけ、輪郭をギザギザさせます。

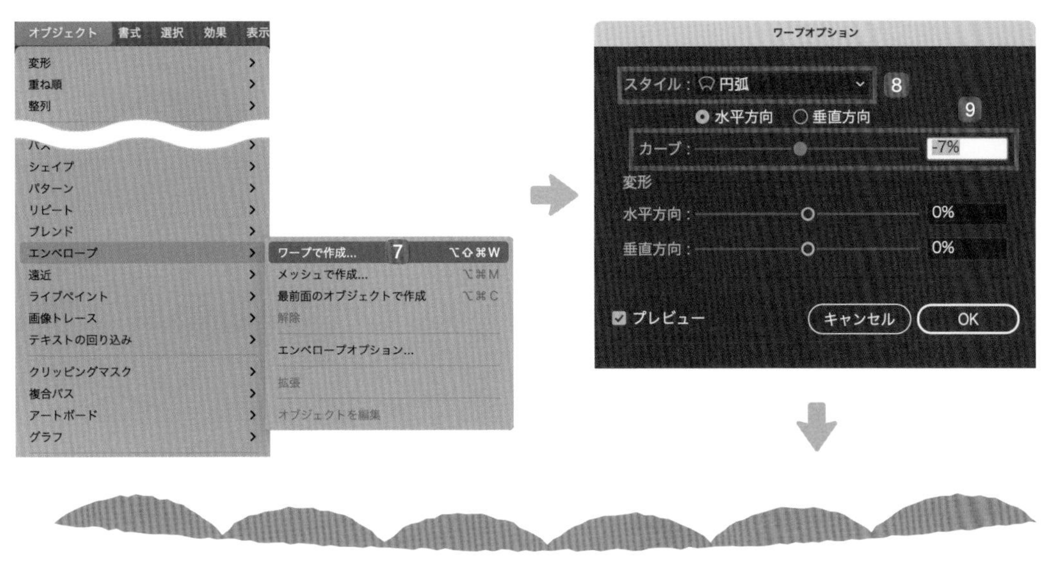

ワープで直線をカーブさせます。

③ パーツをガイドに沿って並べていく

正方形のガイドを作成し、②で作成したパーツを複製し正方形状に並べていきます10。
正方形を作成しパーツを並べていきます11。
今回は、50mm × 50mmに設定しました。任意のサイズに設定してください。

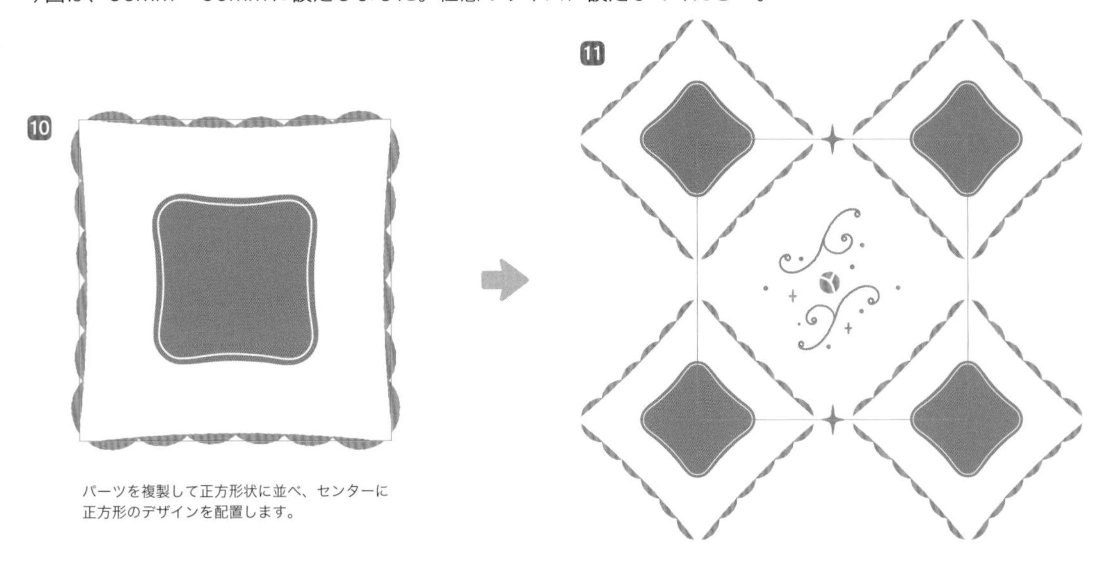

パーツを複製して正方形状に並べ、センターに正方形のデザインを配置します。

パーツを45°回転させ、正方形のガイドの角にパーツの中央を合わせて配置し、最後に中央に飾りを配置します。

④ パターンに登録する

③で配置したパーツを選択し、「オブジェクト」メニュー ➡ 「パターン」➡「作成」⑫を選択します。
「パターンオプション」パネルが表示されます。
「幅」と「高さ」を③で作成した正方形のガイドと同じサイズ［幅：50mm］［高さ：50mm］に設定していきます⑬。
設定できたらパターンの完成です。

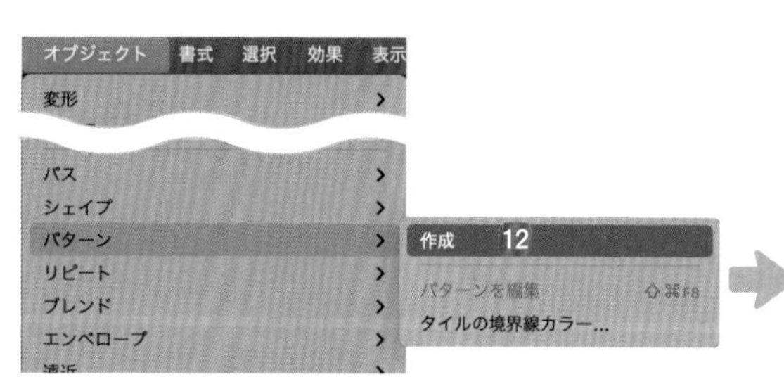

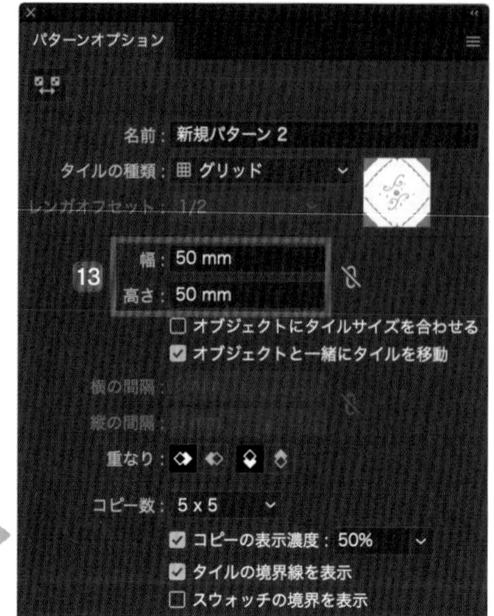

⑤ パターンを適用する

適用したいオブジェクトを選択して⑭、「スウォッチ」パネルにあるパターン⑮をクリックすると、オブジェクトにパターンが適用されます。
パターンが大きすぎる場合は、「オブジェクト」メニュー ➡ 「変形」➡「個別に変形」で表示される「個別に変形」ダイアログボックス⑯の「オブジェクトの変形」のチェックを外すと、パターンのみを縮小させることができます。

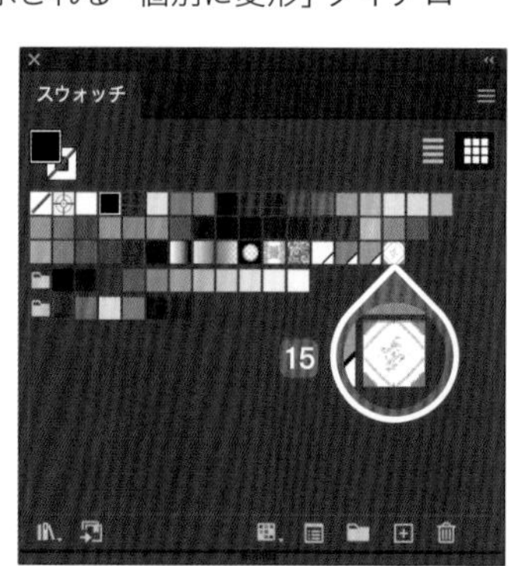

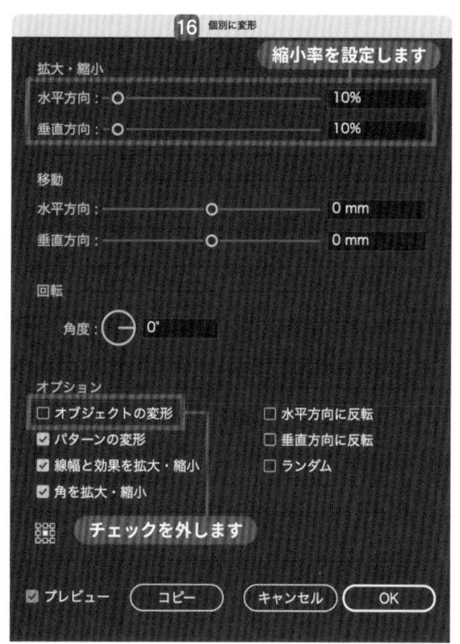

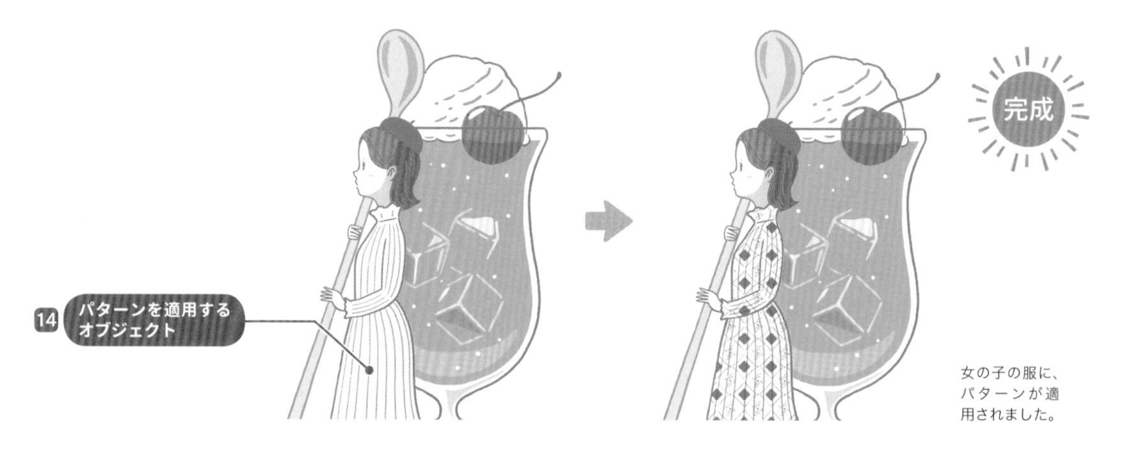

女の子の服に、パターンが適用されました。

DLデータ sample051.ai

パターンスウォッチに登録して活用

051 ランダムに散らばったドットパターン

パターンの構造がわからなくても、基本操作だけで簡単にお好みのランダムドット柄を作ることができます。少し応用するだけで様々な色や形でオリジナルの模様が作れます。

1 正円を描いてパターンを設定する

楕円形ツール で正円を描きます 1。
正円を選択して「オブジェクト」メニュー ➡「パターン」➡「作成」を選択します。
「パターンオプション」パネルを表示させます 2。これでパターン作成画面に切り替わります。

1

2

2 色や大きさのバリエーションを追加する

パターン作成画面の正円を複製して、色やサイズのバリエーションを作ります。
編集すると、青い枠を基準に周囲に自動でパターンが表示されます。
「パターンオプション」パネル下部の「コピー数」を変更し、完成イメージを確認しながらドットの色味、位置、サイズのバランスを調整します。

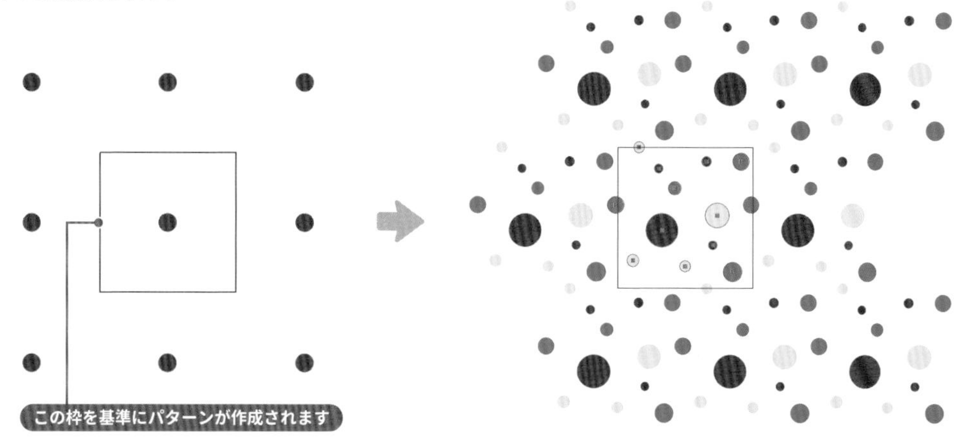

サイズとカラーを変えて正円を四角形内に配置します。
いくつかのオブジェクトは枠をまたいで配置しておくと、パターン同士のつなぎ目が自然になります。

3 パターンスウォッチに追加する

ある程度形になったら、画面左上の「○完了」をクリックして編集モードを閉じます。
「スウォッチ」パネルにパターンスウォッチが追加されます3。
長方形ツール でオブジェクトを作って、パターンスウォッチを適用しました4。

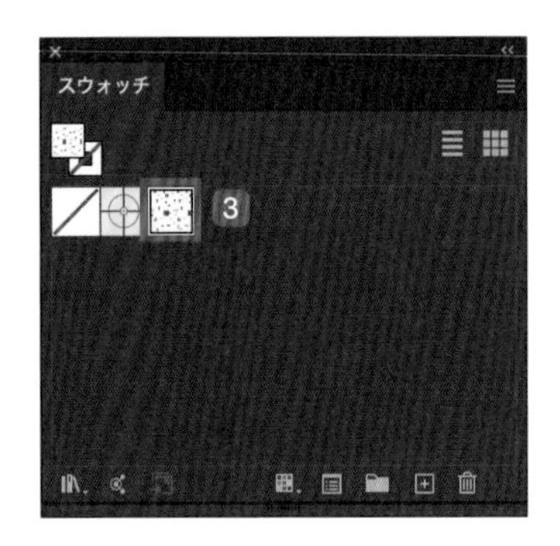

長方形ツール で描いた四角形のオブジェクトにパターンスウォッチを適用します。

知っ得メモ

パターンスウォッチを編集したい場合は、パネル内の該当スウォッチをダブルクリックするとパターン編集画面に切り替わります。

4 パターンの角度を変更する

もう少しランダム感を出したいので、パターンの並び方を変更します。
パターンスウォッチを適用したオブジェクトを選択して回転ツール アイコンをダブルクリックし、「回転」ダイアログボックスを表示させます。
「パターンの変形」5のみにチェックを入れ、「角度」6を変更します。

角度を変更しただけでも印象が大きく変わります。角度がついていたほうが、こなれ感が出ます。

5 イラストにスウォッチを適用する

イラストを作成し、塗りにパターンスウォッチを適用します 7 。
「拡大・縮小」ダイアログボックスや「移動」ダイアログボックスを表示させ、パターンのバランスを調整します。

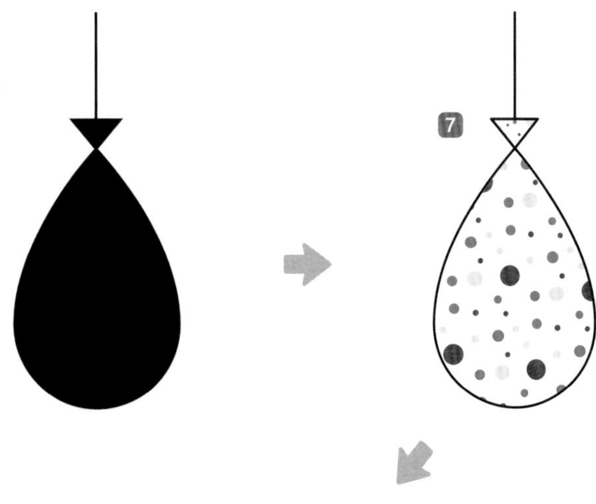

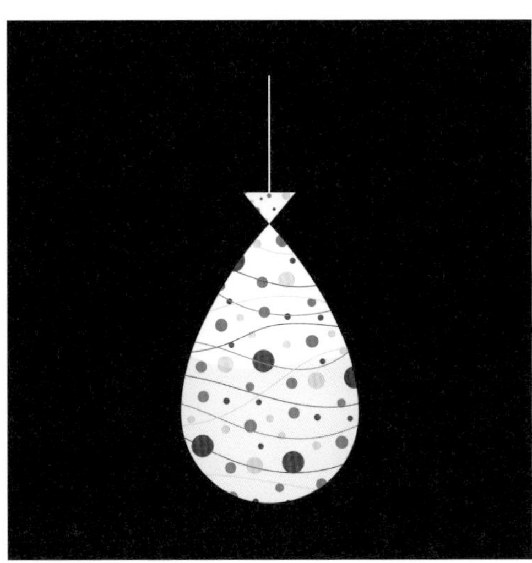

曲線や水の表現を追加すると、
ヨーヨーらしい見た目になりました。

知っ得メモ

パターンスウォッチを変更せずに柄の位置やサイズを変更したいときは、選択ツール や拡大・縮小ツール をダブルクリックして各ダイアログボックスを表示させます。いずれも「パターンの変形」のみにチェックを入れて変更しましょう。

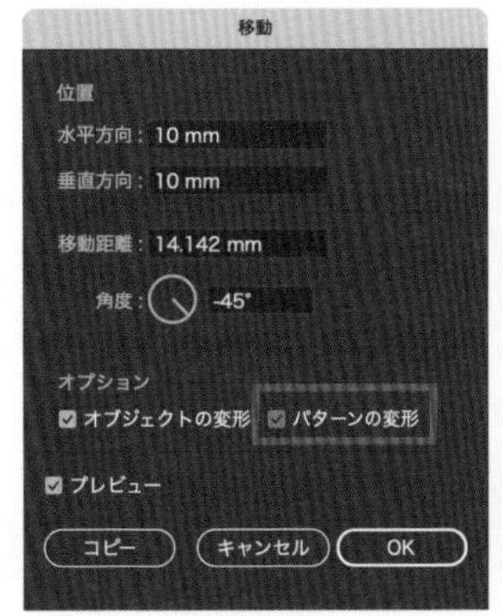

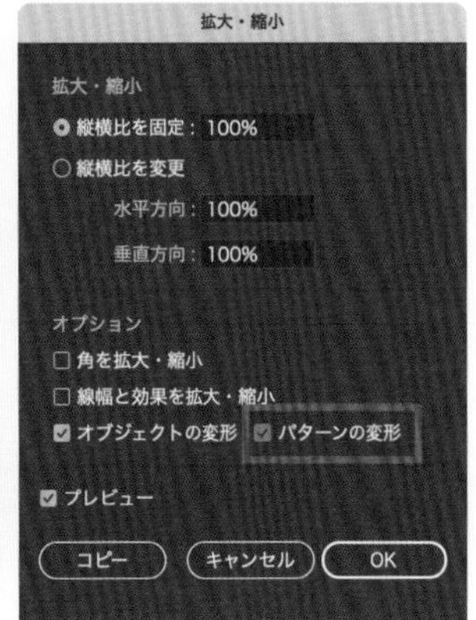

ランダムな配色を乗算で怪しげにする

052 ミステリアスなジャングルパターン

色とりどりの草木が生い茂るジャングルのようなパターンデザイン。シームレスなのでテキスタイルや雑貨のデザインに使えます。

1 ベースとなるオブジェクトをブラシにする

ペンツールとブレンドツールを使い、ベースとなるシダ植物のオブジェクトを作成します1。
オブジェクトを選択して「ブラシ」パネル2にドラッグ、またはパネル右下の「新規ブラシ」3をクリックします。
「新規ブラシ」ダイアログボックスが開くので、「アートブラシ」を選択して4「OK」5をクリックします。
「アートブラシオプション」ダイアログボックスが表示され、「ブラシ伸縮オプション」で「縦横比を保持して拡大・縮小」6を選択します。

パターンのベースとなるシダ植物のイラストです。

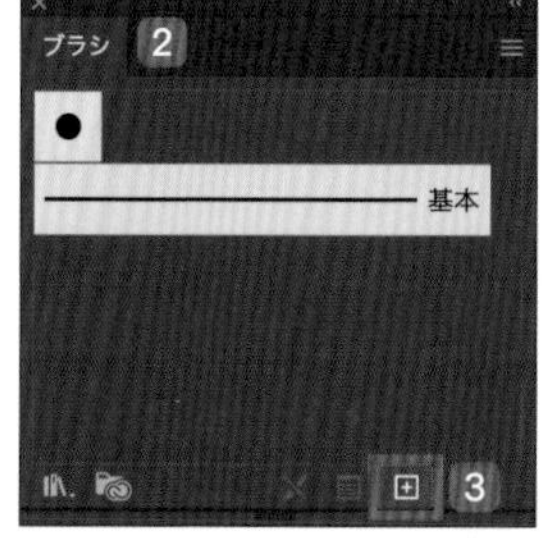

「ブラシ」パネルで「新規ブラシ」をクリックします。

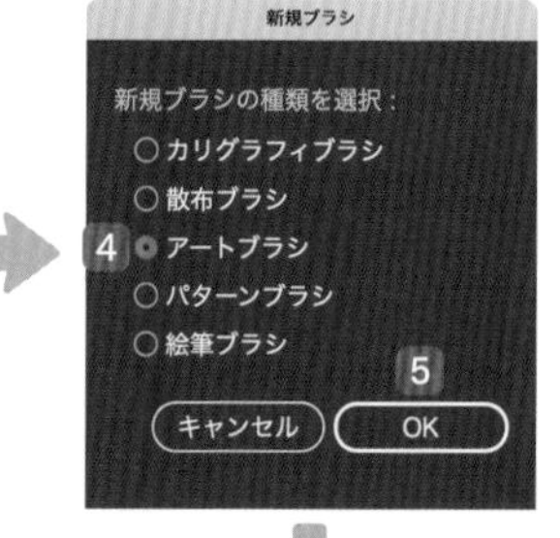

「縦横比を保持して拡大・縮小」を選択すると、伸縮するオブジェクトの縦横比を維持します。

② 「パターンオプション」パネルで詳細を設定する

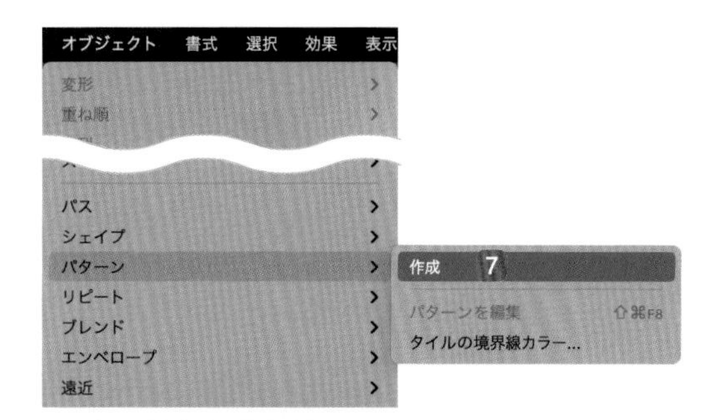

「オブジェクト」メニュー ➡「パターン」➡「作成」7を選択すると「パターンオプション」パネル8が開いて編集画面に移行します。
「パターンオプション」パネルでは、タイルの種類、幅、高さ、コピー数、コピーの表示濃度を設定します。制作例は200 × 200mmのアートボードで作業しているので、幅と高さを［100 × 100mm］に設定しています。

設定が完了すると、パターンを描き込むテンプレートが表示されます。

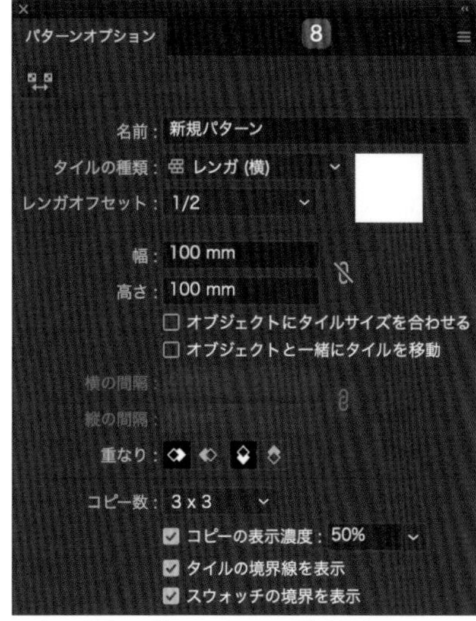

デザインを詰める前に、パターンの詳細を設定します。

知っ得メモ

command＋1キーでアートボードを100%表示させてから②のパターン作成を始めると、アートボードの中央でパターン設定が始められます。

③ パターンを作る

ペンツールで曲線を描き、①で登録したブラシを適用しながらパターンを作成します。余白には、葉っぱや小さな丸のオブジェクトを描き足して、バランスを見ながら進めます9。
画面左上の「完了」10をクリックして編集モードを閉じると、「スウォッチ」パネルにパターンスウォッチとして登録されます11。

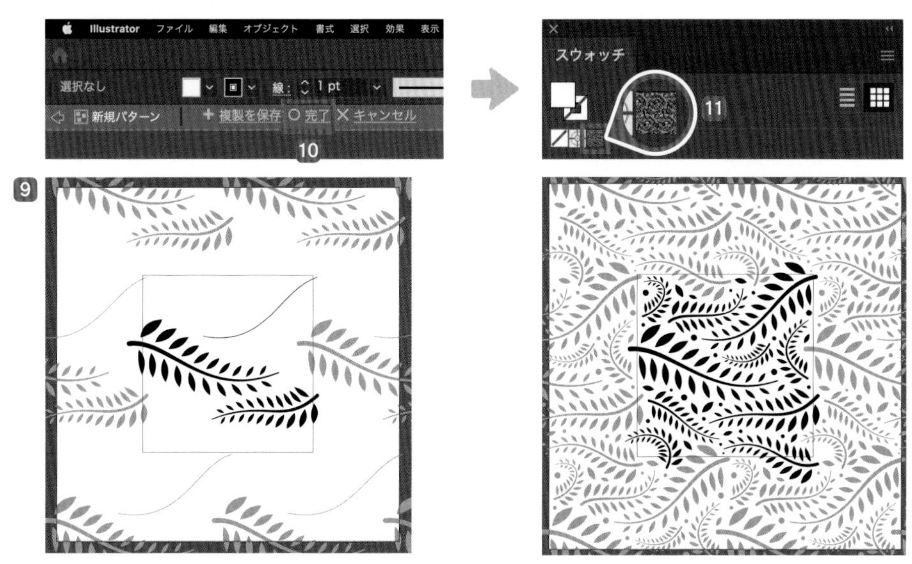

葉を互い違いに配置し、隙間なく埋めていきます。

④ パターンの色を変える

登録したパターンスウォッチをダブルクリックして「パターンオプション」パネルを開き、オブジェクトを選択して塗りを白色に変更します⑫。

※スウォッチに登録するとブラシがすべて塗りオブジェクトに変わるので、色変更が簡単です。

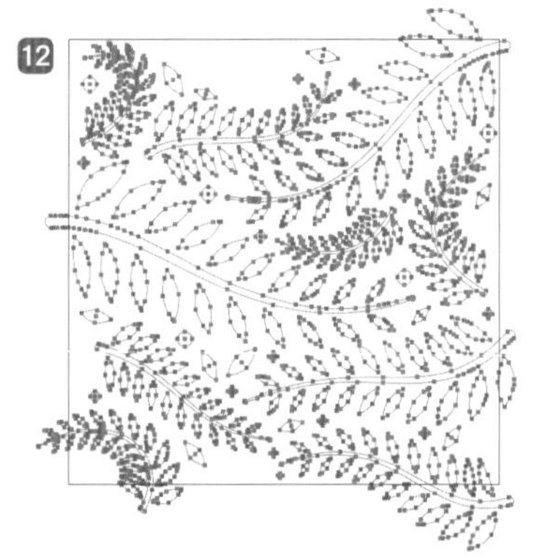

⑤ パターンの完成

長方形ツール でアートボードと同じ大きさの黒背景を作成し、その上に同じ大きさのオブジェクトを作成します。
上に作成したオブジェクトを選択し、「スウォッチ」パネルから登録したパターンスウォッチを適用します⑬。

⑥ 植物に配色パターンを重ねマスクする

色やサイズの異なる正円をランダムに配置し、「透明」パネルで描画モードを「乗算」⑭にします。
長方形ツール でアートボードサイズのオブジェクトを作成し、「オブジェクト」メニュー ➡「クリッピングマスク」➡「作成」でマスクを作成して完成です。
パターンの白い部分に色が乗り、ミステリアスな色合いになります⑮。

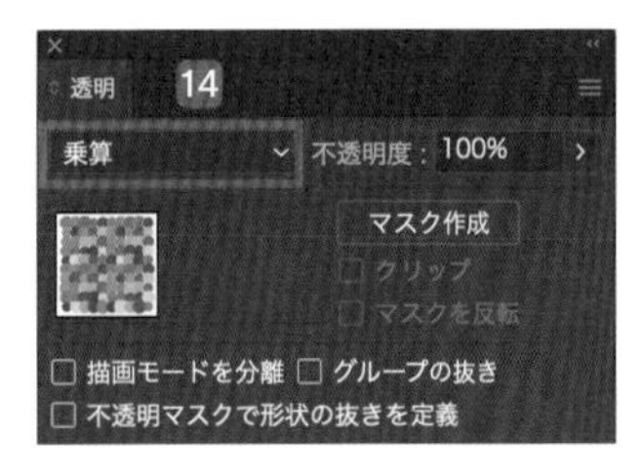

「乗算」に設定すると、色の重なりが生まれてより複雑な色味になります。

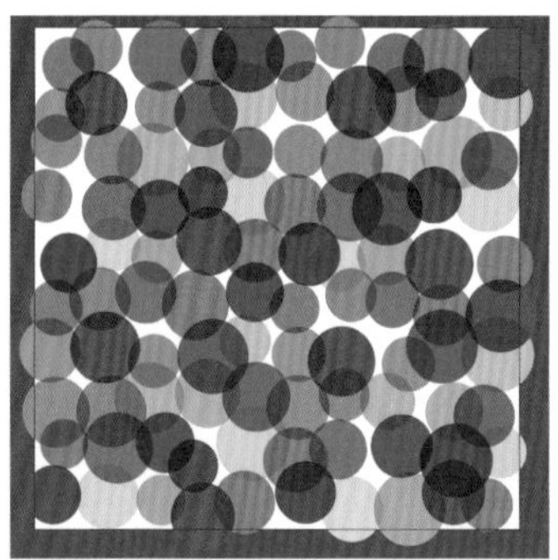

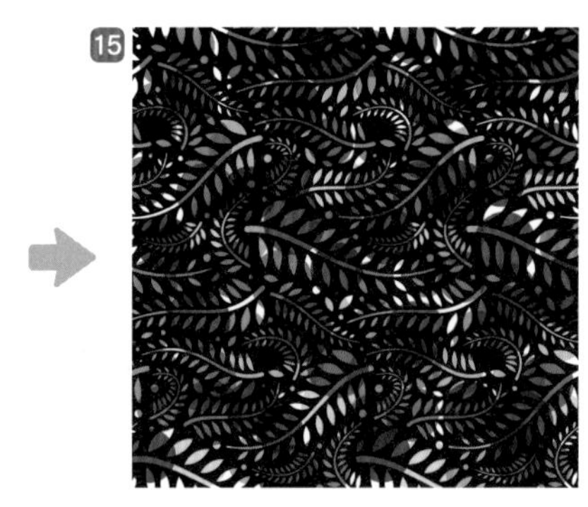

知っ得メモ

④で着色したパターンを追加して、回転させて重ねると複雑な草木パターンが作れます。
暖色をメインに使い、リゾートっぽい色味で作りました。

好きなパターンを作ればどんなマステも再現可能

053 パターンを使ったマスキングテープ

繰り返しのある柄をパターンとして登録し、オブジェクトの柄として利用してみましょう。ここではパターンを使って、マスキングテープ風の飾りを作成します。

DLデータ sample053.ai

1 ドットパターンの作り方

楕円形ツール で正円を描き 1、選択ツール で shift + option キーを押しながら斜め方向にドラッグ&ドロップで複製します 2。
2つの円を選択し、「オブジェクト」メニュー ➡「パターン」➡「作成」を選択します。
パターンが「スウォッチ」パネルに保存され、「パターンオプション」パネル 3 が開き、パターン編集モードに入ります。
1つの円を四角の枠の中心に、もう1つの円は枠の右上の角が中心となるようにドラッグで移動します 4。
画面の左上にある「完了」の文字をクリックして、編集を終了します。

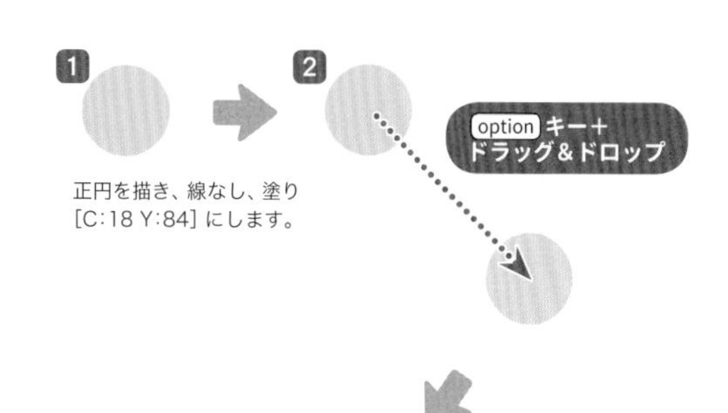

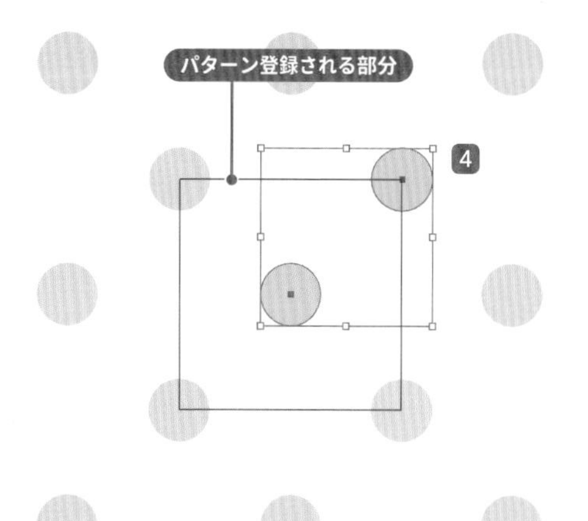

2つの正円の位置を決めてパターンを作成します。

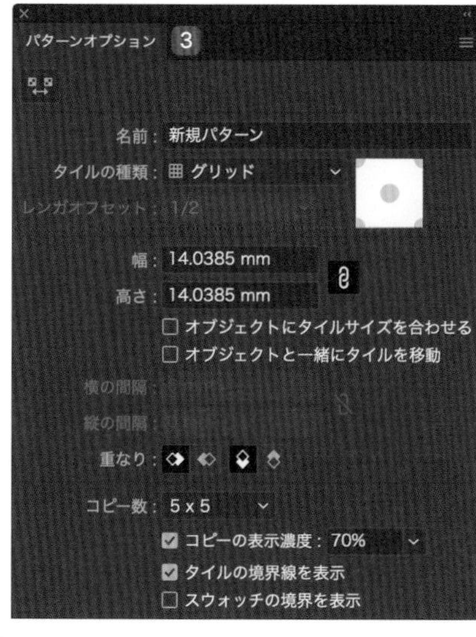

知っ得メモ

「表示」メニュー ➡「スマートガイド」を選択してチェックを入れておくと、枠の中心や角に自動でスナップするので配置がしやすくなります。

Part 3

2 ストライプパターンの作り方

長方形ツールで正方形とその半分の幅の長方形を描き、正方形は「線」と「塗り」の色を［なし］5に、長方形は「塗り」を［C:83 M:63］6にします。
2つのオブジェクトを左端で整列して重ね、パターンを作成します。
パターンが「スウォッチ」パネルに保存され、「パターンオプション」パネル7が表示されるので、こちらはそのまま何もせずに画面の左上にある「完了」の文字をクリックして、パターン編集を完了させます。

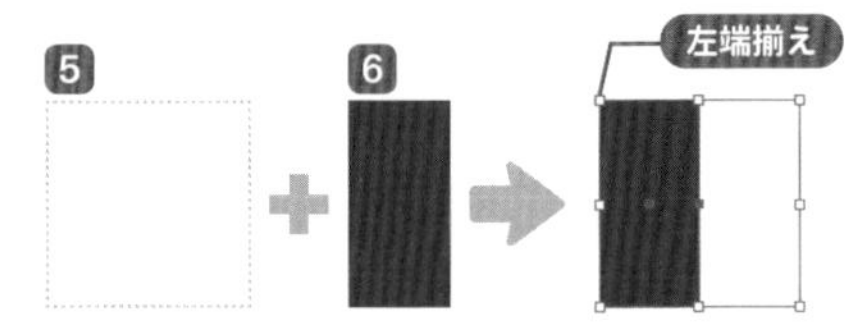

線、塗りなしの正方形と、青い長方形［C:83 M:63］を重ねます。

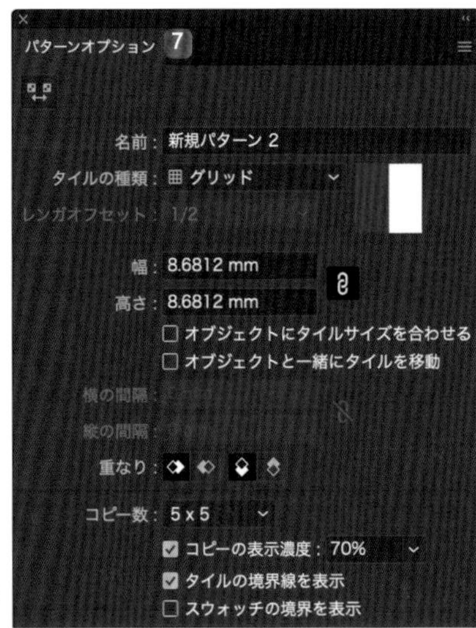

設定部分はそのままにします。

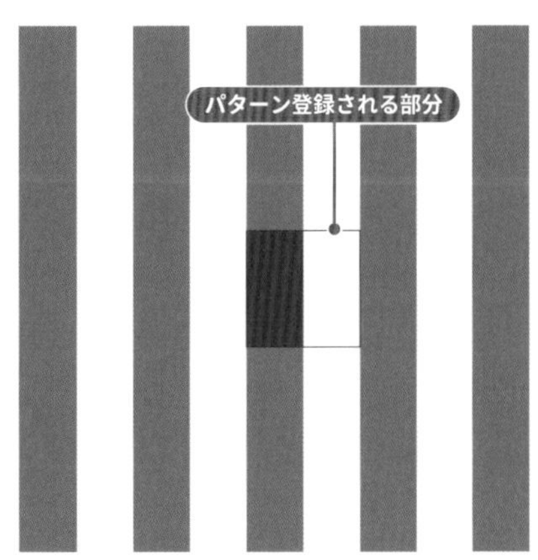

ストライプのパターンを作成します。

3 十字パターンの作り方

背景の正方形と十字のマークともに長方形ツールで作成し、①②と同じようにパターンとして「スウォッチ」パネルに登録します8。

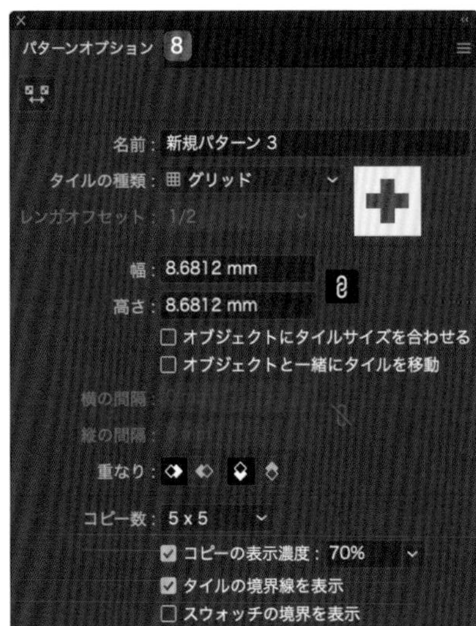

設定部分はそのままにします。

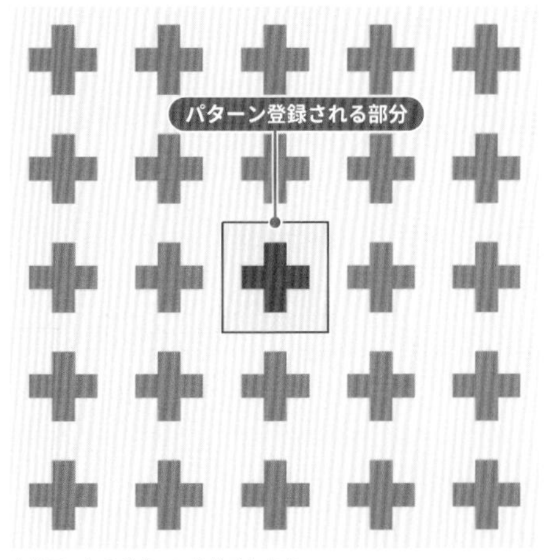

十字マークのパターンを作成します。
十字マークは［C:4 M:90 Y:78］にし、背景に正方形［M:10］を敷いています。

ストライプを斜めにする

長方形ツール■でテープの形状になるよう横長の長方形を描き、「スウォッチ」パネルに保存された②のパターンをクリックして適用させます9。
ストライプは斜めにしたいので、「オブジェクト」メニュー ➡「変形」➡「個別に変形」を選択します。
「個別に変形」ダイアログボックスで「オブジェクトの変形」のチェックを外し10、「パターンの変形」にチェックを入れて11、角度を［45°］12 に指定し、「OK」13をクリックします。

手でちぎった風合いを出す

さらに2つの長方形を描き、それぞれ「スウォッチ」パネルの①③を選択して適用させます。
最後にマスキングテープを手でちぎったように見せるために、ナイフツールで両端をギザギザにします。
テープの柄のパターン3つをまとめて選択し、ギザギザのラインを描きながら3つの長方形の上から下まで一気にマウスをドラッグ14すると、長方形がカットされます15（不要な端のオブジェクトは削除します）。

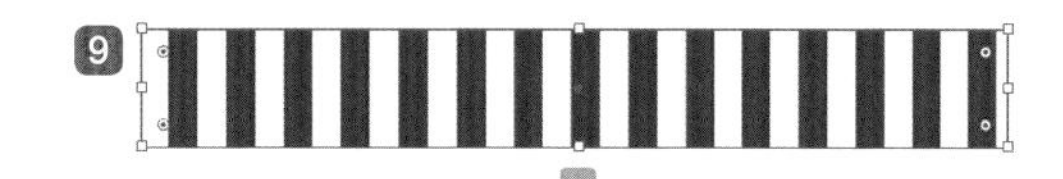

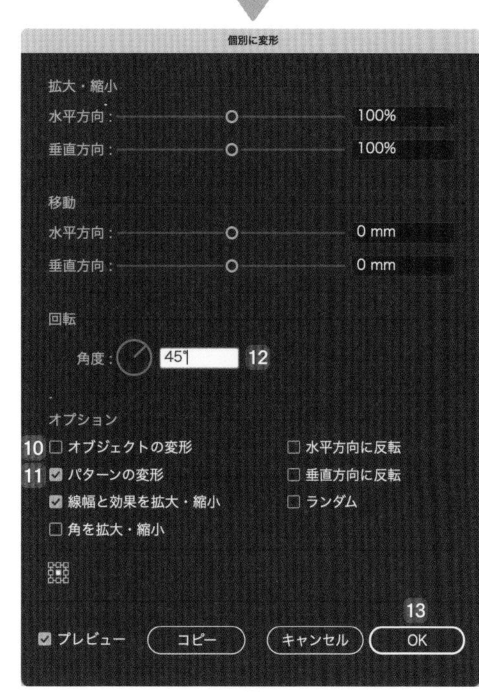

パターンだけが45°傾きます。

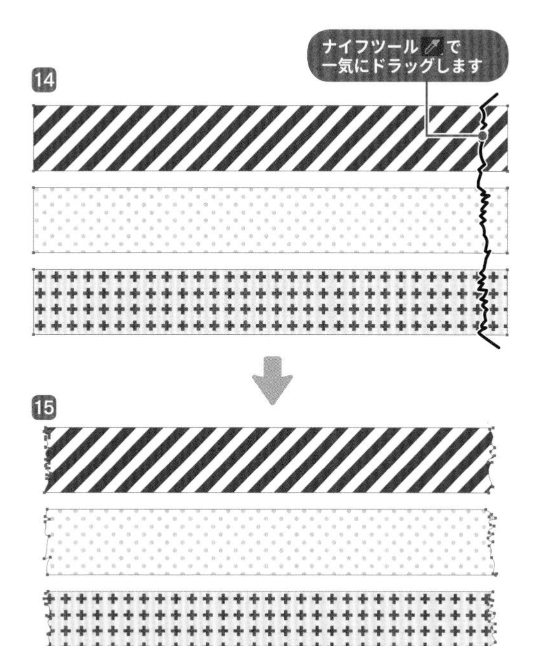

両端にギザギザを入れます。

レトロな配色でポスターデザインする

色数を絞った配色

レトロなイラストやポスターを制作していく上で重要な要素が「配色」です。
現在では、CMYKの４色の掛け合わせによるプロセスカラー印刷がほとんどですが、単色ごとに印刷する活版印刷をイメージして色数を絞ることで、レトロな雰囲気を演出できます。

イラストを制作していく前に、ベースとなる紙の色（参考画像では白色）を含めない3色または2色に配色を制限し、イラストやデザインを制作してみましょう。

また色数が3色の場合、3色中2色は同系統の色に設定しましょう。
グリーンがベースの配色であれば、グリーンに近いミントカラーと差し色のオレンジ。ネイビーがベースの配色であれば、水色と差し色のピンクといったように、同系色2つと差し色といった配色をしていくと、2色で制作したような見た目になり、よりレトロな雰囲気が出せます。

「少しくすませる」を意識した配色

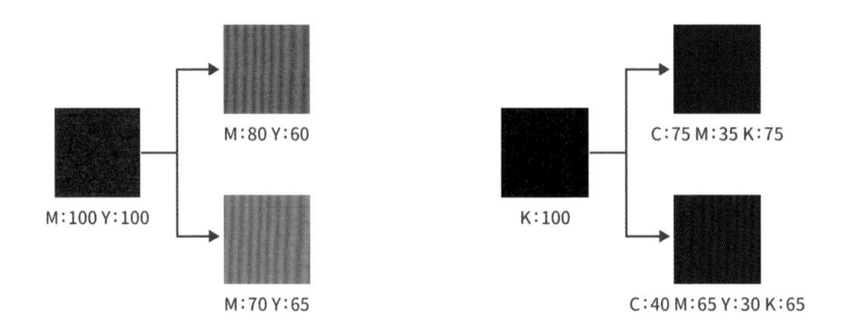

色数の制限の他に、色そのものを少しくすませて使うことでレトロな雰囲気を出すこともできます。
例えば赤色を使うときは、［マゼンタ100% イエロー100%］の金赤ではなく、［マゼンタ80% イエロー60%］の少しくすませた色や、［マゼンタ70% イエロー65%］のオレンジに近い色にします。黒を使う際も同様に、真っ黒ではなくネイビーやダークレッドなどを黒代わりに使うと良いでしょう。色をくすませることによって色の主張が抑えられるので、色あせた雰囲気が出るだけでなく、他の色と合わせやすくなる利点もあります。
みなさんも、以上２点を意識してレトロな配色を楽しみましょう。

Part 4

イラストの魔法

主役級のイラストからあしらいイラストやアイコンまで、さまざまなシーンで使えるイラストの作り方をご紹介します。自在にIllustratorを使いこなし、イメージ通りのイラストを作れるようになりましょう。

手描きイラストは自動でパスを作って着色

054 手描きイラストをサクッとイラレに反映

手描きのイラストや、Photoshopで描いたイラストを「画像トレース」でパスデータに変換します。手描きの風合いを残すことで、柔らかいタッチのイラストが作成できます。

DLデータ sample054.ai

1 イラストを配置する

手描きイラストやPhotoshopで描いたイラストを「ファイル」メニュー ➡「配置」で、アートボードに配置します。

Photoshopで描いたグレースケールのイラストをIllustratorに配置します。

2 画像トレースする

「ウィンドウ」メニュー ➡「画像トレース」を選択して「画像トレース」1パネルを開きます。
イラストを選択した状態で数値を設定します2。
画像トレースでは、背景までトレースされるので、白い背景で不要な場合は「ホワイトを無視」にチェックを入れておきます3。

プレビューを見ながら、好みの風合いになるように調整しましょう。

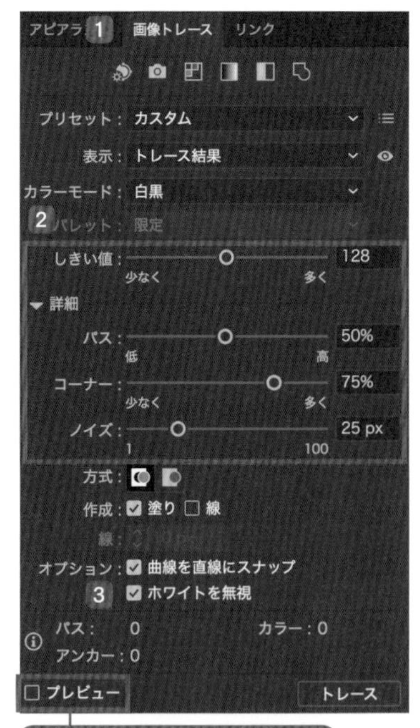

3 イラストを拡張する

トレースした画像を選択して「オブジェクト」メニュー ➡「画像トレース」➡「拡張」を選択すると、パスデータに変換されます。

手描きの画像がパスデータになりました。

④ ワープツールでイラストを調整する

ワープツールをダブルクリックして「ワープツールオプション」ダイアログボックスを開き、「単純化」のチェックを外します 4。
ワープツールを使い、形を整えていきます。形を整える際は、線と線の間に隙間が無くなるようにペンツールでつないでいきます 5。

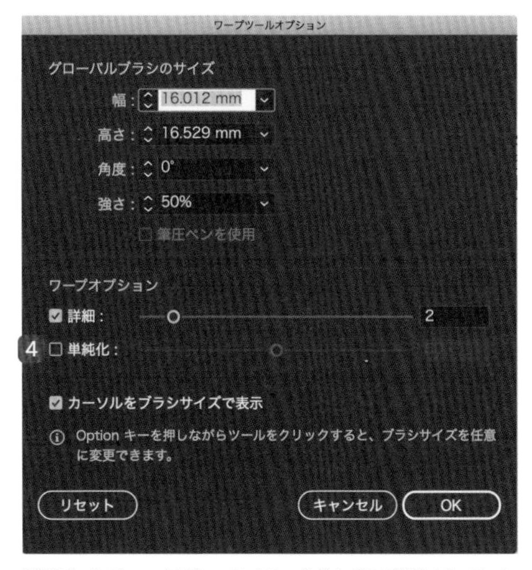

「単純化」にチェックが入っていると、余分なパスが削除されてしまい、思い通りの形に変形できなくなってしまいます。必ずチェックを外しておきましょう。

線と線の隙間を埋め、着色しやすいオブジェクトにしていきます。

⑤ 着彩、仕上げ

整えたイラストをすべて選択し、「パスファインダー」パネルで「合体」をクリックします 6。
グループ選択ツールで着彩したい部分 7 をクリックして、「コピー」➡「背面へペースト」で着彩していきます。

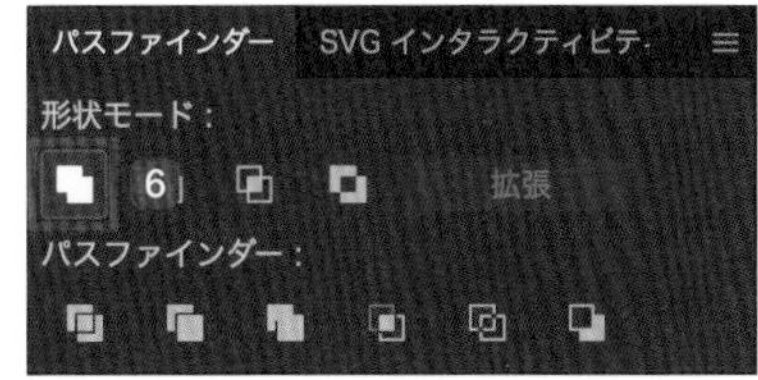

合体しておくと、広い範囲を一括で塗ることができます。

知っ得メモ

線の色を明るくしたり、淡い色で着彩することによってより柔らかいイメージのイラストになります。

花はこうやって描けば超カンタン！

055 すっきりシンプルな花束

基本図形に簡単な変更を加えて花びらを作り、花束にする方法です。形や色などのバリエーションを増やすと、シンプルなのに華やかなイラストが簡単に描けます。

DLデータ sample055.ai

1 基本となる花びらを1枚描く

楕円形ツールで縦長の楕円と正円を描きます。楕円の下のアンカーポイントをアンカーポイントツールでクリックし、shiftキーを押しながらドラッグします1。
水平を保ちながら方向線を両端から同じ長さの分だけ短くして先端を細くします2。

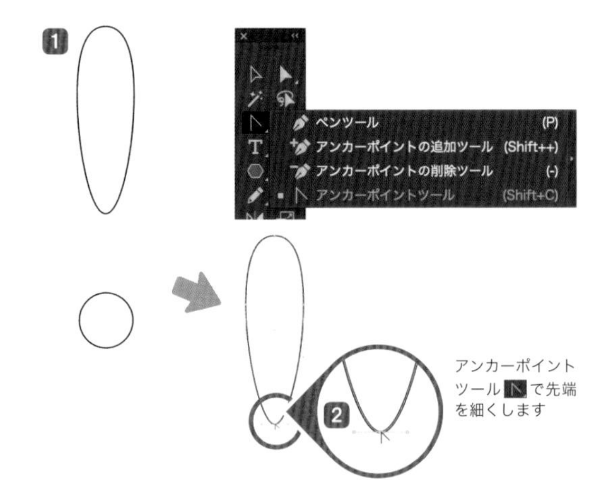

アンカーポイントツールで先端を細くします

2 回転ツールで複製する

楕円のみを選択し、回転ツールで正円の中心をoptionキー＋クリックして基準点を決めます。
「回転」ダイアログボックスで回転したい角度を入力し3、「コピー」をクリックします4。

回転の角度は［30°］に設定しました。

知っ得メモ

「回転」ダイアログボックスで角度を入力するときに、360を花びらの枚数で割ると角度が自動計算されます。12枚の花びらを作りたい場合は「360/12」と入力します。

※「/」(半角スラッシュ)は割算の演算子

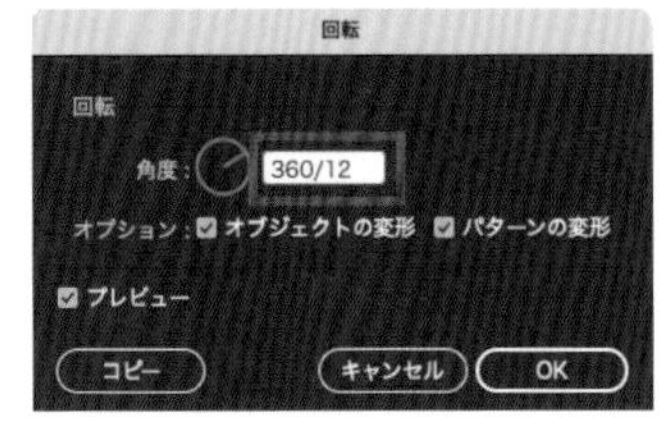

3 花びらを完成させる

1つ複製できたら、「オブジェクト」メニュー ➡「変形」➡「変形の繰り返し」(command＋Dキー)で必要な数を作ります5。

※command＋Dキーは直前の操作を繰り返すショートカットキーです。

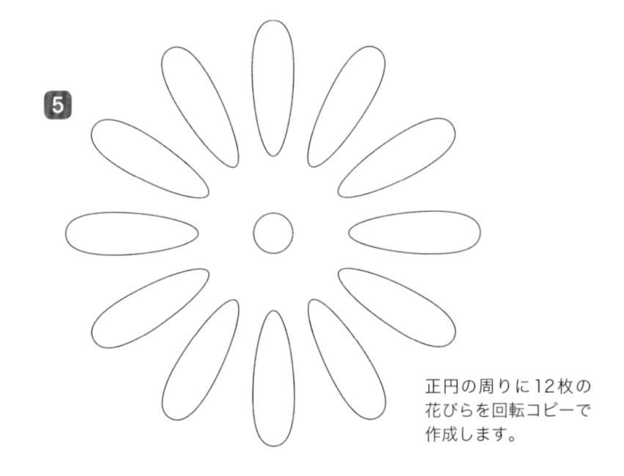

正円の周りに12枚の花びらを回転コピーで作成します。

④ 花束を作る

花びらの形を変えて①～③を繰り返し、色々なタイプの花びらを作ります。花びらの数は回転の角度で調整します。
ペンツールや曲線ツールで茎や葉、包装紙、リボンなどで装飾を追加します6。

6

花の形が複数あったほうが花束っぽさが表現できます。

5 色や配置を調整する

それぞれの色や配置を変更したり、複製した曲線の曲がり具合や位置を調整して完成です。

塗りを設定しました。

黒い輪郭線をずらしてつけると、おしゃれな雰囲気が出ます。

完成

知っ得メモ

カラフルな花びらを利用してパターンスウォッチを作れば、花柄模様として応用できます。

カットアウトで色数を減らしてシンプルに

056 写真はこうするとイラストが簡単

写真の色数を減らして単純化することで拾うべき線を「見える化」すると、簡単に写真をトレースしてシンプルなイラストにすることができます。

DLデータ sample056.ai

1 写真を配置する

「ファイル」メニュー ➡「配置」から写真を選択して配置、もしくは「Finder」（Windowsでは「エクスプローラー」）から直接アートボードにドラッグ＆ドロップして、アートボード上に写真を読み込みます 。

配置した写真です。リンク配置にすると×印が付きます。

知っ得メモ

トレース自体は合法ですが、他人の撮影した写真やイラストをトレースしたものを公開することは著作権の侵害に当たる可能性があります。素材となる写真は自前で撮影するか、著作権に問題がないものを選びましょう。

2 カットアウトする

写真を選択し、「効果」メニュー ➡「アーティスティック」➡「カットアウト」を選択すると「カットアウト」ダイアログボックスが表示されます 2。形はあまり崩しすぎず、後からトレースしやすいように色のレベル数を適度に減らし、エッジの描かれ方を調整します 3。仕上がりを確認して、「OK」4 をクリックして効果を適用します。

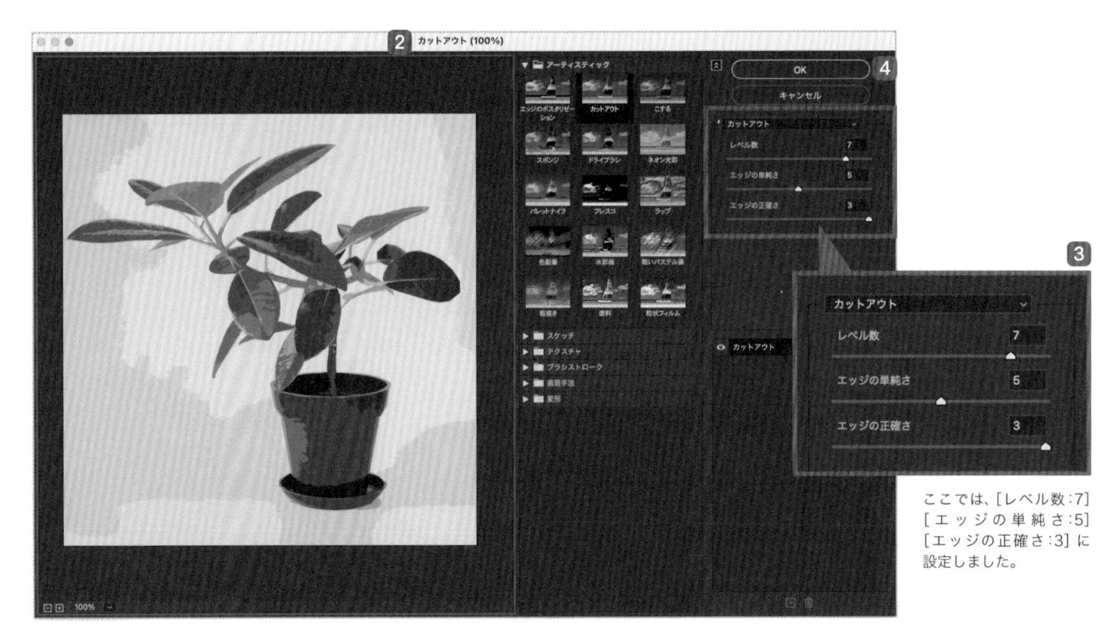

ここでは、[レベル数:7][エッジの単純さ:5][エッジの正確さ:3]に設定しました。

3 輪郭をトレースする

新しいレイヤーを作成し、ペンツールで写真を参考にしながら必要なラインをトレースしていきます5。
すっきりとしたイラストにしたい場合は、あまり正確でなくても構わないので、なるべくシンプルな線にします。
アナログの味を強調したい場合は、ブラシツールで手描き風のブラシを使っても良いでしょう。

5

必要最低限の輪郭を拾ってペンツールで描きます。

4 細部をトレースする

③の下にさらに新しいレイヤーを作成し、塗りのある面を描いていきます。
まずは塗りは「なし」にして線のみにし、写真を参考にしてなるべく単純なラインを意識しながら形を取ります。
描けたらスポイトツールで写真の色を拾い、塗りのみ（線は「なし」）にします6。

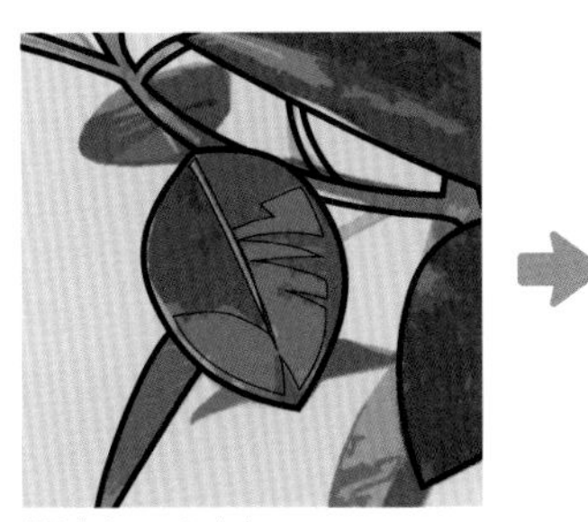
面をトレースします。

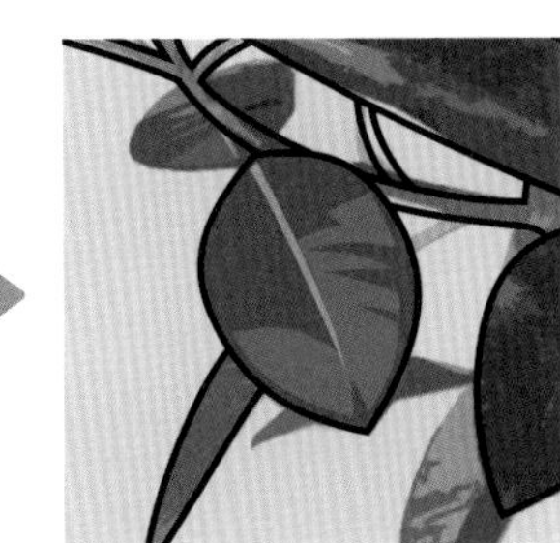
面の色は写真から拾って着色します。

6

全体のトレースと着色を大雑把にした状態です。

5 調整する

すべて描き上げたら写真のレイヤーを削除または非表示にします。
好みや必要に応じて色を鮮やかにしてみたり、主線を削除したりすると、違う趣のイラストになります。

主線無しの場合。
明度を高くした場合。

写真トレースでなぞるだけのイラスト

057 絵心がなくても描ける簡単トレースイラスト

自前で参考写真を撮影してトレースすると、絵が苦手な方でも簡単にイラストが描けてしまいます。この方法はマウスでもできますが、ペンタブレットがあればさらに簡単に描けます。

DLデータ sample057.ai

1 写真トレースの下準備をする

イラストに起こすための写真を用意し、「ファイル」メニュー ➡「配置」でアートボードに配置します。トレースしやすいよう、「透明」パネルで「不透明度」を下げておきます 1。
「レイヤー」パネルで写真を配置しているレイヤーをロックし、トレース用に新しいレイヤーを作成します 2。

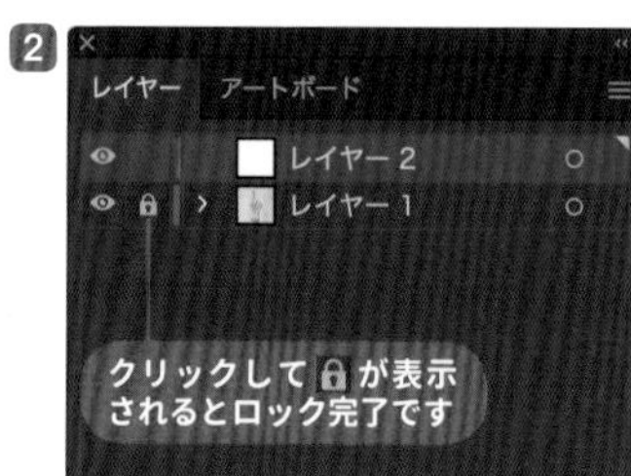

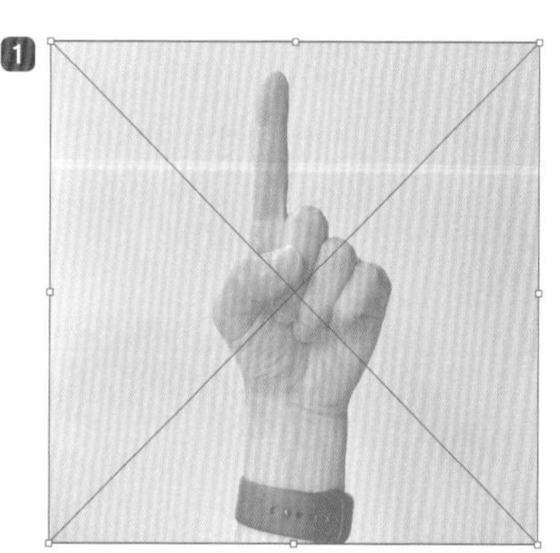

写真を配置し、「透明」パネルで不透明度を下げます。

2 ブラシの種類や太さを決める

ブラシツール を選択し、「ブラシ」パネルでブラシの種類を選択した後（今回は「5pt. 丸筆」）、キーボードの [キーと] キーでブラシの太さを調整してから写真の上をなぞって主線を引いていきます 3。
ブラシの手ぶれ補正の度合いを調整したいときは、ブラシツール をダブルクリックして「ブラシツールオプション」ダイアログボックスを表示し、「精度」のスライダーで調整します 4。

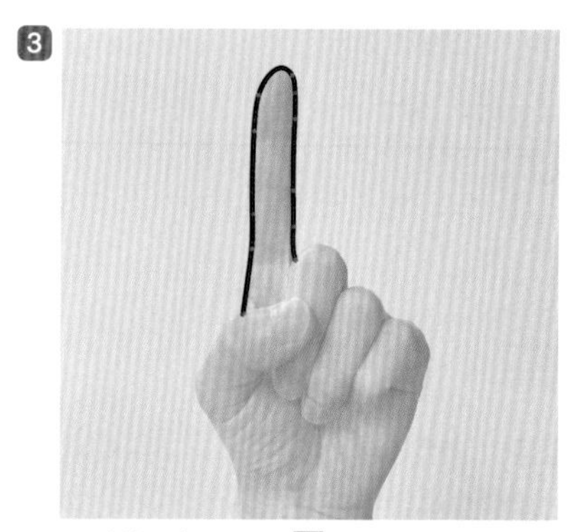

5pt 丸筆のブラシツール で写真上をなぞります。

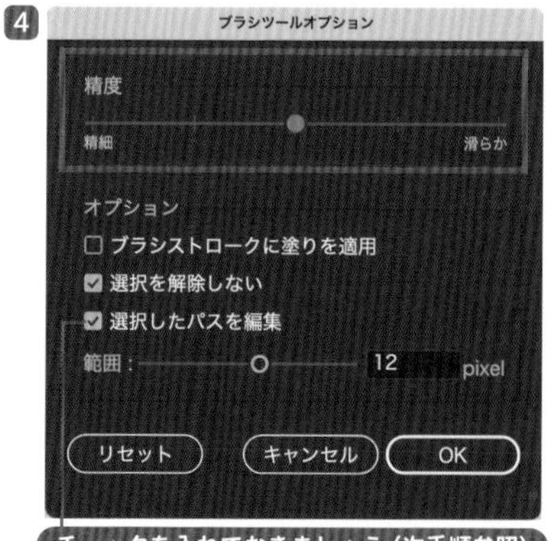

③ 主線を拾っていく

主線となる線を拾ってブラシで描いていきます5。
②の「ブラシツールオプション」ダイアログボックスで「選択したパスを編集」にチェックを入れると、選択中の線をなぞり直して線の修正ができます。
はみ出した線は、はさみツール で線を分割し、不要な部分を削除します。

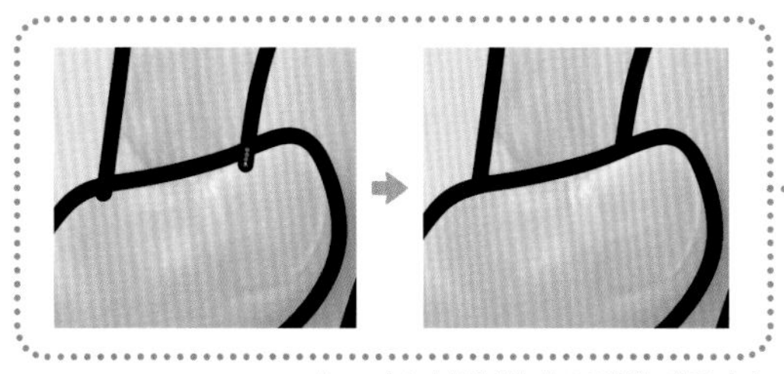

ちょっとしたはみ出しはこの段階で整えます。

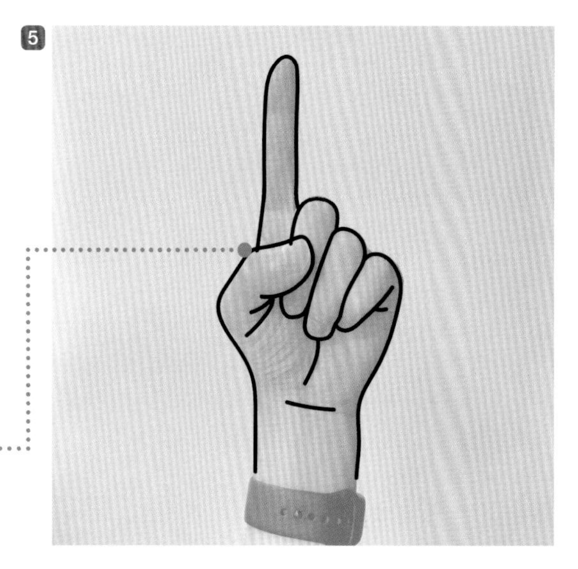

④ トレースした線を整える

「レイヤー」パネルで写真のレイヤーの をクリックして非表示にし、気になる部分を修正します6。
ダイレクト選択ツール でアンカーポイントやハンドルを動かして位置やカーブを調整し、不要な線は削除したりします。

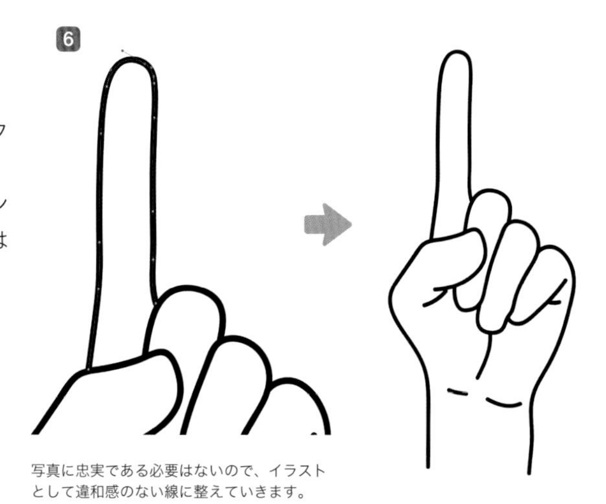

写真に忠実である必要はないので、イラストとして違和感のない線に整えていきます。

⑤ 微調整をする

手の塗りは、外側の主線だけを「コピー」して「背面へペースト」し、コピー元の主線を「ロック」した上で、背面の主線の輪郭部以外をはさみツール でカットして取り除きます。
その線を「オブジェクト」メニュー ➡「パス」➡「連結」で繋げ、塗りの色をスキンカラーに、線の色は「なし」にします。
少しずらすとポップなイラストになります。

肌の塗りは、手の輪郭を「背面へペースト」し、内側の塗りだけにし少しずらします。
必要に応じて塗りや装飾をつけたら完成です。

カラーのグローバル化で色の変更もらくらく

058 フルカラーのイラストを1色だけに簡単変換

DLデータ sample058.ai

フルカラーのイラストを、1色だけで表現していきます。色の調子のみで表現し、1色印刷するときやレトロな雰囲気に仕上げたいときに便利です。

1 カラーを選ぶ

フルカラーのパスのオブジェクトデータを用意します。
1色で表現するため、カラーを1色［C:10 M:65 Y:30 K:70］を「カラー」パネルで作ります 1。
「塗り」や「カラー」パネル 2 から「スウォッチ」パネルのカラーパレット内にドラッグして追加します 3。

フルカラーのイラストを用意します。

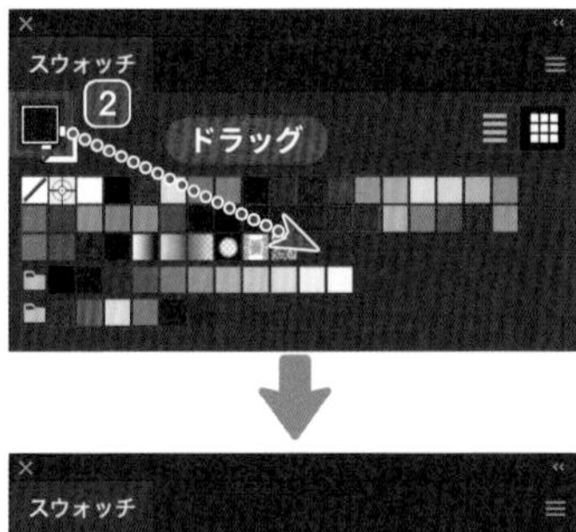

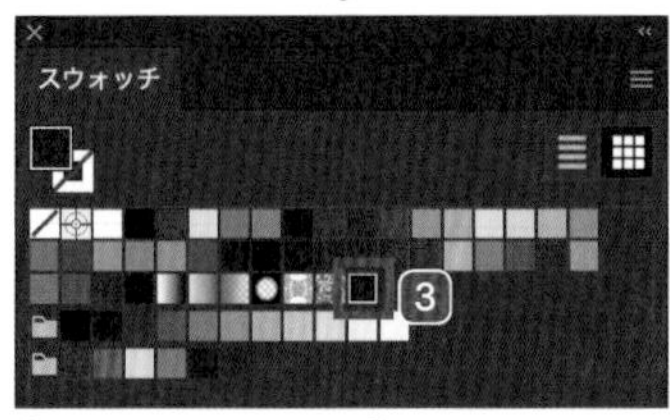

［C:10 M:65 Y:30 K:70］のカラーをスウォッチパネルに登録します。

2 選んだカラーをグローバル化する

選んだカラーをダブルクリックし、「スウォッチオプション」ダイアログボックスを開きます。スウォッチオプション内の「グローバル」4 にチェックを入れます。

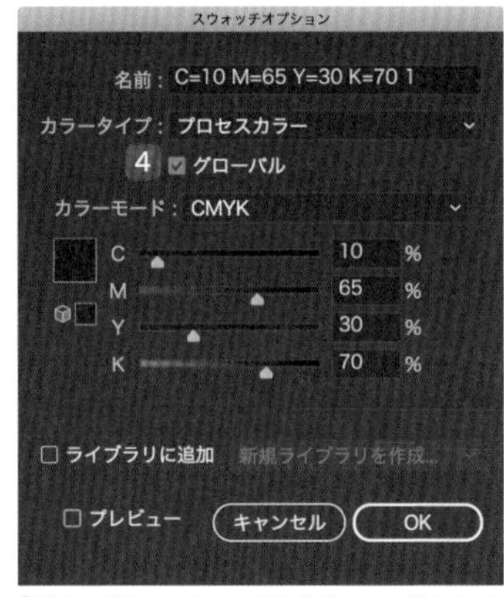

「グローバル」にチェックを付けると、後からスウォッチのカラーを変更すると、適用したオブジェクトすべてに変更が適用されます。

3 グローバルのカラーをイラストに反映させる

グローバル化したカラーを、フルカラーのイラストの塗りに適用し、1色のイラストにします。

選択したカラー1色に塗りつぶされました。

④ カラー調子のパーセンテージを変更する

イラストのオブジェクトごとに「カラー」パネルでカラーのパーセンテージ**5**を変更していきます。

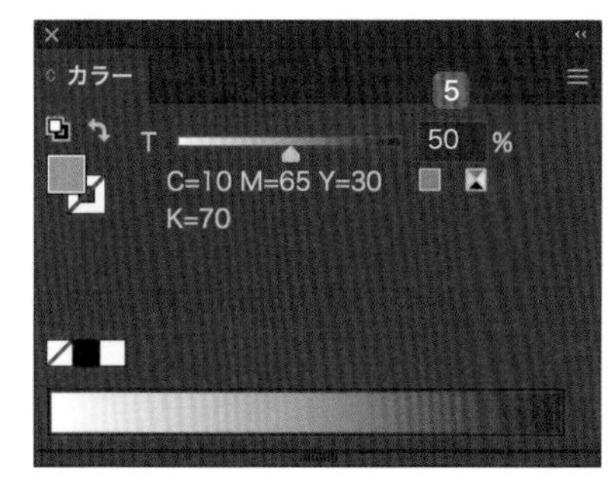

各パーツの色濃度

帽子・服：100%
肌：25%
髪の毛・ネクタイ：50%
毛並み：80%

パーツごとに色濃度を変えていきます。　　セピア風のレトロなカラーになりました。

⑤ グローバル化したカラーを変更

グローバル化したカラーは、カラー値を変更すると、すべてのオブジェクトにも変更が適用されるので、いろいろなカラーを試してみましょう。

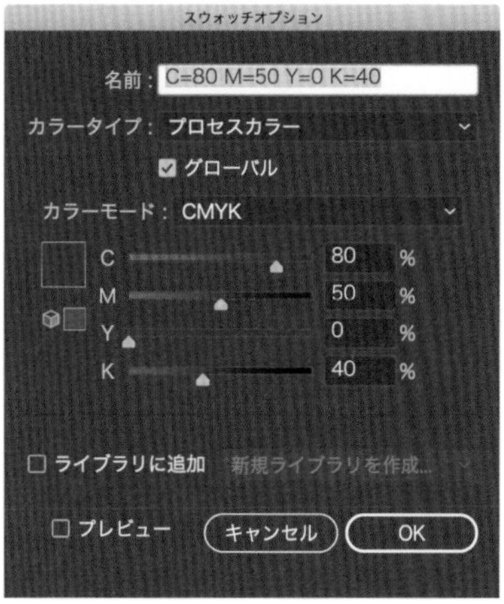

スウォッチオプション
名前：C=80 M=50 Y=0 K=40
カラータイプ：プロセスカラー
グローバル
カラーモード：CMYK
C 80 %
M 50 %
Y 0 %
K 40 %
ライブラリに追加　新規ライブラリを作成...
プレビュー　キャンセル　OK

グローバル化したカラーにしておくと、さまざまなカラーバリエーションのイラストが簡単です。

完成

DLデータ sample059.ai

楕円ツール、グラデーション、ぼかしで作る

059 簡単な缶バッジモックアップ

楕円形ツールや、グラデーション、ぼかしの機能などを使い簡単な缶バッジのモックアップを制作します。オリジナルの缶バッジのイメージ画像を制作するときにおすすめです。

1 丸を作る

楕円形ツール で30×30mmの正円を描き1、「オブジェクト」メニュー ➡「パス」➡「パスのオフセット」を選択します。
「パスのオフセット」ダイアログボックスが開くので、「オフセット」を設定します。今回は [-1mm] に設定します2。

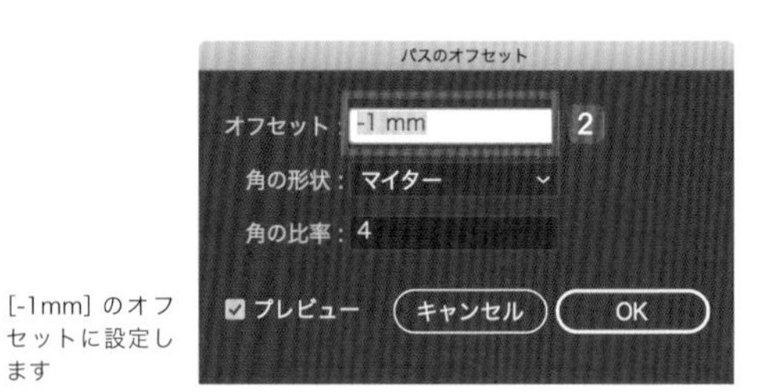

[-1mm] のオフセットに設定します

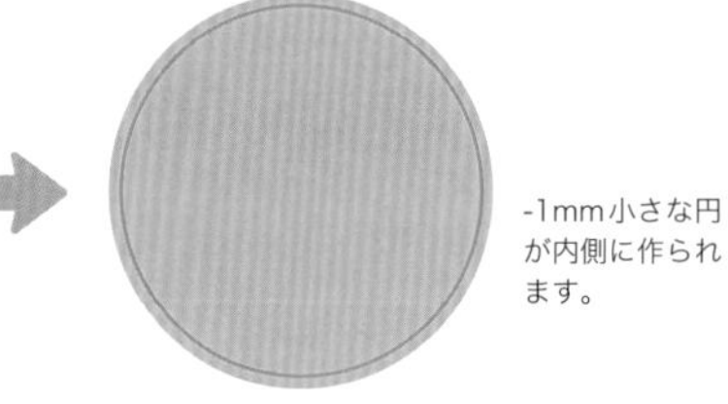

-1mm小さな円が内側に作られます。

2 パスを削除

アンカーポイントの削除ツール でオフセットした内側の円にある右下2点のアンカーポイントを削除します。

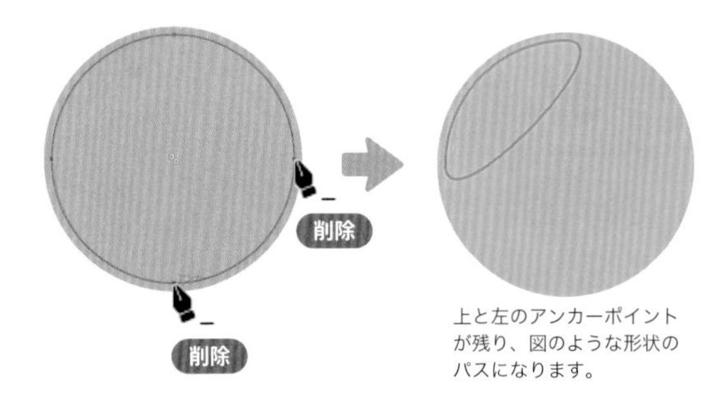

上と左のアンカーポイントが残り、図のような形状のパスになります。

3 グラデーションでハイライトを作る

「グラデーション」パネルで「円形グラデーション」 を選択し3、「不透明度」が80%から0%になる白色（CMYK:0）のグラデーションを作成します4。

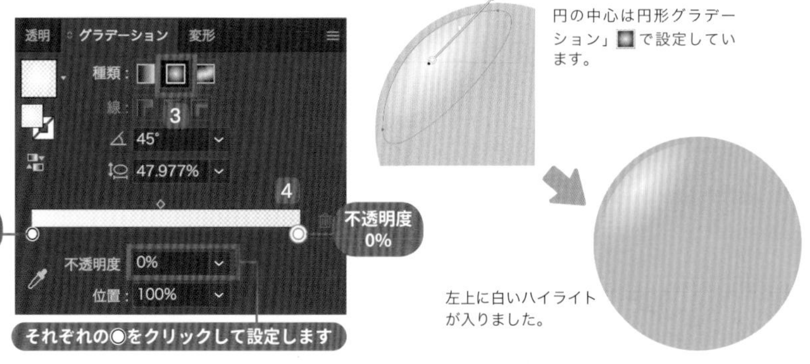

円の中心は円形グラデーション」 で設定しています。

左上に白いハイライトが入りました。

4 カラーを変更する

円形を複製し、「背面へペースト」します5。
上の円形を右に［1mm］、下に［1mm］程ずらし、上下の円を選択して「パスファインダー」パネルで「中マド」
6をクリックします。影に不要な部分を削除し、右下側の三日月型のオブジェクトのみを残します。

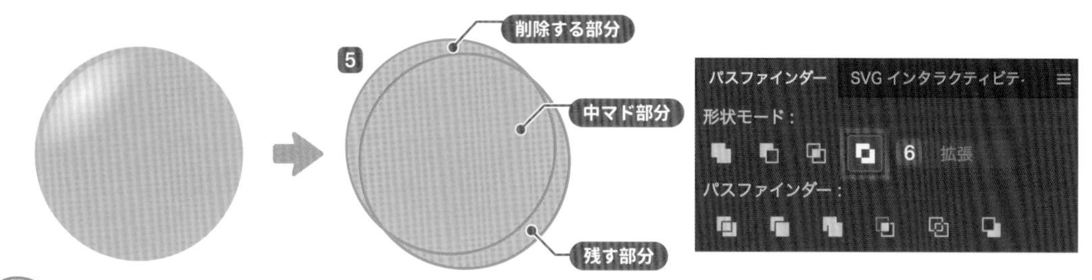

5 シャドーを加える

三日月型のオブジェクトを［Y:50 K:100］の塗りに変更します7。
次に、「効果」メニュー ➡「ぼかし」➡「ぼかし（ガウス）」8を選択し、半径を［7pixel］でぼかします9。
ぼかしたオブジェクトの背面に円形のオブジェクトをペーストし、ぼかしたオブジェクトを、「オブジェクト」メニュー ➡「変形」➡「拡大・縮小」を選択して「拡大・縮小」ダイアログボックスで［95%］に縮小します10。
塗りを選択して「透明」パネルで描画モードを「乗算」に変更し、「不透明度」を［50%］にします11。

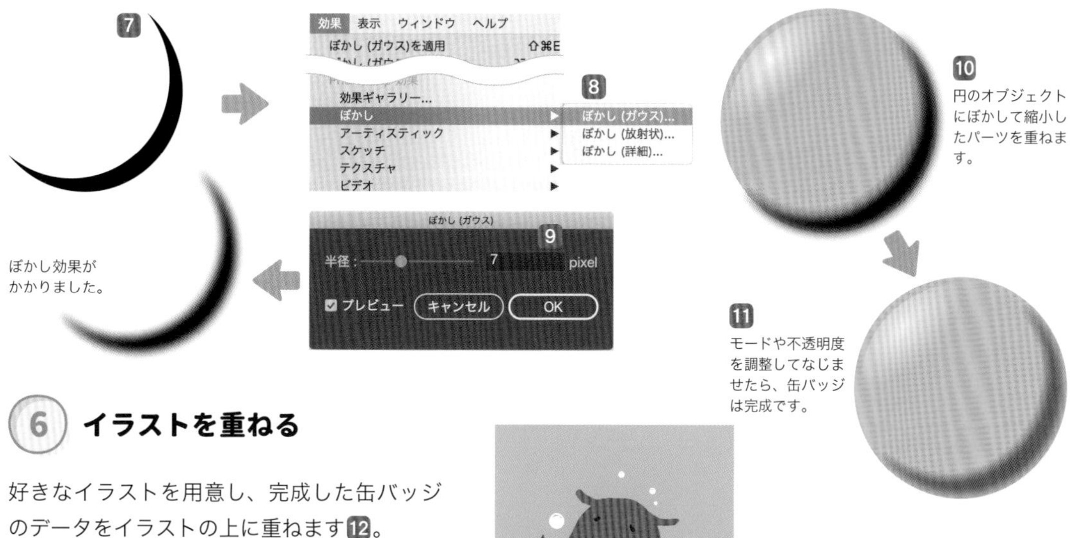

6 イラストを重ねる

好きなイラストを用意し、完成した缶バッジのデータをイラストの上に重ねます12。
イラストと、缶バッジの黄色の円を選択し13、「オブジェクト」メニュー ➡「クリッピングマスク」➡「作成」を選択して完成です。

メンダコのイラストを缶バッジに当てはめます。

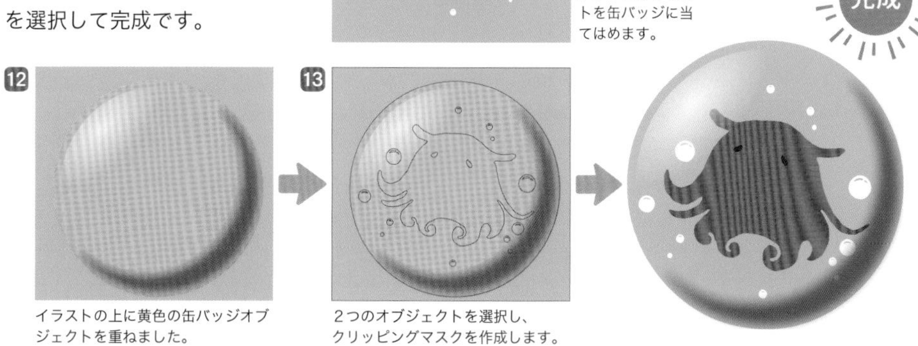

イラストの上に黄色の缶バッジオブジェクトを重ねました。

2つのオブジェクトを選択し、クリッピングマスクを作成します。

塗りができたら線を消すだけ

060 柔らかい印象を与える主線無しイラスト

主線を描かずに形と色だけで表現するイラストは、海外風の洗練された雰囲気を出しやすく、広告やパッケージのイラストにも使いやすい絵柄です。

DLデータ sample060.ai

1 用意したラフを元に主線を描く

用意した手描きラフをカンバスに読み込み、それを元にペンツールやブラシツールでイラストの主線を描いていきます1。
髪・顔の輪郭はブラシツールによる手描き（ペンタブ使用）です。
身体・植物はペンツールでまず直線を繋げて形を取り、ライブコーナーウィジェットで角を丸める手法で描きました。

2 塗りを作る

主線をコピーして、「編集」メニュー ➡「同じ位置にペースト」します2。
ペーストされた主線を選択したまま、塗り用の新しいレイヤーを作成し、右側の四角いアイコン□をドラッグして新規レイヤー移動します3。
移動した主線を「なし」にし、塗りに色をつけ、必要な部分は線を繋げるなどして、塗りを作っていきます4。

「カラー」レイヤーを作成し、「ライン」レイヤーで同じ位置にペーストしたイラストを移動します。

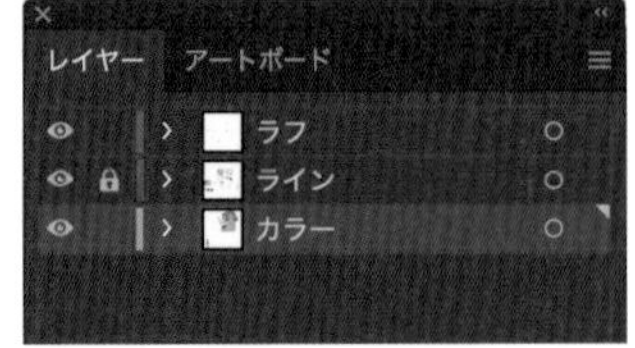

「カラー」レイヤーのイラストの線をなしにして、パーツごとに塗りを設定します。

③ 不要な主線を消す

必要のない線と残したい線を決めて、不要な主線を削除していきます。

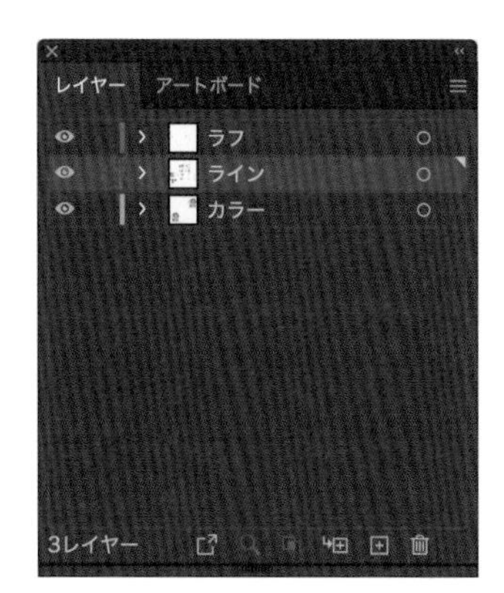

髪や顔、葉や茎などの輪郭線を削除しました。

④ 主線を整える

髪の影・腕と胴体など、同じ色が重なっている部分は主線を残します。
①で描いた主線を部分的に残したいところは、はさみツール で不要な部分と必要な部分を切り分け、不要な部分だけを削除します。

必要最低限の主線が残りました。

⑤ 色を変える

主線の中で色を変えたい部分の色を変更します。
最後に、植物の葉より髪の毛の内側の主線が手前に見えているところなど、不自然な部分を修正します。

今回は葉のオブジェクトの重なり順を主線よりも上にするため、新たにレイヤーを作成して並び替えなどをしました。

リピート機能で簡単！シンメトリカルなイラスト

061 1つの機能でできる左右対称のイラスト

リピート（ミラー）機能を使うと、半身を描くともう半身も自動的に反映されます。反転された部分を確認しながら左右対称のイラストが描け、全体のバランスを整えられます。

1 境界線を引き、リピート機能を開始する

直線ツール で反転させる基準となる境界線を描きます。
ペンツール で境界線から真横に書き始め、パスができた時点1で「オブジェクト」メニュー ➡「リピート」➡「ミラー」2を選択します。
始点を基準にした編集モードに切り替わり、反転されたオブジェクトが現れます3。

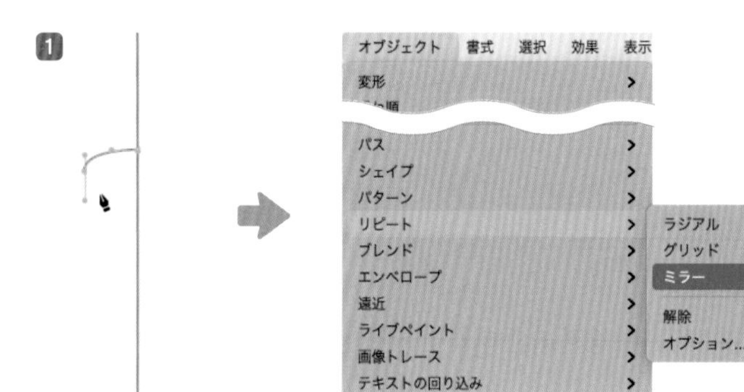

3

境界線の左を描くと、右側は自動でシンメトリカルに描かれます。

2 描き進めていく

線を整えながら描き進めていきます。お手本となる写真などを見ながら描いていくと、バランスよく描けます4。

3 ディテールを描き込む

全体の形ができたら、ステッチやボタンなど左右対称の部分を描いていきます5。

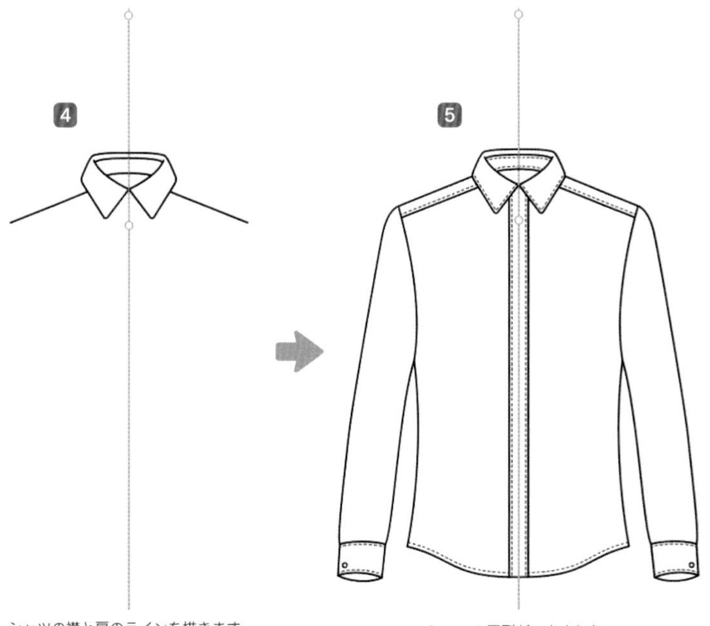

シャツの襟と肩のラインを描きます。

シャツの原型ができました。

イラストを完成させる

ステッチなどディテールを描き終えたら、中心のボタンを描きます。境界線を中心に正円を描くか、編集モードを解除して通常オブジェクトとして描いても構いません。
オブジェクトを選択した状態で右クリックして「編集モードを解除」6を選択すると、編集モードを解除できます。通常モードで片方に胸ポケットを描きます7。

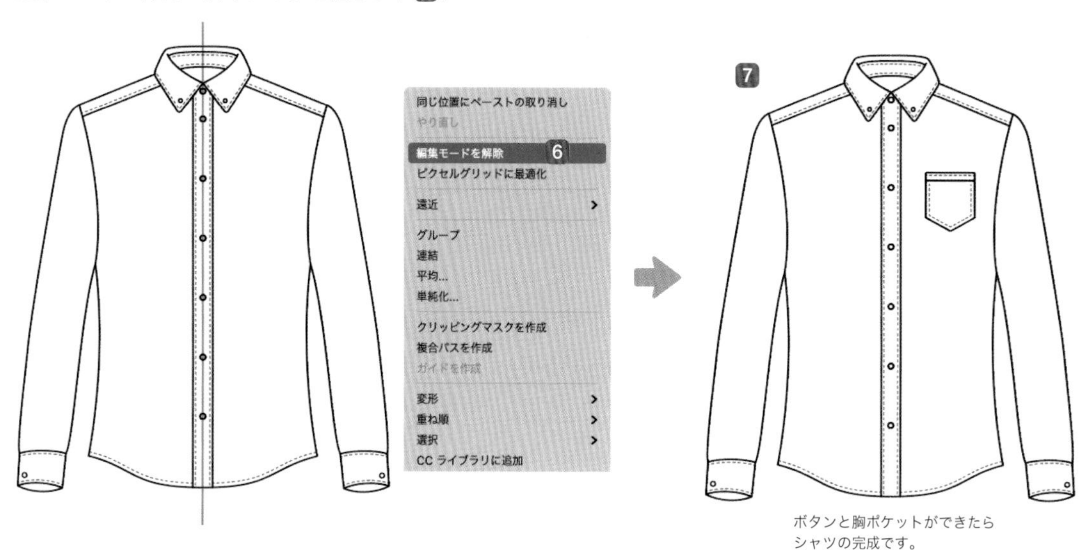

ボタンと胸ポケットができたらシャツの完成です。

5 編集モードに戻り修正をする

編集モードを解除した状態でオブジェクトを選択し、右クリックして「選択リピートを編集」8を選択します。編集モードに切り替わり、リピート機能のまま修正することができます。

塗りを追加してカラーシャツにしました。

知っ得メモ

「オブジェクト」メニュー ➡「分割・拡張」でリピートオブジェクトを拡張できます。グループ化やクリッピングマスクなどが適用されているので、解除していくと通常オブジェクトとして扱えるようになります。元のリピートオブジェクトはバックアップとして残しておきましょう。

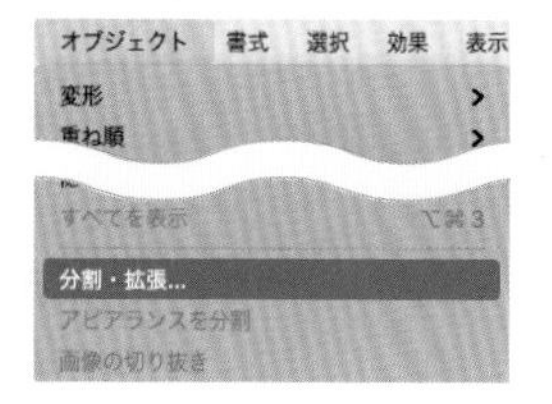

内側描画で光と影を表現する

062 はみだしを気にせず簡単に陰影をつける

モチーフの形が複雑になるほど、光や影の描写は大変になります。「内側描画」という特殊な描画方法を使えば、はみ出しを気にすることなく簡単に光や影などを表現できます。

DLデータ sample062.ai

1 元イラストのグループ化を解除する

主線は顔のパーツや髪の毛の流れの部分、脇や股の部分など、同色が重なる部分のみ描いています。
グループ化されたままだと後述の作業ができなくなるため、すべてのオブジェクトを「グループ解除」しておきます。

髪、胴体、パンツ、ボードの塗りと、主線からなるイラストを描画します。

2 肌部分を選択する

まずは顔から胴、そして右腕につながっている肌の図形を選択状態にし、ツールパネル下部の「描画方法」1のメニューから「内側描画」2を選択します。
選択していた図形を囲む四角形の角に、点線の枠が示されます3。
この枠は「内側描画」のモードに入っていることを示す枠です。
「内側描画」の状態では、新たに図形を描いてもオブジェクトの内側部分だけしか表示されなくなります。

「内側描画」を選択します。

3 内側描画を適用する

肌より少し薄い色で、体の向かって右側にかかるように大きめの図形を描きます4。
描いた図形は元の肌よりはみ出していますが、はみ出した部分は見えません。こうすることにより体に光が当たっているように見えます。
同様に、向かって左側に濃いめの色で影を描きます5。
はみ出して描いても、表示されるのは体の内側だけです。
描き終えたら、ダブルクリックで内側描画モードから抜けます6。

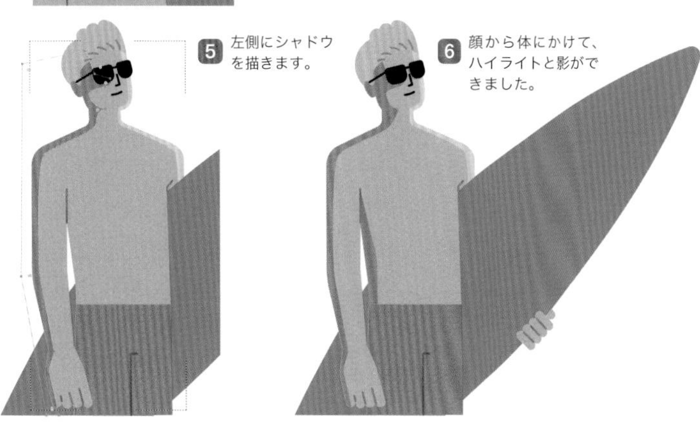

その他のパーツに内側描画を適用する

次は髪の毛のオブジェクトを選んで、②と同じ手順で「内側描画」モードに入ります。
③で行ったように、明るい部分は薄めの色で、影の部分は濃いめの色で、はみ出すように図形を描きます7。
髪の毛が終わったら、同じようにスイムウェアも「内側描画」モードで影をつけます8。

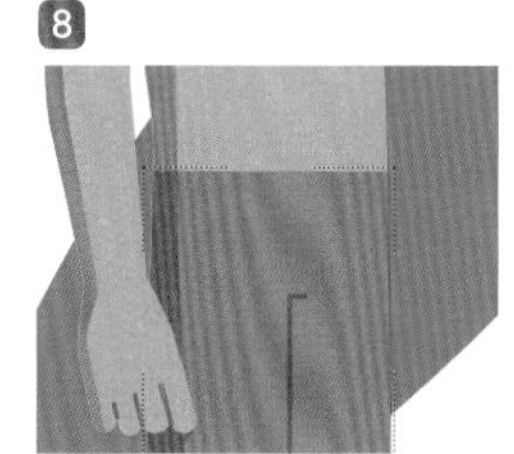

サーフボードと親指に内側描画を適用する

サーフボード、左手の親指にもそれぞれ明るい部分を描き加えます。
「内側描画」で描き込んだオブジェクトを後から修正したい場合は、そのオブジェクトを含むオブジェクト（肌の影なら肌）をダブルクリックすることで、編集可能な状態となります。

「内側描画」で描き込んだオブジェクトが編集可能な状態のとき。

Part 4

DLデータ sample063.ai

ハーフトーンパターンで印刷の風合いを出す

063 ドット柄の印刷風テクスチャ

塗りにフリーグラデーションを設定してハーフトーンの効果をかけることで、少し印刷したようなテクスチャ感を出してみるのも良いでしょう。

1 ベースのイラストを用意する

メインのイメージを描き上げます1。
今回はこのイラストにかすれ風のテクスチャをつけていきます。

1

2 正方形を用意する

塗りのレイヤーの最前面に、イラストの大きさいっぱいの正方形を描きます。
塗りには適当なカラーを設定し、線は「なし」にします2。

2
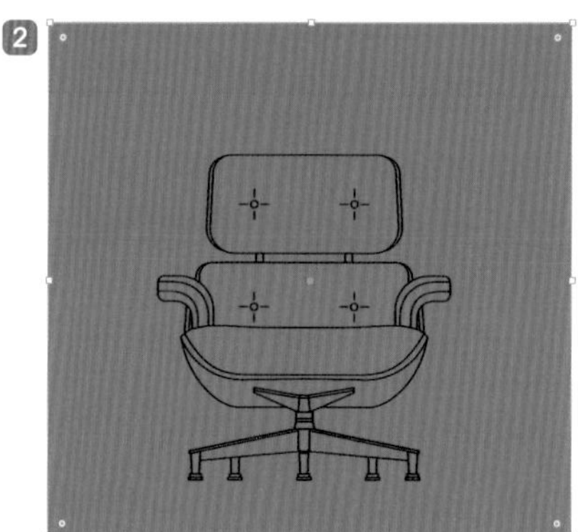

塗りのレイヤーの最前面に正方形を描きます。
線のレイヤーは上にあるので、表示されています。

3 グラデーションをかける

「グラデーション」パネルの「種類」から「フリーグラデーション」3を選択し、オブジェクト上のところどころをクリックして、グラデーションのポイントを配置していきます。
イラストの陰影を意識しながら、全体的に煙のようなまだらなグラデーションを作ります4。

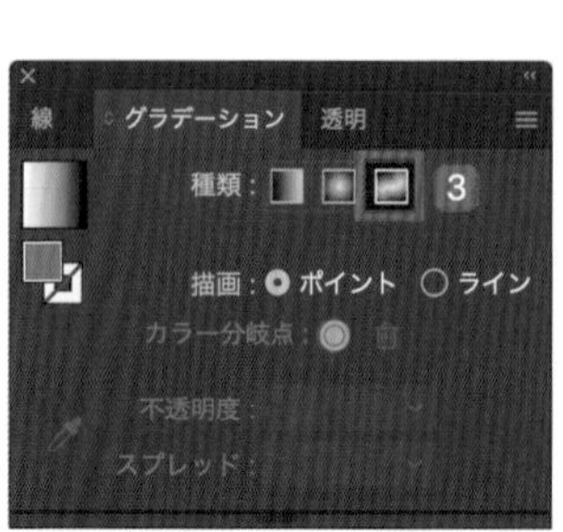

「フリーグラデーション」の「ポイント」モードにしてポイントを配置していきます。

4
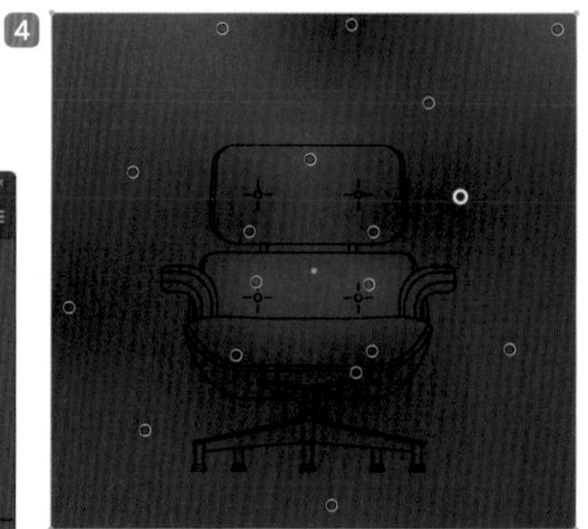

画面全体に黒っぽい煙が漂っているような状態になりました。

ハーフトーンパターンの効果をかける

正方形を選択した状態で、「アピアランス」パネルで③で設定したグラデーションのついた「塗り」を選択し、パネル下部の「新規効果を追加」fx ➡「スケッチ」➡「ハーフトーンパターン」を選択します。
「ハーフトーンパターン」ダイアログボックス5が表示されるので、「サイズ」は点を認識できる大きさに（ここでは［6］）、「コントラスト」はあまり強すぎないように（ここでは［20］）、「パターンタイプ」は「点」を選択し、「OK」をクリックします。

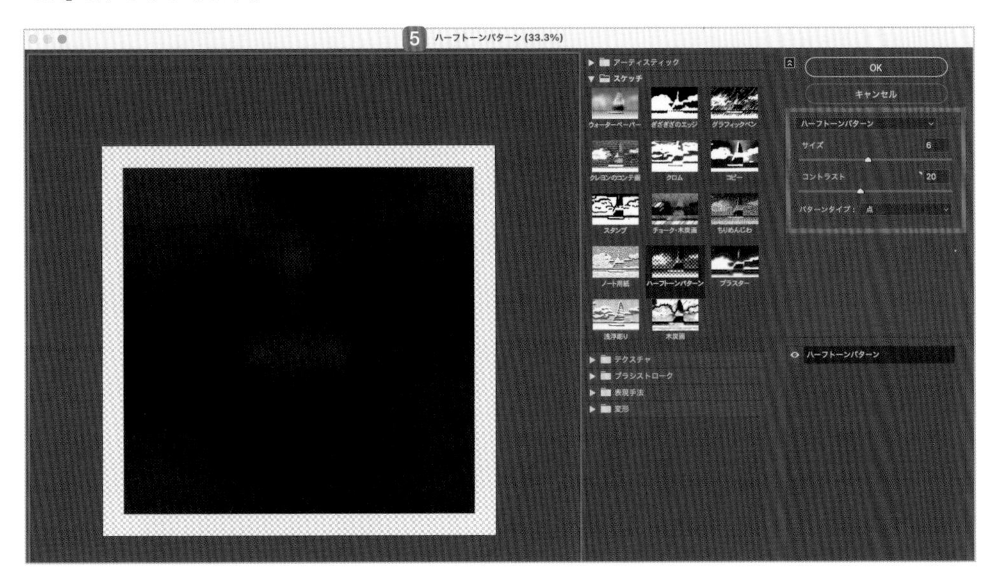

⑤ 描画モードを変更する

正方形を選択した状態で、「アピアランス」パネルでハーフトーンパターンの効果をかけた「塗り」の「不透明度」6をクリックしてパネルを展開します。
不透明度を［20%］ほどに、描画モードを「通常」から「スクリーン」に変更します7。

塗りのレイヤーの最前面に正方形を描きます。
線のレイヤーは上にあるので、表示されています。

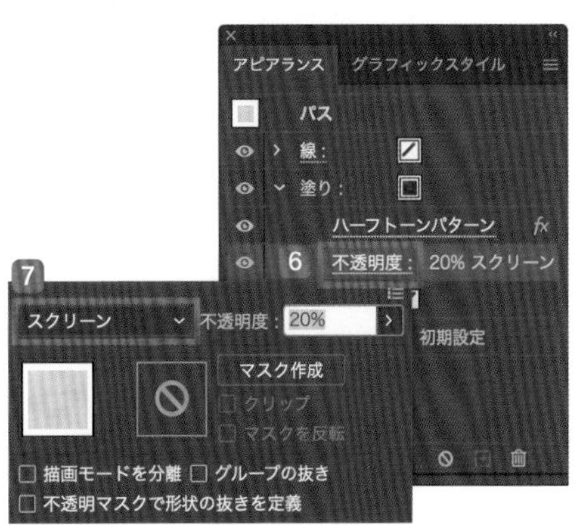

「不透明度」と描画モードの「スクリーン」を適用すると、全体にハーフトーンパターンの地紋が薄く透過して表示されます。

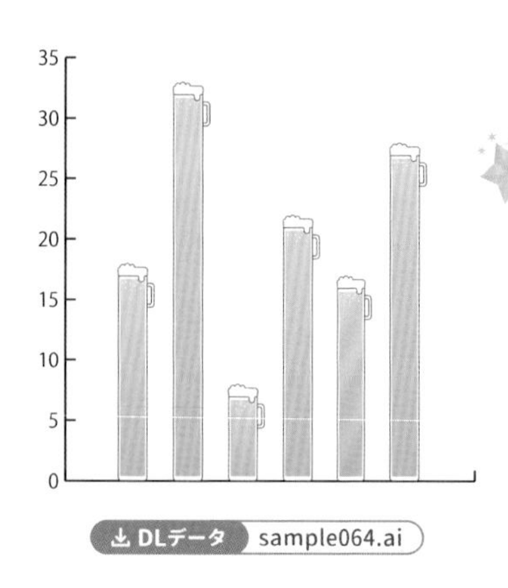

DLデータ sample064.ai

グラフデザインで注目される資料に

064 数値によって伸びるインフォグラフィック

データの数値によって自動で伸びる棒グラフを使い、内容とデータを一目で伝えるインフォグラフィックを簡単に作ることができます。

1 グラフの元を作る

棒グラフツール を選択し、グラフを描きたい場所を囲むようにドラッグします。
グラフの元となるデータを入力するダイアログボックスが出てくるので数値を入力し、右上の適用ボタン を押すとモノクロの単純な棒グラフが描画されます1。

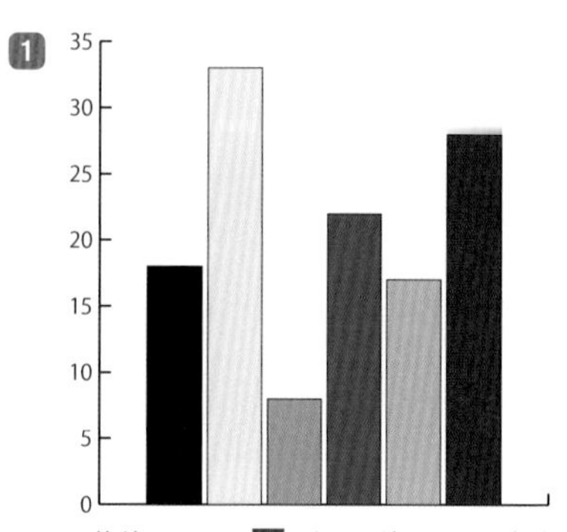

棒グラフツール でドラッグし、セルに数値を入力するとこのようなデフォルトデザインのグラフができます。

2 棒グラフのデザインを作る

ここでは、ビールの売上データなので、ビールのイラストを描きます。
イラストの伸縮させる境界部分に水平の直線を1本引きます2。
水平線を選択した状態で「表示」メニュー ➡「ガイド」➡「ガイドを作成」を選択します3。
「表示」メニュー ➡「ガイド」➡「ガイドをロック」でガイドのロックを解除して、イラストと作成したガイドをグループ化します。

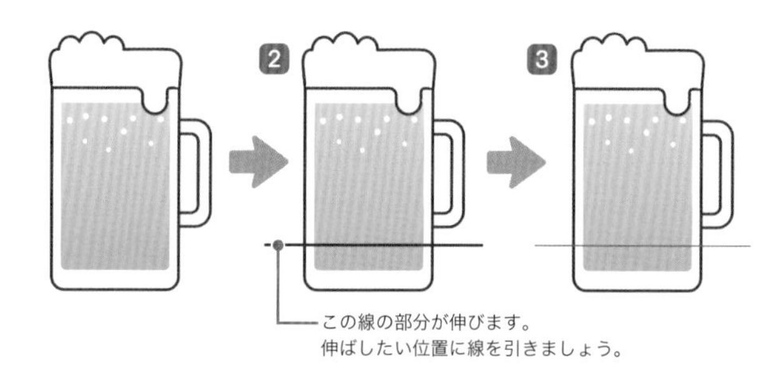

この線の部分が伸びます。
伸ばしたい位置に線を引きましょう。

3 デザインを登録する

グループ化したオブジェクトを選択した状態で「オブジェクト」メニュー ➡「グラフ」➡「デザイン」を選択し、「グラフのデザイン」ダイアログボックスで「新規デザイン」をクリックします。
さらに「名前を変更」4をクリックしてわかりやすいデザイン名に変更し5、「OK」6をクリックします。
これで棒グラフ用のデザインが登録できました。

イラストをグラフのデザインに使用すれば、数値ごとにグラフのサイズを変更する必要ありません。

④ グラフにデザインを反映させる

①で描いたグラフを選択ツール で選択して「オブジェクト」メニュー ➡「グラフ」➡「棒グラフ」を選択します。
「棒グラフ設定」ダイアログボックスが表示されるので、先ほど作ったデザインを選択します7。
「棒グラフ形式」で「ガイドライン間を伸縮」8に設定すると、イラストが数値によって伸縮するようになります。
最後に「OK」9をクリックします。

「ガイドライン間を伸縮」にチェックを入れなければアイコンは伸びません。

⑤ グラフのデザインを整える

ガイドが1本の場合はそのガイドの部分が、2本の場合はその2本の間の部分が伸びます。
ガイドは画像の書き出し時や印刷時には反映されないので、特に削除する必要はありません。

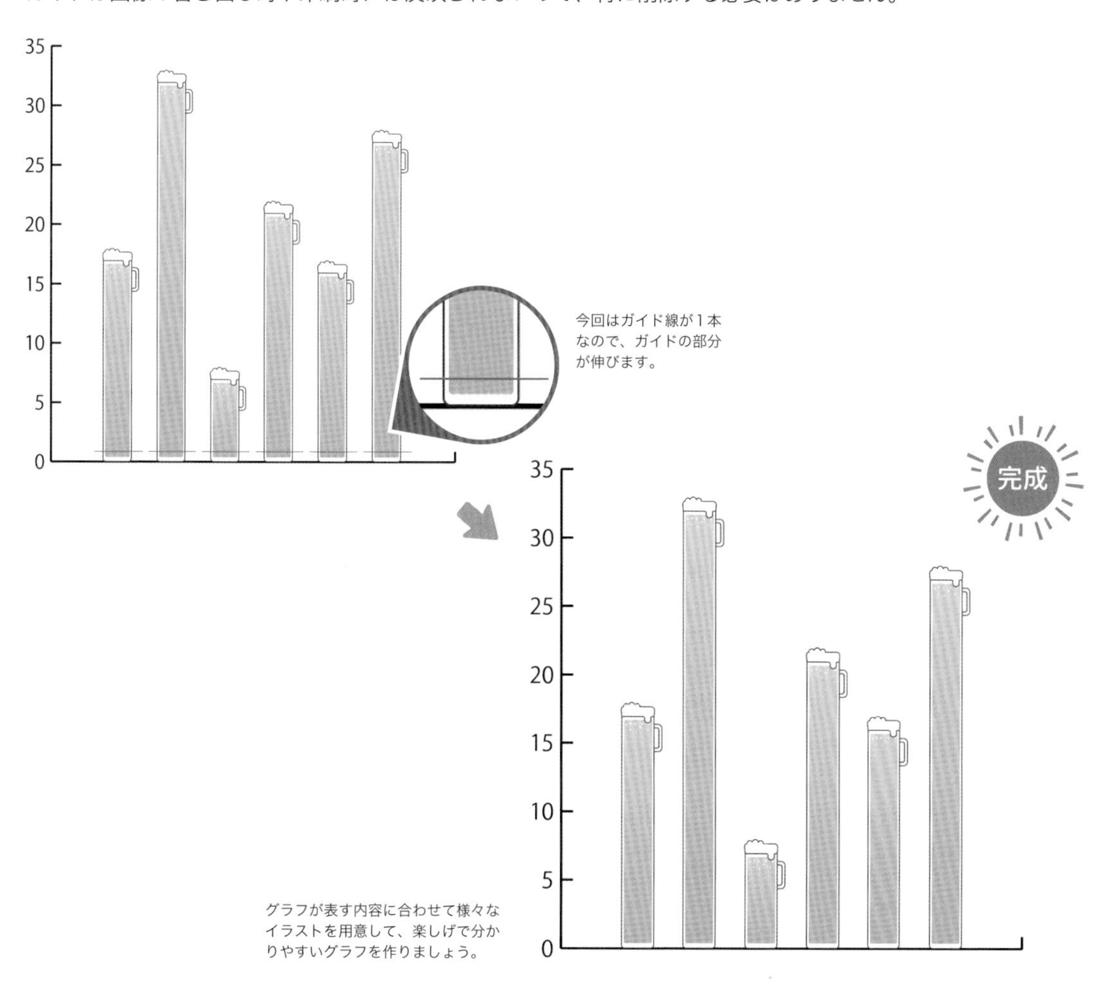

今回はガイド線が1本なので、ガイドの部分が伸びます。

グラフが表す内容に合わせて様々なイラストを用意して、楽しげで分かりやすいグラフを作りましょう。

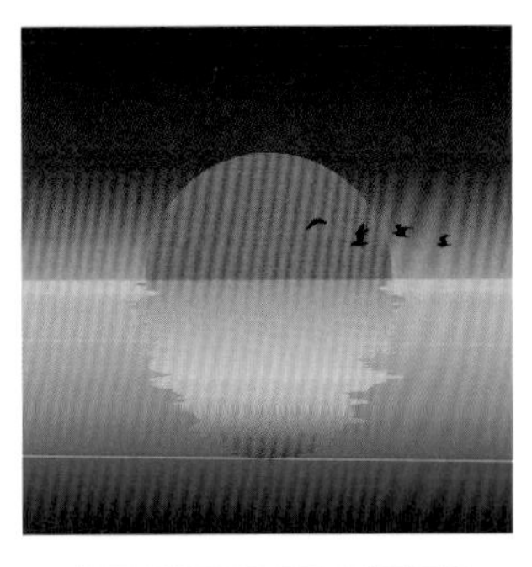

DLデータ sample065.ai

リンクルツールで感覚的に波線を作る

065 ゆらめく水面に映る夕日を描く

ゆらめく水面に反射して映る夕陽を、リンクルツールで作ります。ランダムな波線が感覚的に作れるので、自然物の描画にも応用が効きます。

1 空と海の境界線を作る

長方形ツール で背景となる正方形を作り、空と海の部分の上下に分割します。または、2つの長方形をつなげたときに正方形になるサイズで描きます。
空と海それぞれにグラデーションで色をつけました1。

2つの長方形を描き、グラデーションを設定します。上が空、下が海のイメージです。

2 正円を分割する

楕円形ツール で正円を描き、中央に整列します。
水平方向に直線を描き、「パスファインダー」パネルの「分割」 2で正円を上下に分割します3。

ちょうど正円を二分割するところに直線を引きます。

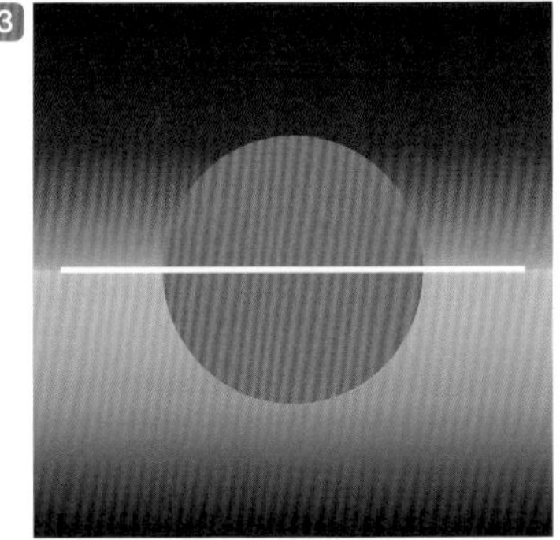

中央に正円を描き、水平線で分割します。

3 下半分を伸ばす

分割した正円のグループを解除し、バウンディングボックスを使って下半分の半円を伸ばします4。

※バウンディングボックスは「表示」メニュー ➡「バウンディングボックスを表示」を選択すると表示されます。

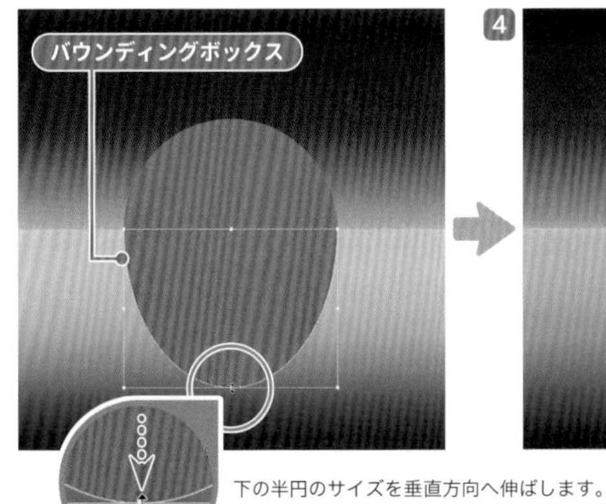

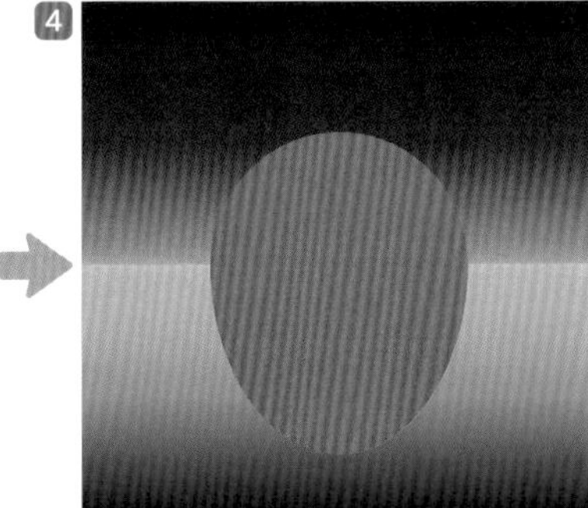

下の半円のサイズを垂直方向へ伸ばします。

④ リンクルツールで水面を作る

リンクルツール アイコンをダブルクリックして「リンクルツールオプション」ダイアログボックス5を表示させ、設定を変更します。
「リンクルオプション」の水平方向を［100%］、「垂直方向」を［0%］にし6、サイズや詳細を設定します。③で作った下半分の半円オブジェクトを選択し、リンクルツール でなぞっていきます。

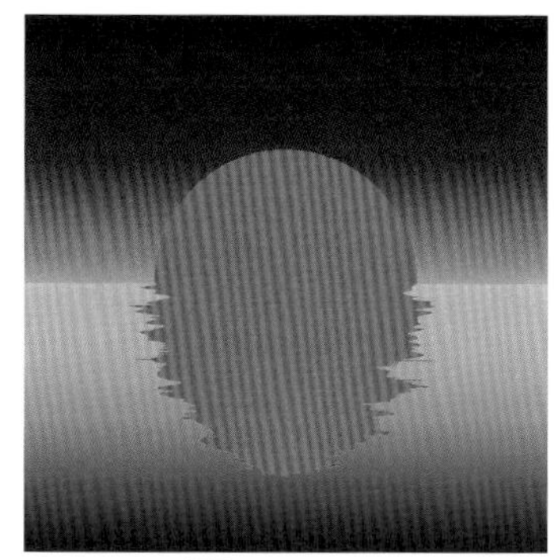

リンクルツール で水平方向にゆらぐように設定しなぞります。

5 リンクルツールオプション

グローバルブラシのサイズ
幅：50 mm
高さ：50 mm
角度：0°
強さ：100%
□ 筆圧ペンを使用

リンクルオプション
水平方向：100%
垂直方向：0%
6
複雑さ：1
☑ 詳細：3
□ アンカーポイントに影響
☑ 内側の接点のハンドルに影響
☑ 外側の接点のハンドルに影響

☑ カーソルをブラシサイズで表示
ⓘ Option キーを押しながらツールをクリックすると、ブラシサイズを任意に変更できます。

リセット　キャンセル　OK

⑤ 描画モードを変更する

下の半円を選択し、「透明」パネルで描画モードを「オーバーレイ」7に変更し、背景に透過させます8。夕陽に照らされるシルエットイラストを追加しました。

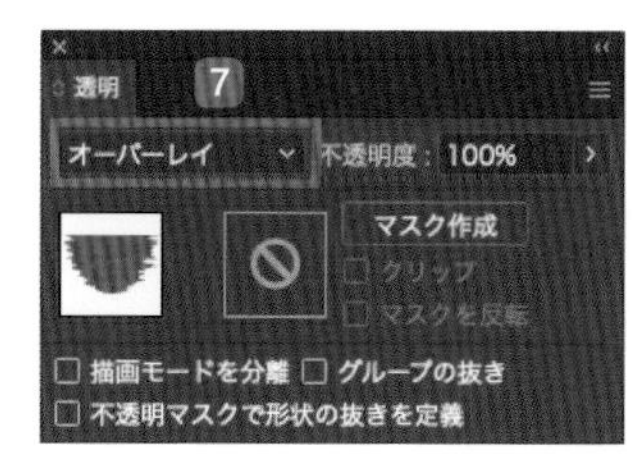

8

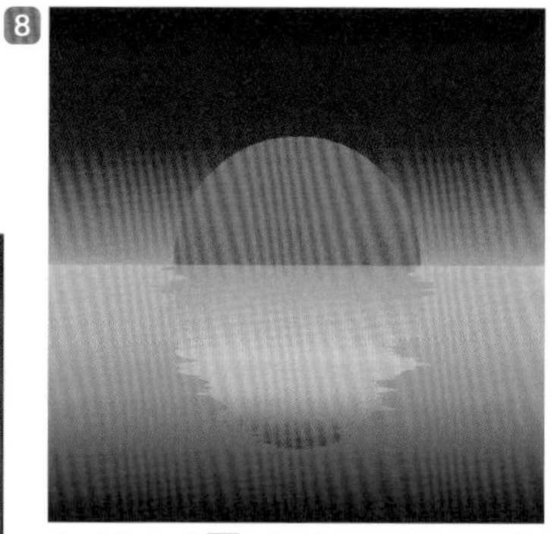

リンクルツール で水平方向にゆらぐように設定しなぞります。

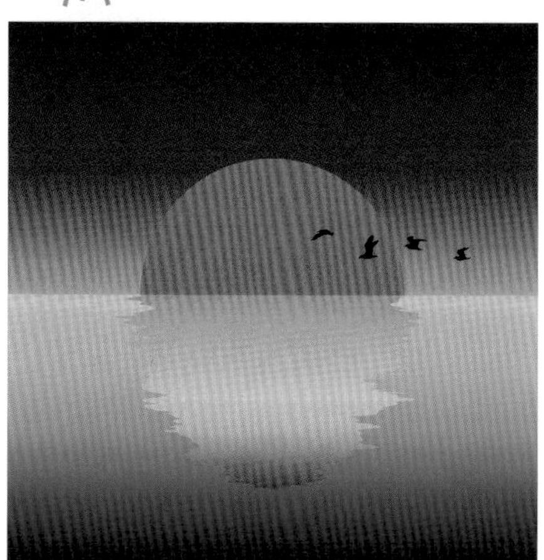

夕日の中を飛んでいく鳥の群れを描くと、ノスタルジックな雰囲気が際立ちます。

知っ得メモ

背景イラスト用の草むらや雲なども、リンクルツール を使用すると効率よくランダムなオブジェクトを作ることができます。

パンクと膨張で簡単にキラキラを作る

066 図形と効果だけで作る ファンシーなキラキラ

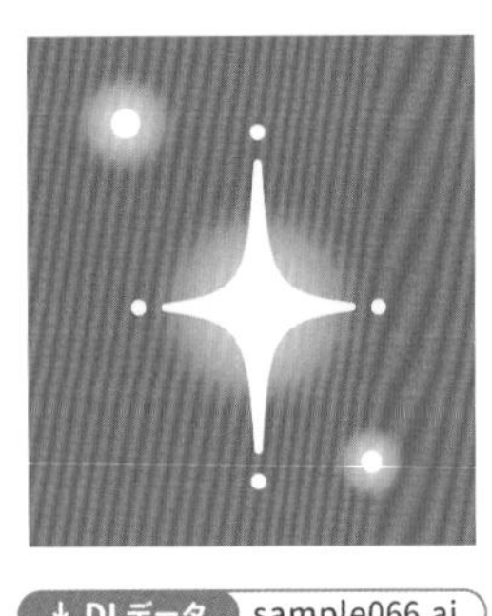

DLデータ sample066.ai

円形と「パンク・膨張」を使い、簡単にキラキラの形を作ります。グラデーションを使ってファンシーな雰囲気を出していきます。

1 楕円形ツールで円形を作る

楕円形ツール で縦長の円形を作ります。

仕上がりイメージに近いサイズ感にしておきましょう。

2 楕円にパンクを加える

「効果」メニュー ➡「パスの変形」➡「パンク・膨張」1を選択します。
「パンク・膨張」ダイアログボックスが開くので、[-75%] 2に設定します3。
パンクを加えた楕円に [1mm] の線を加えて、「角の形状」を真ん中の「ラウンド結合」 4に変更します5。

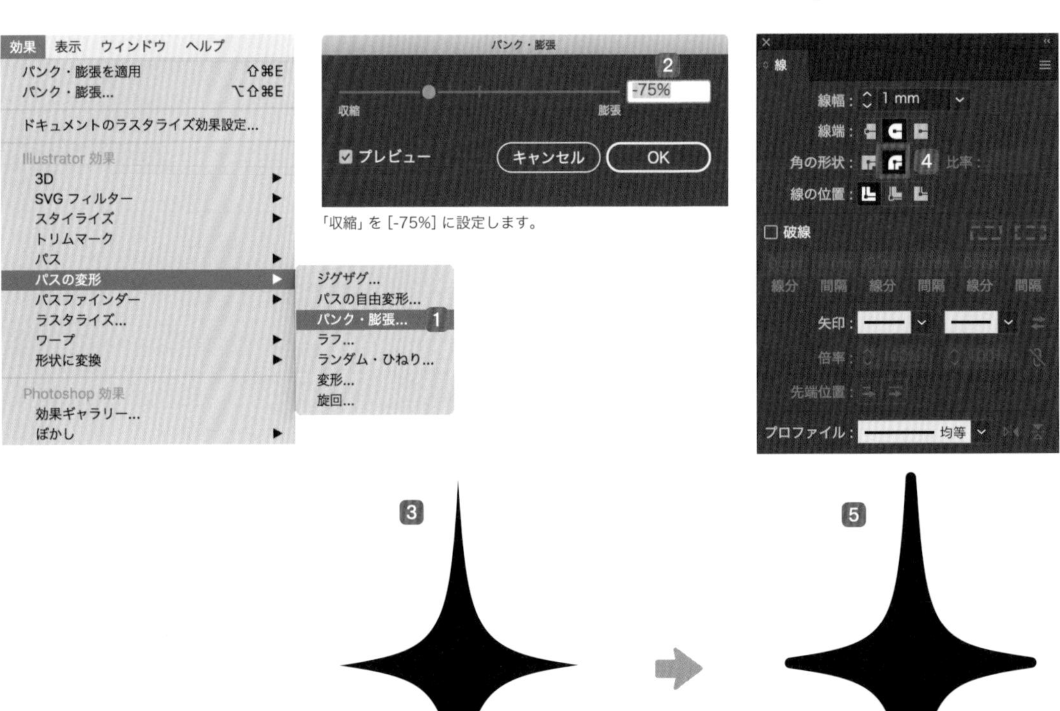

「収縮」を [-75%] に設定します。

「パンク・拡張」で「収縮」を[-75%] にすると、鋭いキラキラになりました。

線を加えて「ラウンド結合」にすると、先端が丸くなって柔らかい印象になりました。

③ アピアランスを分割しアウトライン化

パンクさせた円形を選択して、「オブジェクト」メニュー ➡「アピアランスを分割」を選択すると、「アピアランス」パネルで「パンク・膨張」が消えアピアランスの設定がなくなります。
「オブジェクト」メニュー ➡「パス」➡「パスのアウトライン」を選択します。
「パスファインダー」パネルで「合体」 6 をクリックします。

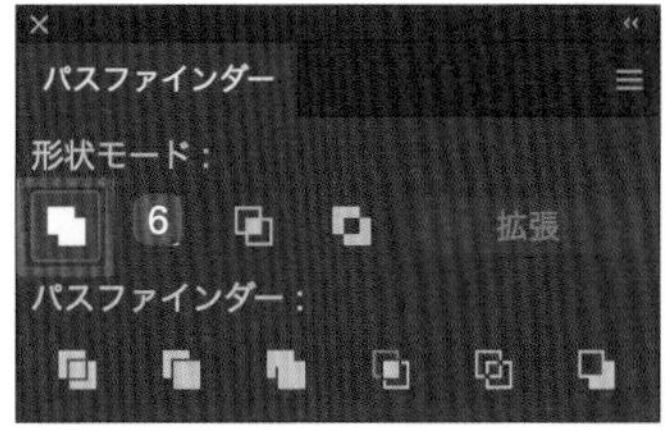

「パンク・膨張」アピアランスを分割し、「パスのアウトライン」を設定してから、合体します。

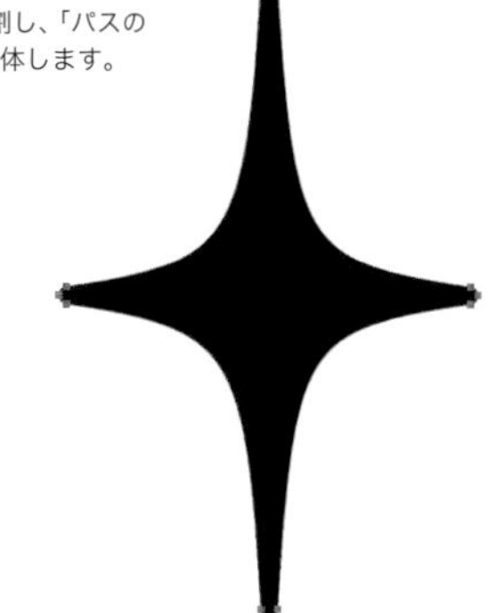

④ グラデーションを加えていく

背景のカラーを [M:70 Y:50] に変更します 7。
オブジェクトを白色 [C:0 M:0 Y:0 K:0] 8 に変更します。
楕円形ツール で円形を作成し、「グラデーション」パネルで「円形グラデーション」 9 を選択します。
白色の不透明度100%～0%のグラデーションを加えます 10。

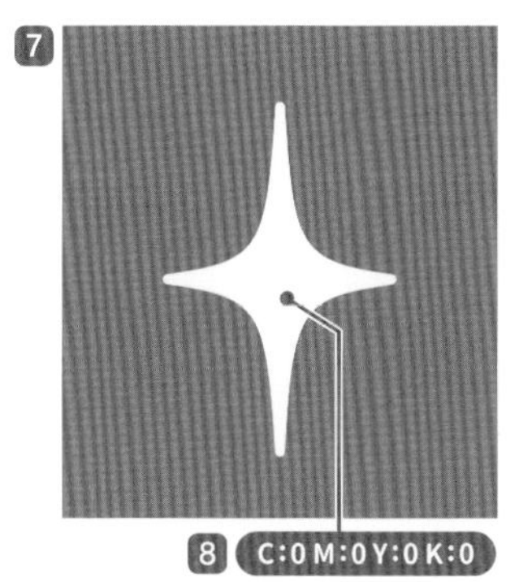

背景の色はお好みで変更してください。

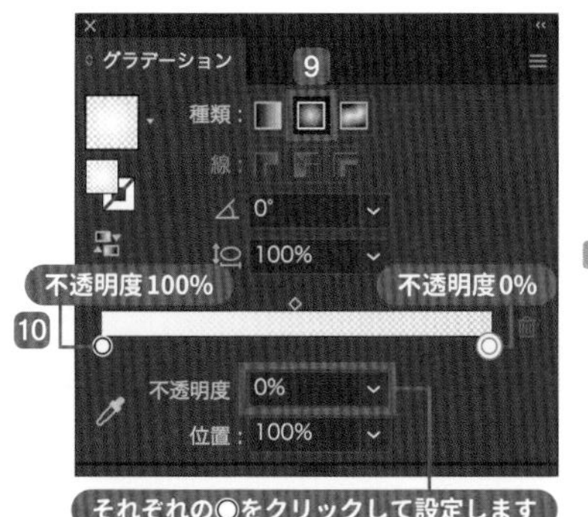

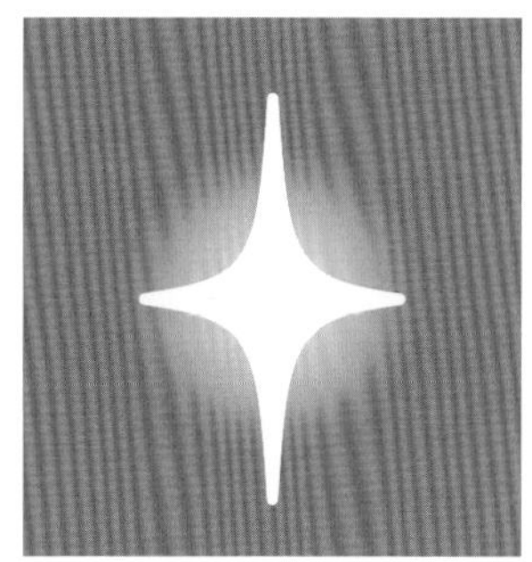
キラキラの上にぼかしが入りました。

⑤ 飾りを加える

簡単な正円を加えて飾りを加えたら完成です。

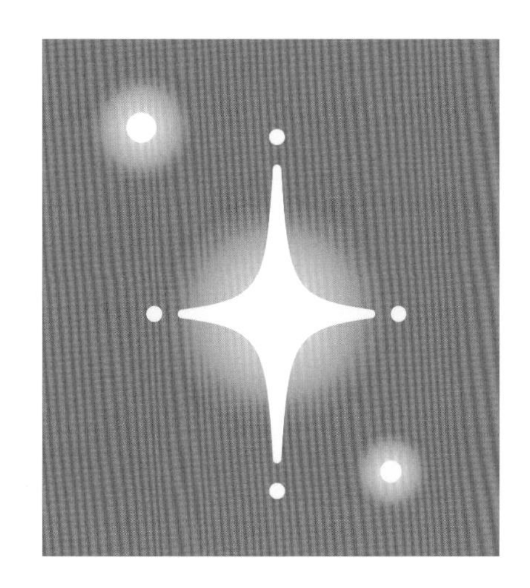

Part 4

長方形ツールとラインだけで枠を作る

067 難しい機能を使わない おしゃれシンプル枠

長方形ツールやペンツールなど基本的なツールのみで、簡単で色々なアレンジができる枠を作ります。

DLデータ sample067.ai

1 長方形ツールで正方形を作る

長方形ツール で100mm × 100mmの正方形を作成します1。

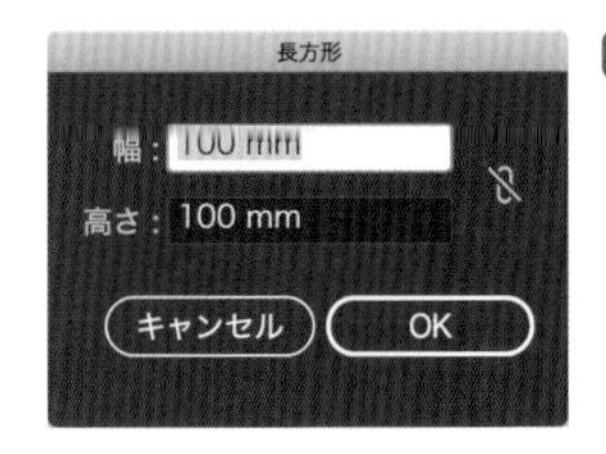

100mm × 100mmの正方形を描きます。

2 正方形をオフセットする

「オブジェクト」メニュー ➡「パス」➡「パスのオフセット」2で「オフセット」の数値を [-4mm] 3に設定し、①で作成した正方形の内側にもう1つ正方形を作成します4。

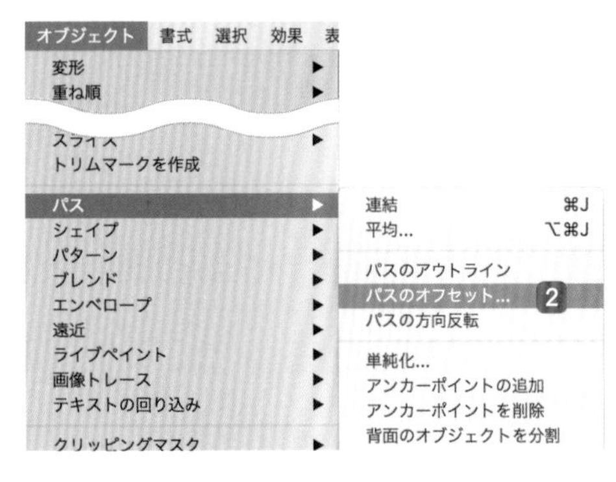

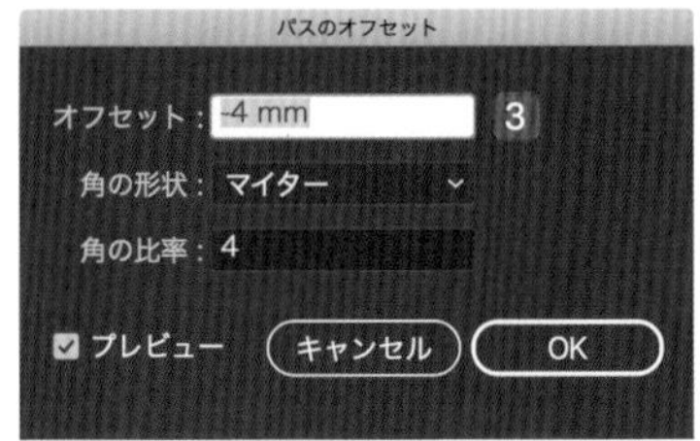

「パスのオフセット」で二重の正方形ができました。

3 四隅に四角を追加する

20mmの正方形を作り、コーナーに配置します5。
すべてを選択し、「パスファインダー」パネルで「分割」6をクリックします。

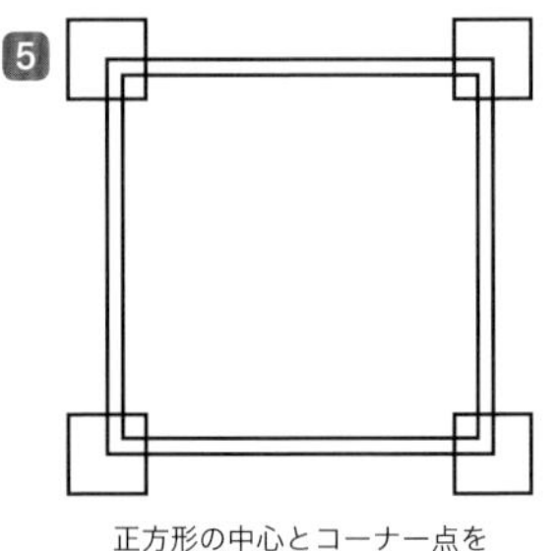
正方形の中心とコーナー点を合わせて配置します。

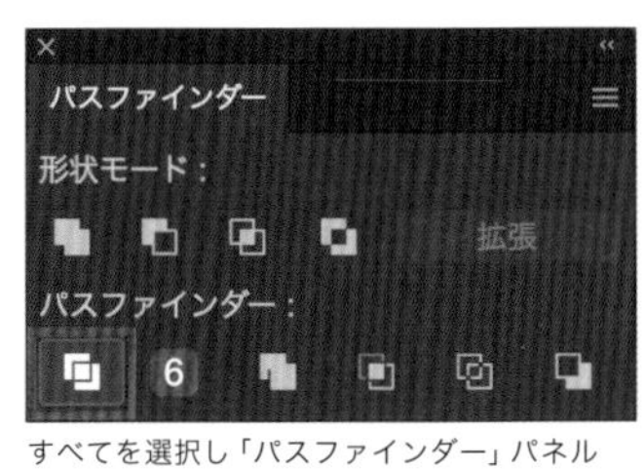

すべてを選択し「パスファインダー」パネルで「分割」します。

グラデーションを加えていく

分割された四隅の正方形を削除していきます。
その後、四隅に小さい正方形の塗りを加え、上下左右に5mm程度、図のように移動させます7。
内側のオブジェクトを選択し8、「オブジェクト」メニュー ➡「パスのオフセット」で［2mm］に設定します。
オフセットをかけたパスに「線」パネルで「破線」9の効果を加えていきます。

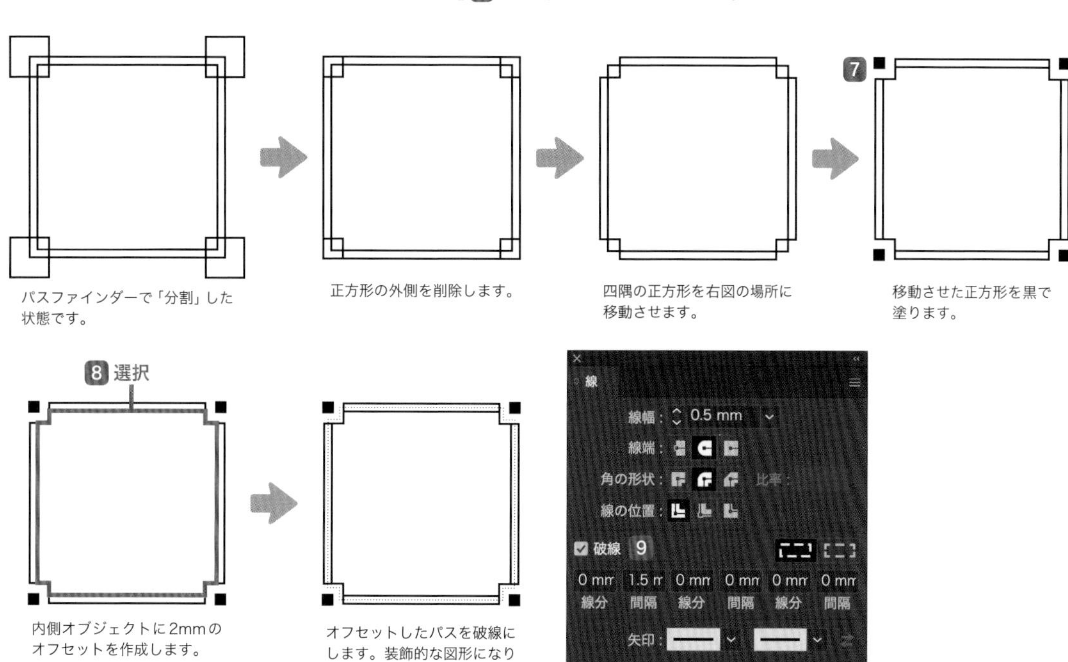

パスファインダーで「分割」した状態です。

正方形の外側を削除します。

四隅の正方形を右図の場所に移動させます。

移動させた正方形を黒で塗ります。

内側オブジェクトに2mmのオフセットを作成します。

オフセットしたパスを破線にします。装飾的な図形になりました。

5 調整する

④で作成したオブジェクトを45°回転させ、カラーを変更していきます10。52〜53ページで作成した、「夜の空」のロゴやグラデーションの塗りを加えて完成です。

10

菱形の枠になりました。

完成

夜の空

ランダムカラーのモザイクオブジェクト

068 ランダムな配色でミラーボールを作る

モザイクオブジェクト、カラー編集機能で効率的にミラーボールを作ります。3Dの回転体機能を使い角度を自在に変更できます。

DLデータ sample068.ai

1 グラデーションの長方形を作り、重ねる

2：1の比率の長方形を2つ作り、「スウォッチ」パネル左下にあるライブラリーメニュー 1 から「グラデーション」➡「スペクトル」を選択し、「スペクトル」パネルの「スペクトル(明)」2 を適用します。
それぞれのグラデーションの角度を変えます 3。

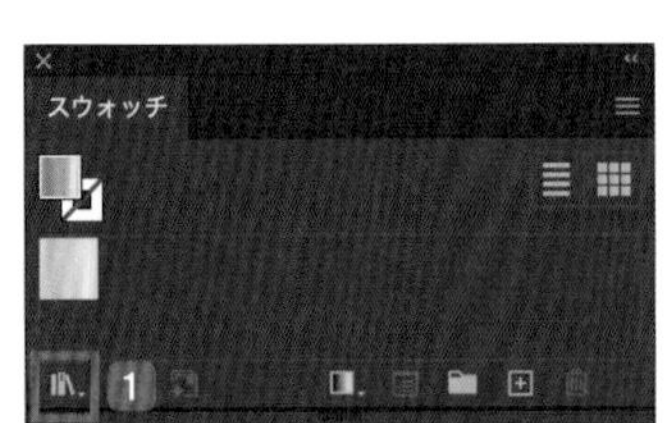

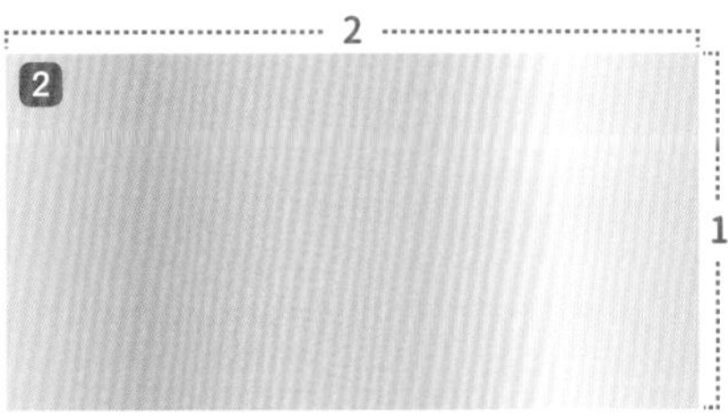

スペクトル (明) のグラデーションを作成します。

グラデーションを斜めに傾けます。

2 モザイクオブジェクトを適用する

2つの長方形を「透明」パネルで描画モードを「乗算」にして重ね 4、両方のオブジェクトを選択し「オブジェクト」メニュー ➡「ラスタライズ」➡「ラスタライズ」ダイアログボックス 5 を開き画像化します。
「オブジェクト」メニュー ➡「モザイクオブジェクトを作成」を選択し、「モザイクオブジェクトを作成」ダイアログボックスの「タイル数」をモザイクが正方形になるよう2：1 [幅：60] [高さ：30] の比率でモザイクにします 6。

垂直と斜めのグラデーションを「透明」パネルの描画モード「乗算」で重ね合わせた状態です。

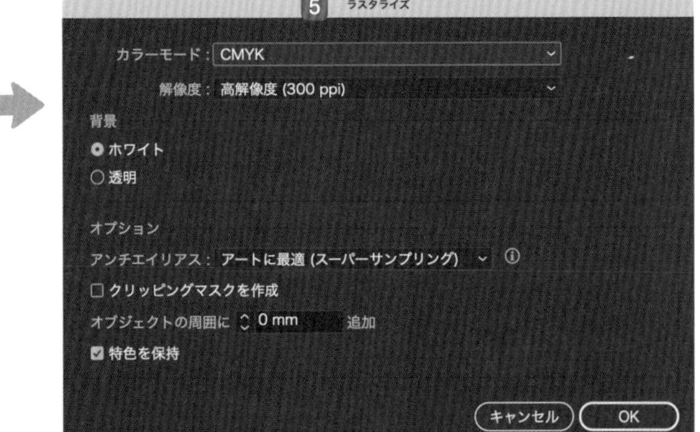

2つのグラデーションオブジェクトをラスタライズ (画像化) します。

モザイクオブジェクトを作成

現在のサイズ
幅：119.944 mm
高さ：60.325 mm

新しいサイズ
幅：119.944 mm
高さ：60.325 mm

6

タイルの間隔
幅：0 mm
高さ：0 mm

タイル数
幅：60
高さ：30

オプション
比率を固定：幅 高さ
効果：カラー グレー
% でサイズを変更する
ラスタライズデータを削除

比率を使用 キャンセル OK

2：1［幅：60］［高さ：30］の比率の正方形モザイクができました。

知っ得メモ

モザイクの1つ1つの色がばらばらになるようグラデーションの模様を作成できると最後の仕上がりがキレイになります。

3 モザイクをランダムに並び替える

モザイクオブジェクトをすべて選択し、「編集」メニュー ➡「カラーを編集」➡「オブジェクトを再配色」7 で「カラー編集」ダイアログボックス 8 を表示させ、「カラー配列をランダムに変更」 9 を適用します。モザイク同士の境界線として線の色を黒に設定しました 10。

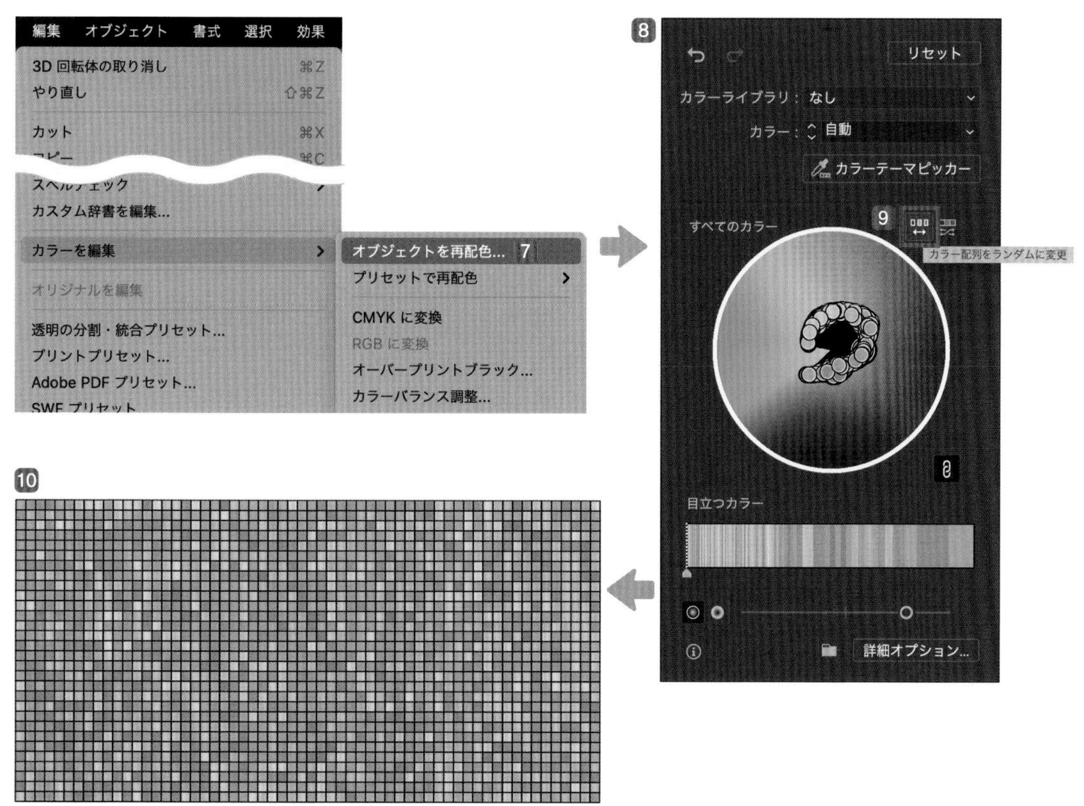

すべてのオブジェクトを選択して、ツールパネルやスウォッチパネルで線の色を黒に設定します。塗りと塗りの境界が認識できるくらいの線幅にします。
モザイクの境界を黒にすると、タイルっぽさが際立ちます。

4 モザイクオブジェクトをシンボルに登録する

モザイクオブジェクトを「シンボル」パネルに新規登録します 11。
「アピアランス」パネルの「新規効果を追加」fx 12 から「3D」➡「回転体」で「3D回転体オプション」ダイアログボックスを開き、「マッピング」をクリックして「アートをマップ」ダイアログボックス 13 を開き、11 のシンボルを適用します。

※CC 2022の場合は「新規効果を追加」fx ➡「3Dとマテリアル」➡「3D(クラシック)」➡「回転(クラシック)」を選択します。

知っ得メモ
オブジェクトがシンボル化されるので、バックアップ用にコピーしておくと色味や線幅の調整などがしやすくなります。

知っ得メモ
あらかじめ長方形を2：1の比率で作成しているので、マッピングする際「面に合わせる」を同比率で適用できます。

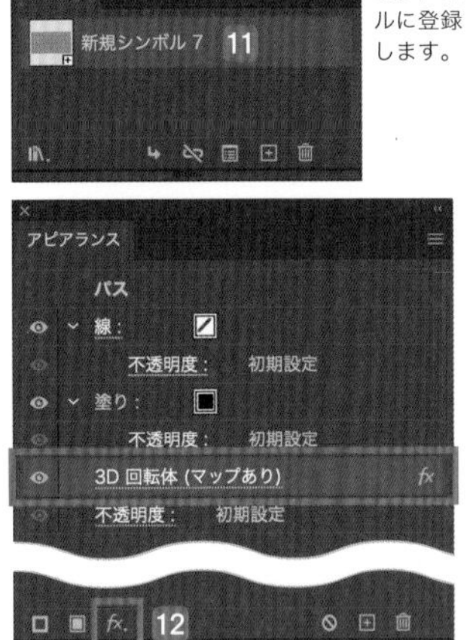

モザイクをシンボルに登録します。

マッピングした3D回転体の塗りが適用されます。

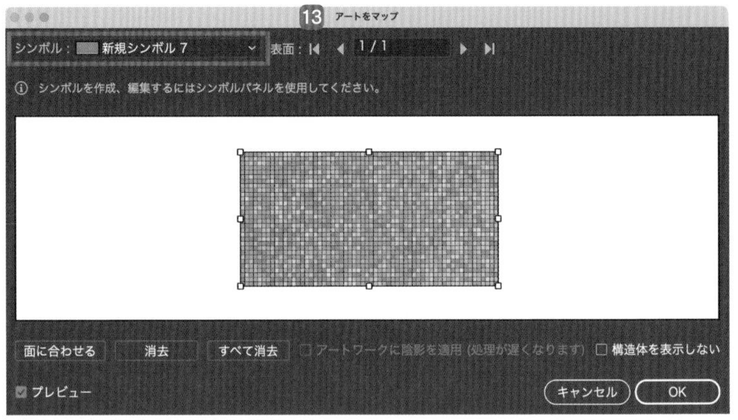

マッピングで登録したシンボルを適用します。

5 角度を変える

「アピアランス」パネルの「新規効果を追加」fx から「3D」➡「回転体」を選択して「3D回転体オプション」ダイアログボックスを開き、「詳細オプション」14 をクリックして任意の方向にドラッグしてミラーボールの角度を変更します。

※CC 2022の場合は「新規効果を追加」fx ➡「3Dとマテリアル」➡「3D(クラシック)」➡「回転体(クラシック)」を選択すると図のような表示になります。

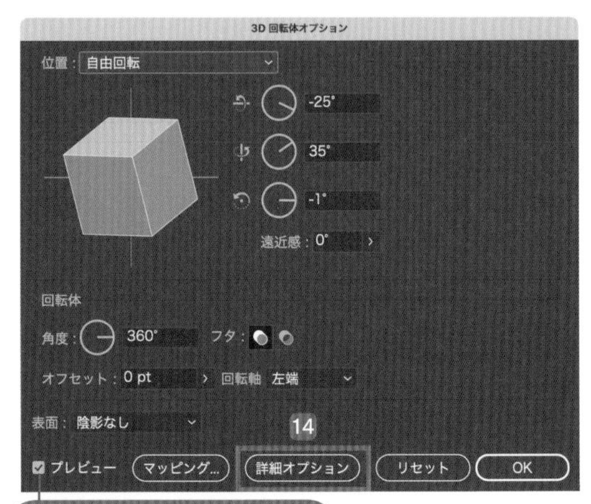

「プレビュー」にチェックを入れて確認をしながら変更しましょう

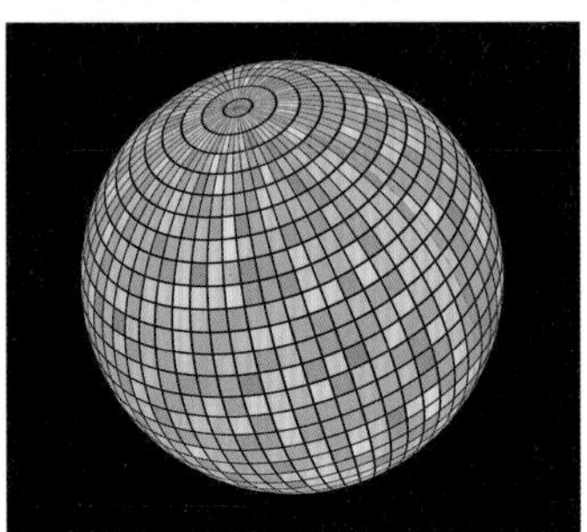

「詳細オプション」でミラーボールの角度を変更します。

交差する部分をパッと削除する

069 シェイプ形成ツールではみ出た線を消す

DLデータ sample069.ai

はさみツールではカットすべき線が多いと面倒ですが、シェイプ形成ツールを使えば、複数の線のはみだした部分だけをまとめて消すことができます。

1 フリーハンドで線を引く

ブラシツールを選択し、アートボード上にフリーハンドで線を引きます1。
はみ出しを気にせずに大きな動きで線を引いた方が、キレイで理想的なラインが引きやすいので、あえて始端や終端をはみ出すように描いていきます。

2 シェイプ形成ツールを適用する

選択ツールで①で描いた線をすべて選択し2、その状態でシェイプ形成ツールを選択します。

3 線の一部が赤くなる

option キーを押しながら線の上にカーソルをのせると、線の一部（他の線と交差していたらその交差部分まで）が赤くなります3。

4 線を消す

option キーを押したまま赤くなっているラインをクリックすると、その部分が削除されます4。

5 繰り返し

同じように、他の線の不要な部分をすべて消していきます。クリックするのではなく、線をまたぐようにドラッグすることでも線の一部を消すことができます。
一度のドラッグで複数の線を消すこともできます。

知っ得メモ

シェイプ形成ツールには、ブラシの筆圧情報が消えてしまうというデメリットがあります。アートブラシで描いた線の場合は、分割された線それぞれに再度そのアートブラシが適用されたような結果になるので注意してください。

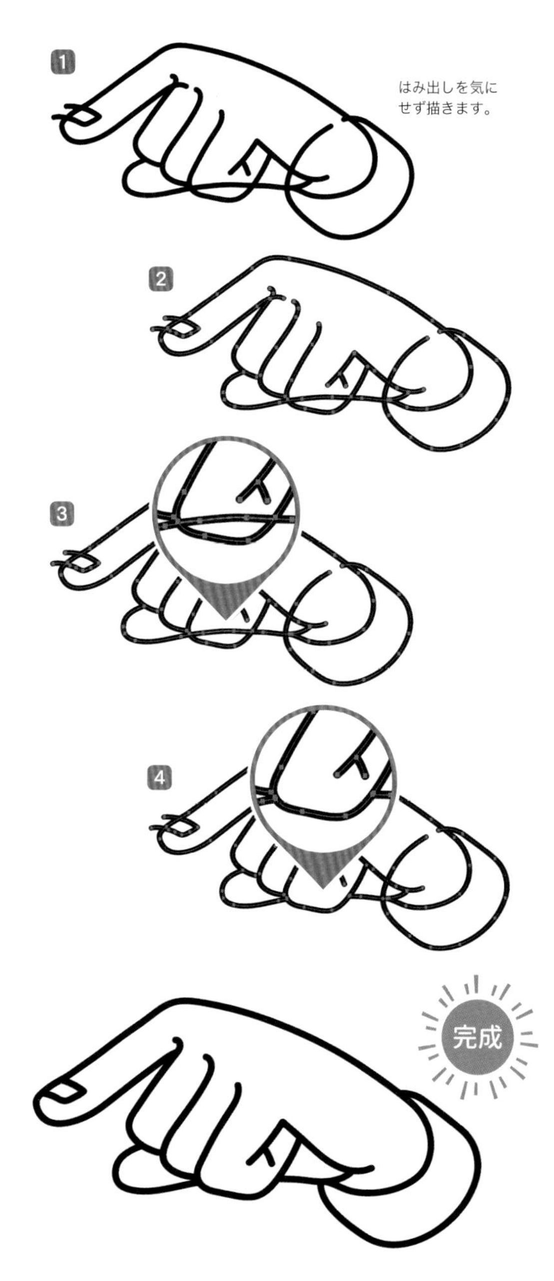

Part 4

下絵のトレースや一括変形を使って素早く作画

070 ガジェットを時短で描く

DLデータ sample070.ai

パースをつけて描くのが難しいものは、一度平面的に描いてから自由変形ツールを使ってパースをつけると速く描くことができます。

1 トレース用写真を配置する

トレース用に、描きたいものを真上または真横からのアングルなど、できるだけ遠近感や歪みの少ない写真を用意してカンバスに配置します1。

「レイヤー」パネルを開き、描画用のレイヤーとは別の写真用のレイヤーに配置し2、必要であれば「透明」パネルで「不透明度」を下げます。配置が完了したら、写真用のレイヤーはロックしておきます。

1

写真を配置します。スマホでの撮影で問題ありません。

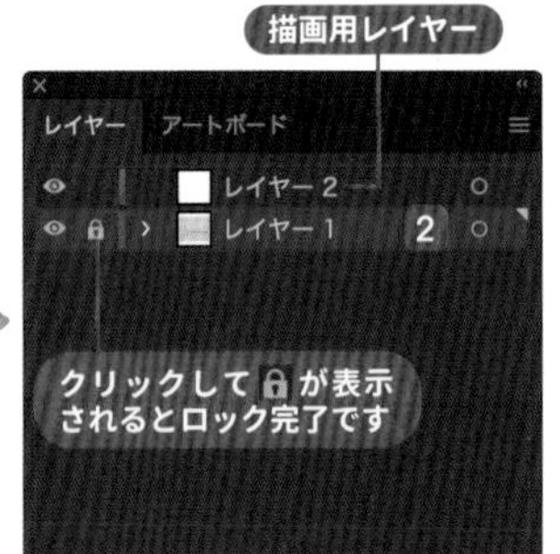

写真用のレイヤーを下に作成し、不透明度を下げてロックしておきます。

2 写真をトレースする

長方形ツール を使い、まずはざっくりとキートップをトレースしていきます3。

製品のパーツが角丸になっている部分も、まずは角のあるシンプルな長方形でトレースします。

長方形以外の部分はペンツール で描いていきます。こちらも角張ったシンプルな形でOKです。

3

キートップ部分を角のある四角ですべてなぞりました。

③ 角に丸みをつける

角丸処理を施したい長方形をすべて選択し、ダイレクト選択ツールに切り替えます。
長方形の角の内側に◉（ライブコーナーウィジェット）が表示されるので、◉を少し内側方向にドラッグして丸みをつけます❹。
まとめて角丸にできないパーツは、個別にライブコーナーウィジェットを編集して丸みをつけていきます。

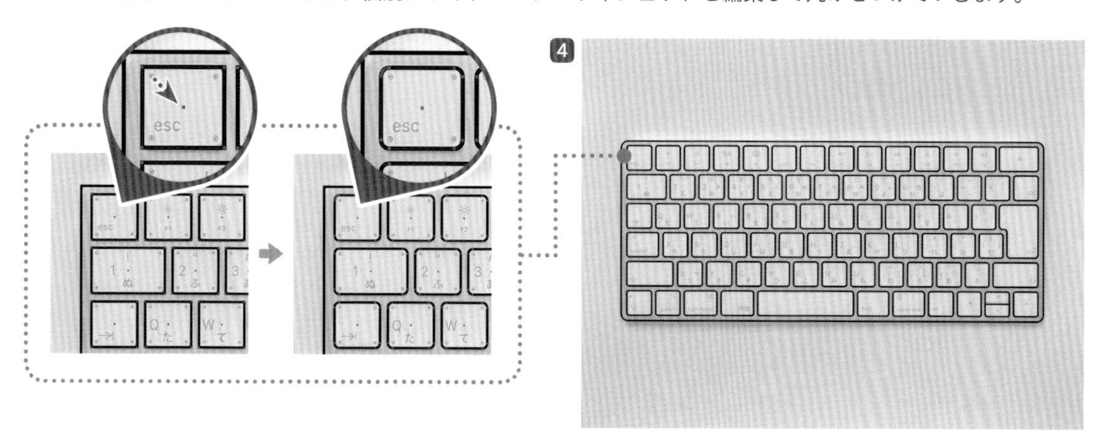

④ 全体を一括で変形させる

写真用レイヤー「レイヤー１」のをクリックして非表示にし、図形だけが表示された状態にします。
ガジェットの図形をすべて選択した状態で、自由変形ツールを選択します。
小さなツールパネルが表示されます。
台形のように一辺だけを縮めたい場合は遠近変形ツール❺を選択し、図形のいずれかの角をドラッグします。

台形に変形したことで、イラストに遠近感が生まれました。

⑤ 調整する

オブジェクトの塗りを設定し、必要な部分に厚みをつけるため、下にラインを足すなどして完成です。

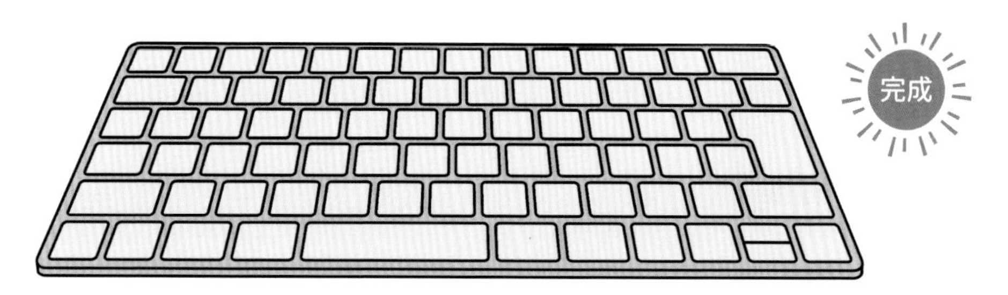

完成

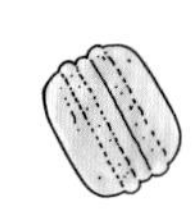
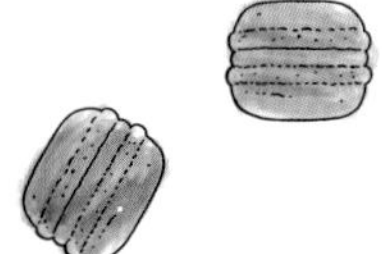
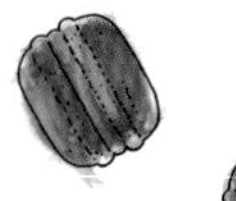
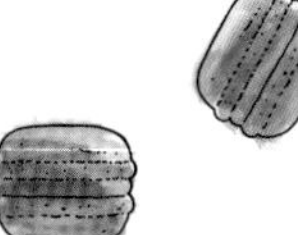

水彩ブラシの重ね塗り表現

071 塗り残しがリアルな水彩風イラスト

ミリペンの線画の上から水彩絵の具で着彩したようなアナログ風イラストを、線も塗りもすべて編集可能なベクターデータで作成できます。

1 線画を描く

「ファイル」メニュー ➡「配置」で下書き1をアートボードに読み込みます。
下書きを参考にしてブラシツールで線を描きます2。
ブラシは「ブラシ」パネルに初めからある「5pt.丸筆」のカリグラフィブラシを3のようにカスタマイズしたものを使用し、アナログで描くミリペンのような雰囲気を出しています。

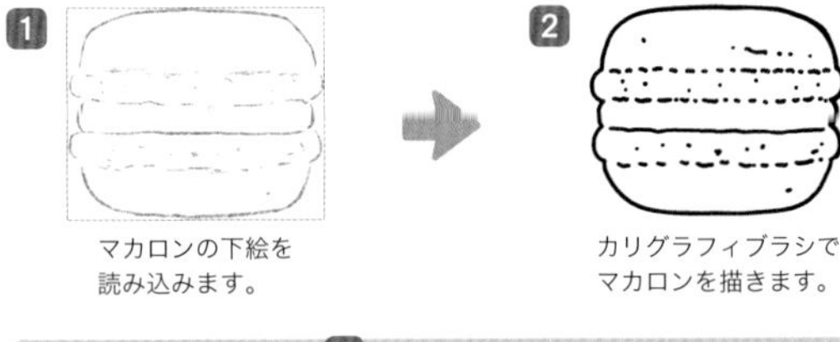

1 マカロンの下絵を読み込みます。

2 カリグラフィブラシでマカロンを描きます。

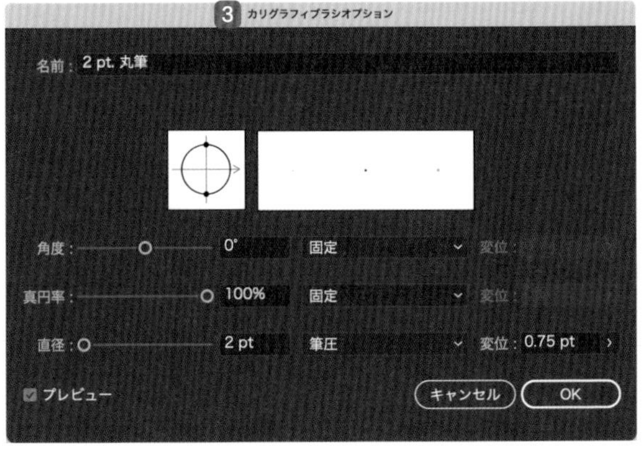

2 オブジェクトを円形に並べる

いろいろな色のマカロンを並べたイラストにしたいので、①で描いた線をすべて選択してグループ化します4。
回転ツールを選択し、option キーを押しながら回転コピーの中心5をクリックします（今回は描いたマカロンの真上の少し離れたところ）。
「回転」ダイアログボックスで「角度」を［60°］6にし、「コピー」7をクリックし回転コピーを作成します。
さらに「オブジェクト」メニュー ➡「変形」➡「変形の繰り返し」（command＋Dキー）を4回実行して60°の回転コピーを4回繰り返します8。
※command＋Dキーは直前の操作を繰り返すショートカットキーです。

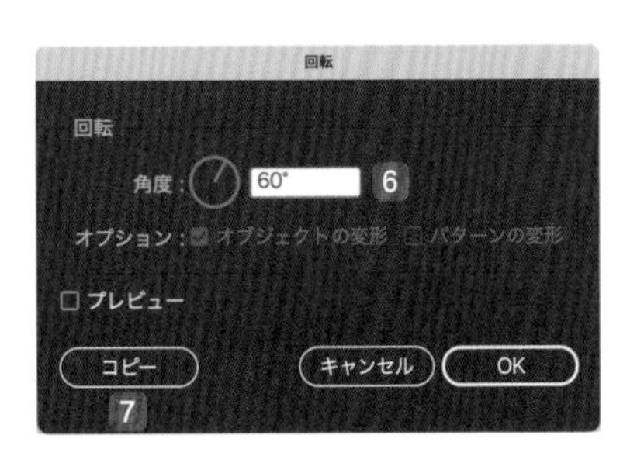

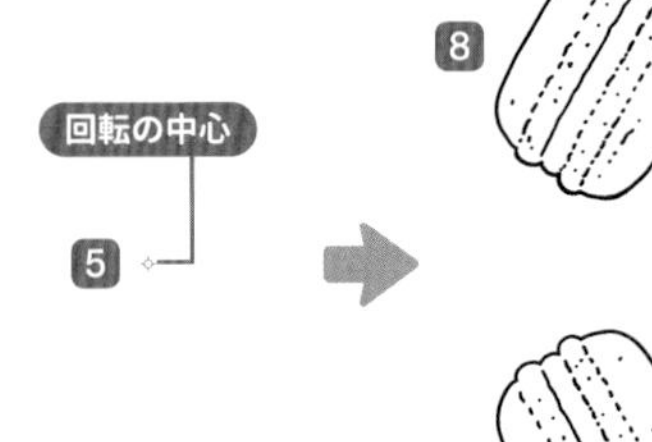

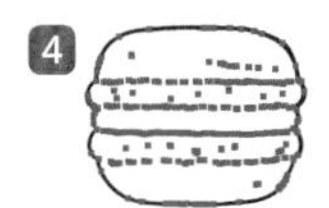

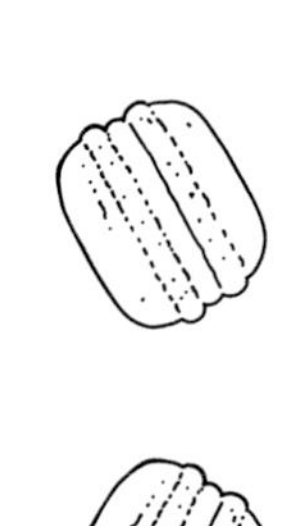

マカロンが6個サークル状に並びました。

③ 水彩ブラシで着色する

「ブラシ」パネル下部の「ブラシライブラリメニュー」 ➡「アート」➡「アート _ 水彩」を選択して「アート _ 水彩」パネルを開き、どれか1つブラシを選択します 9 。
「カラー」パネルで好きなカラーを選択してマカロンの上でフリーハンドで線を引いて着彩します 10 。
「透明」パネルの「描画モード」を「通常」から「乗算」に変更すると、重ね塗りが再現できます 11 。

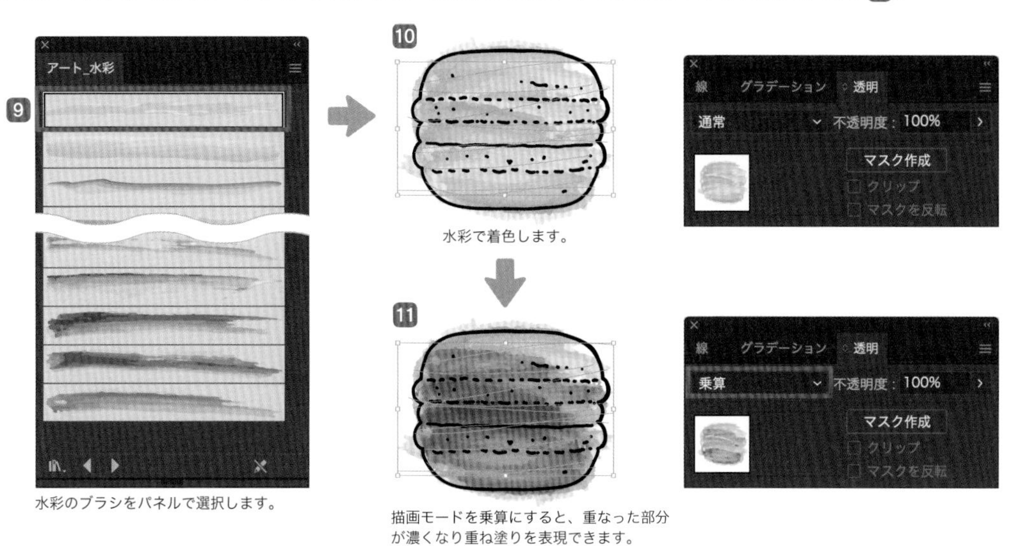

水彩のブラシをパネルで選択します。

水彩で着色します。

描画モードを乗算にすると、重なった部分が濃くなり重ね塗りを表現できます。

④ 他のマカロンも着色する

色を変えて別のマカロンにも着彩していきます。
ブラシで線を複数引いて重ね塗りしたり、描いた線のアンカーポイントをダイレクト選択ツール で修正したり、描いた線を選択して色を調整したりすることができます。

他のマカロンも着色します。

知っ得メモ

①で描いた主線も、着彩で使用した水彩ブラシの線も、どちらも編集可能なベクターデータなので、選択して移動させたり、回転させたりなどの操作が後から自由にできます。

DLデータ sample072.ai

チョークブラシの背景を不透明マスクで抜く

072 押した感じがリアルなかすれたスタンプ

スタンプやハンコを押したときに出るインクのかすれをIllustratorの機能だけで作ります。画像を使わないので、拡大縮小やテクスチャの編集が自由にできます。

1 かすれ加工にするオブジェクトを用意

ベクターデータで作ったスタンプやイラストを用意します1。あらかじめアウトラインに「ラフ効果」(「効果」メニュー ➡「パスの変形」➡「ラフ」) をかけておくと仕上がりが自然になります。

写真などの画像データでも加工可能です。

2 オブジェクトに不透明マスクを適用

かすれさせたいオブジェクトを選択し、「透明」パネルの「マスク作成」2をクリックして不透明マスクにします。

「透明」パネルの「マスク作成」をクリックします。

不透明マスクが作成され、スタンプがマスクになります。

3 不透明マスクの確認とブラシ設定

「透明」パネルでオブジェクトの右側にある黒のマスクサムネール3をクリックすると、「レイヤー」パネルが不透明マスクを編集する表示に変わります4。

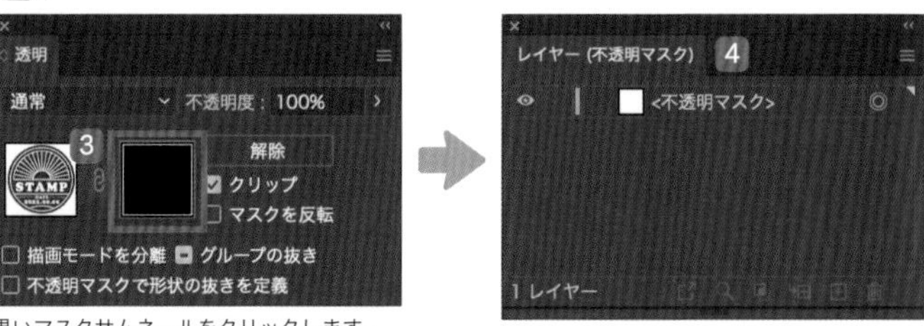

黒いマスクサムネールをクリックします。

「ブラシ」パネル左下の「ブラシライブラリー」5をクリックして「アート」➡「アート＿木炭・鉛筆」を選択し「アート＿木炭・鉛筆」パネルを表示します。「チョーク」6を選択すると「ブラシ」パネルにチョークが追加されます7。
「ブラシ」パネルに追加されたチョークをダブルクリックし、「アートブラシオプション」ダイアログボックスで「縦横比を保持して拡大・縮小」にチェックを入れます。

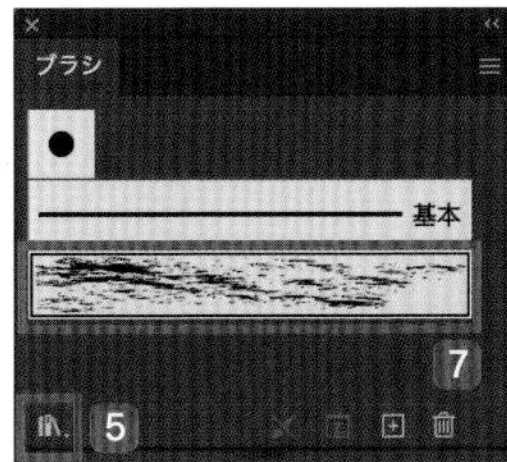

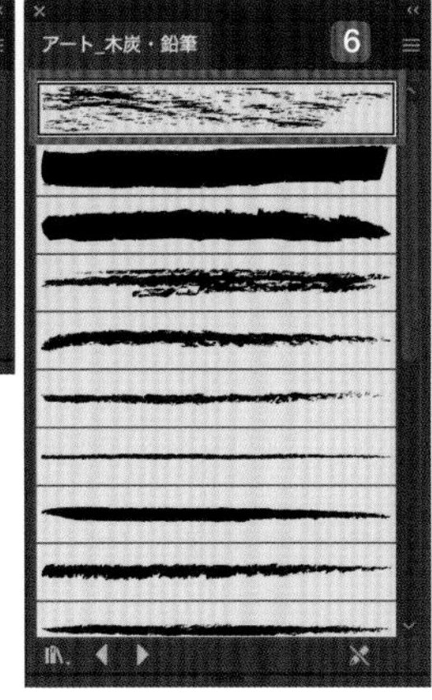

「チョーク」ブラシを
「ブラシ」パネルに追加します。

 ブラシでかすれを描く

ブラシツールで「ブラシ」パネルの「チョーク」を選択し、[線：白][塗り：なし]に設定してフリーハンドで線を引きます8。
かすれ具合を確認しながらランダムに線を引きます。オブジェクトの大きさによって「線」パネルで線幅を変更して調整します。

かすれが大きいところと小さいところのバランスを見ながら調整します。

 かすれを完成させる

ストロークが長くなりすぎないようにランダムに線を引きます9。
好みのかすれ具合になったら、「透明」パネルで左側のオブジェクトの四角10をクリックして通常表示に戻します。
かすれ具合を編集する場合は、③の不透明マスク（右側の四角）をクリックして編集する表示に切り替えます。

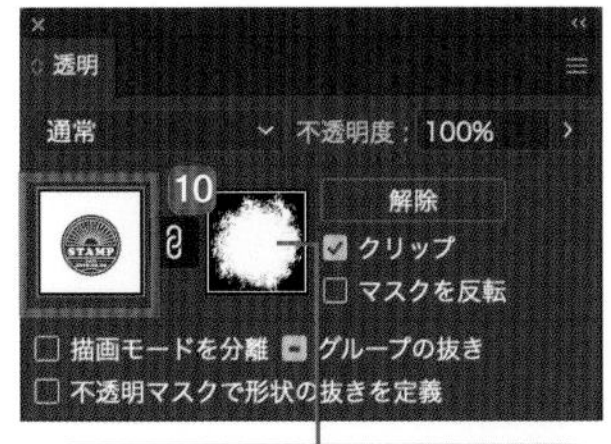

パスを表示した画面です。

「透明」パネルでかすれを作ると、かすれ部分がオブジェクトを透過します。
一度作っておくと別のオブジェクトにも応用ができます。

Part 4

イラストを模様でクリッピング

073 ストライプの中にイラストを潜ませる

ストライプの中にシルエットイラストを隠す方法です。ビジュアルに違和感を持たせることで、見る人の注意を引きつけます。少し遠くから見るとイラストが浮き上がってきます。

DLデータ sample073.ai

1 シルエットイラストを配置する

単色のシルエットイラストを配置します1。
「オブジェクト」メニュー ➡「複合パス」➡「作成」2で、必ず複合パスにしておきます。複合パスは複数のパスを1つのパスとして扱い、パスが重なり合った部分は透明に抜けて表示されます。

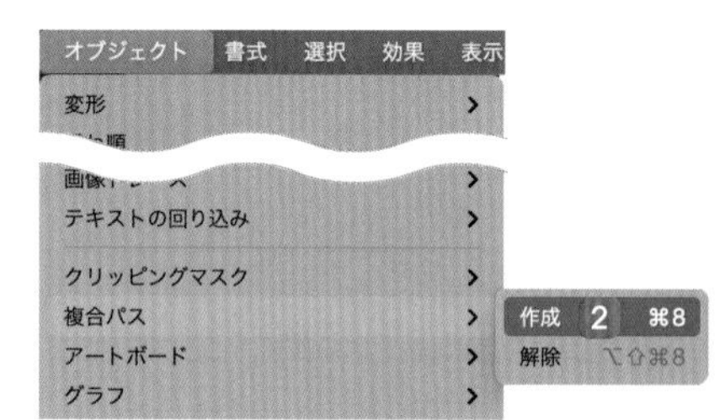

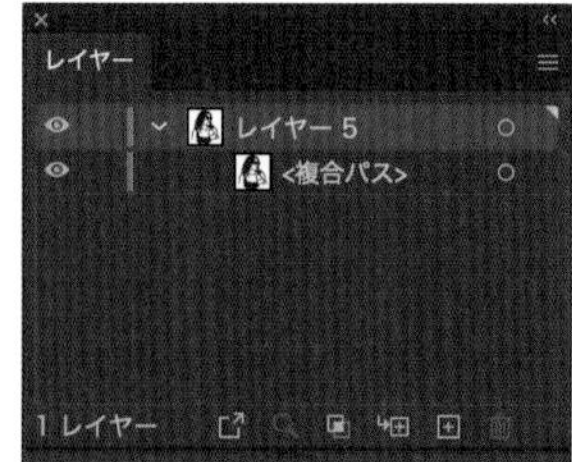

イラストを複合パスにして1つのパスにしておきます。

2 背景用のストライプを作る

ペンツールまたは直線ツールでイラストの上と下に線を1本ずつ描き、「オブジェクト」メニュー ➡「ブレンド」➡「作成」3でブレンドしてイラスト上にストライプを作ります。
ストライプはイラストより後ろに配置します。
線の太さやストライプの間隔は、「オブジェクト」メニュー ➡「ブレンドオプション」でイラストの大きさや完成イメージによって変更してください。

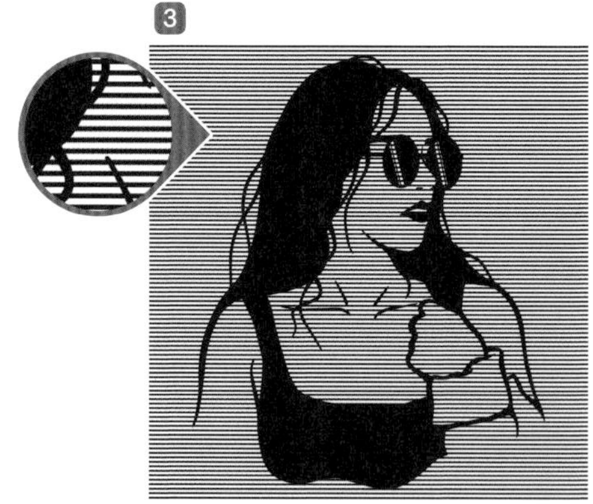
イラストの後ろにブレンドによる横線が表示されました。

③ イラスト用のストライプを作る

②で作ったストライプを「コピー」して「前面へペースト」します。ストライプの間隔は変えずに線を少し太くします 4。

ストライプを前面にペーストし、少し太くします。

④ イラストでストライプをマスクする

イラストと③の上のストライプを選択し、「オブジェクト」メニュー ➡「クリッピングマスク」➡「作成」5 を実行します。

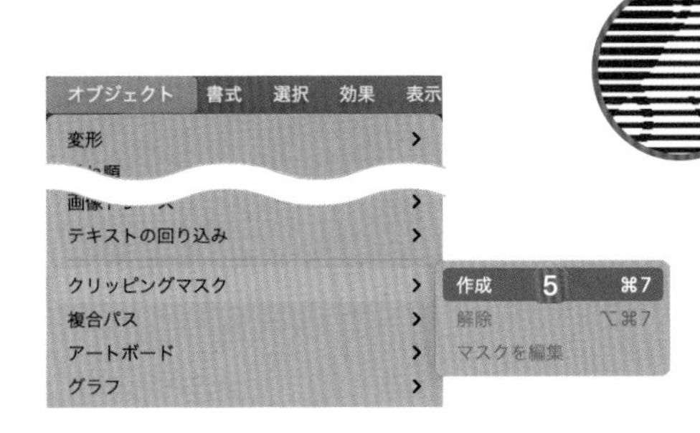

前面の太いストライプでクリッピングされ、太い部分のイラストが見えるようになりました。

⑤ 色や形のアレンジ

完成したら、イラストに合わせてストライプの太さや間隔、色の変更などをして調整します。

丸くトリミングすれば、SNSアカウントのアイコンなどにも使えます。

知っ得メモ

ドットパターンの大小で作ってもおもしろい表現ができます。

DLデータ sample074.ai

ワープツールでイラストを整える

074 手描き風のフラットデザイン

手描きイラストや、Photoshopで描いてイラストを「画像トレース」を使いパスデータに変換します。手描きの風合いを残すことで、柔らかいタッチのイラストが作成できます。

1 イラストを配置

手描きイラストや、Photoshopで描いたイラストを「ファイル」メニュー ➡「配置」を行い、アートボードに配置します。

※グレースケールでイラストレーター状に配置します。今回はPhotoshopで描いたグレースケールのイラストを使用します。

手描きイラストをアートボードに配置します。

2 イラストを画像トレース

「ウィンドウ」メニュー ➡「画像トレース」を選択して「画像トレース」パネルを開きます1。
イラストを選択した状態で数値を右のように設定し、「ホワイトを無視」にチェックを入れ2、トレースします3。
プレビューを見ながら好みの風合いになるように調整しましょう。
トレースした画像を選択して「オブジェクト」メニュー ➡「画像トレース」➡「拡張」を選択し、パスデータへ変換します4。

アピアラン 1 画像トレース リンク
プリセット：カスタム
表示：トレース結果
カラーモード：白黒
パレット：限定
しきい値：128（少なく／多く）
▼詳細
パス：50%（低／高）
コーナー：75%（少なく／多く）
ノイズ：25 px（1／100）
方式：
作成：☑ 塗り ☐ 線
線：
オプション：☑ 曲線を直線にスナップ
2 ☑ ホワイトを無視
パス：0　カラー：0
アンカー：0
☐ プレビュー　3 トレース

調整の際はチェックを入れましょう

「画像トレース」は背景部分もトレースされるため、チェックのオン／オフで背景をトレースするかどうかを設定できます。

4

手描き線がパスデータになりました。

3 罫線なしのイラストへ

罫線なしのイラストにするため、罫線の内側をグループ選択ツールで選択し5削除します。削除後、カラーを好きな色に変更しましょう6。

5

内側の白い面オブジェクトを選択し削除します。

6

クマの頭部に塗りを設定します。

4 ワープツールでイラストを調整

ワープツール をダブルクリックし「ワープツールオプション」ダイアログボックスを開き、「単純化」のチェックを外します7。「単純化」オフでパスのアンカーポイントが数多く作成されてワープ変形します。
ワープツール を使い、形・バランスを整えていきます。

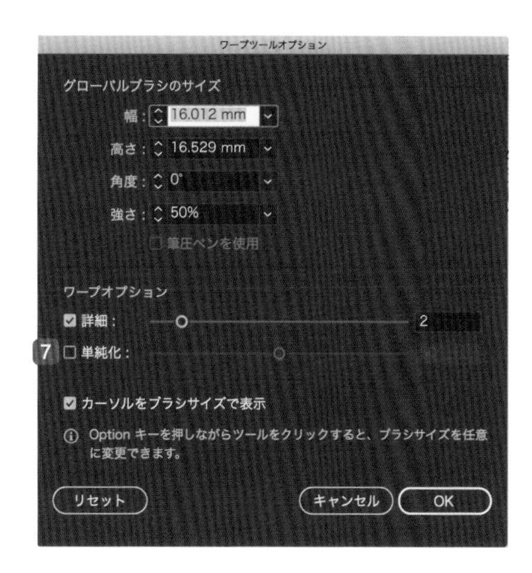

「単純化」のチェックを外すのを忘れずに！

5 「中マド」でくり抜く

最後に、クマのベースの橙色の部分と毛並みを選択し、「パスファインダー」パネルの「中マド」 8 で抜けたデータにします。

「中マド」を使うと、簡単に複数のパスをくり抜けます。

Part 4

DLデータ sample075.ai

自作のブラシでかすれ風のテクスチャを作成

075 塗りに適用するかすれ風テクスチャ

ベタ塗りが単調なときは、アナログ風のかすれの表現を擬似的に再現することで味を出すことができます。ベクターのブラシを使用すると、後からの調整も簡単です。

1 イラストを用意する

塗りと線で構成されたイラストを用意します。主線はなくても良いですが、今回は黒の主線入りのイラストにしました1。

黒の主線で描かれたイラストを用意します。

2 ブラシを作成する

かすれ風のブラシを作成するため、鉛筆ツール を使って4種類ほどの不定形の形状を描きます2。
それらを option キーを押しながらドラッグ&ドロップで複製移動し、図のように配置します3。

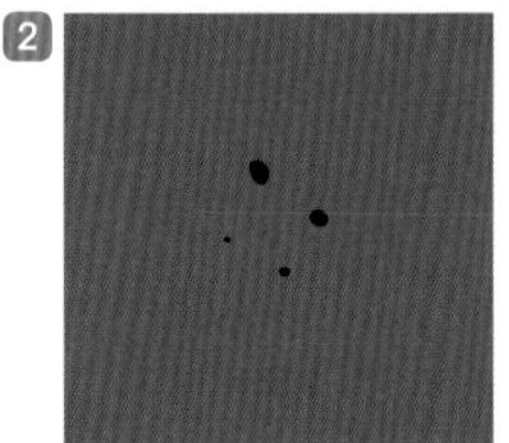

4つの不定形の形状を描きます。

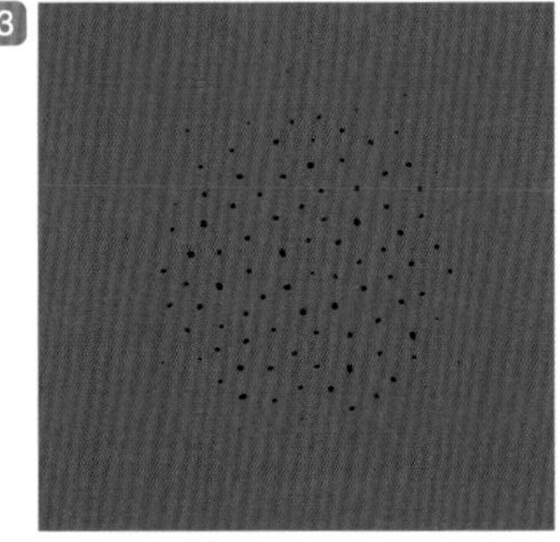

鉛筆ツール で描いた円を丸く配置しました。

3 作ったブラシを登録する

②で作ったオブジェクトをすべて選択し、「ブラシ」パネル下部の「新規ブラシ」 をクリックします。
「新規ブラシ」ダイアログボックスが開くので「散布ブラシ」4を選択して「OK」5をクリックすると、「散布ブラシオプション」ダイアログボックスが開きます。
「間隔」を「ランダム」にして［10%］から［30%］を指定し6、「回転」も「ランダム」にして［-180°］から［180°］までを指定します7。
続いて「着色」の「方式」で「彩色」8を選択して「OK」9をクリックすると、「ブラシ」パネルにブラシが登録されます10。

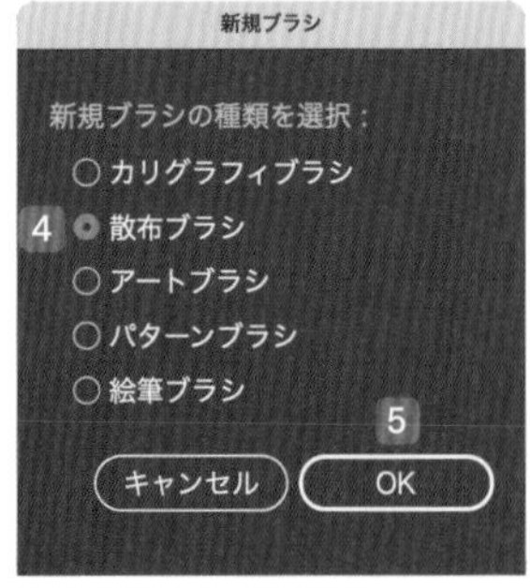

新規の散布ブラシを作ります。

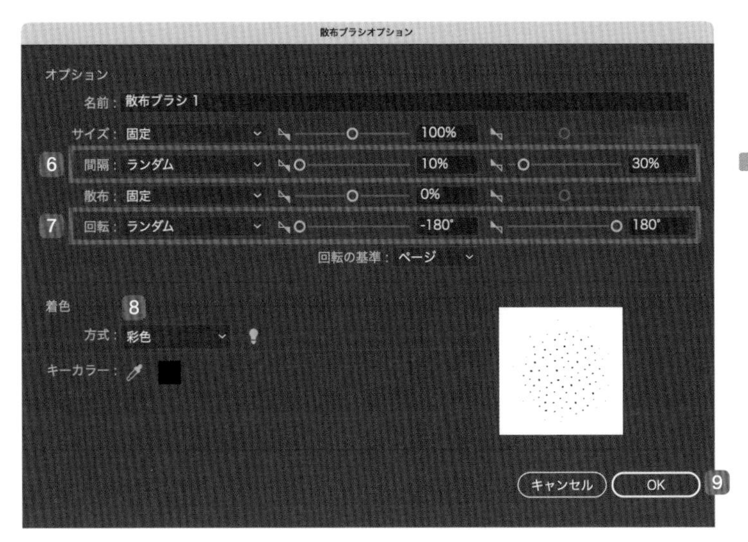

散布ブラシとして登録できました。

「間隔」を「ランダム」にして[10%]～[30%]を指定し、「回転」も「ランダム」にして[-180°]～[180°]までを指定します。
「着色」は「彩色」にします。

④ かすれ線を加える

選択ツール でかすれ加工をつけたい塗りのオブジェクトを選択し、ツールパネル下部の「描画方法」 11 をクリックして「内面描画」12 を選択します。
「ブラシ」パネルで③で登録したブラシを選択し、線のカラーを白にして、ブラシツール でオブジェクトの境界線あたりに線を引くと、かすれのような線が描画されます13。
塗りの色と馴染ませるために、「透明」パネルで「不透明度」14 を下げます。
「線」パネルで線幅もお好みで調整します15。

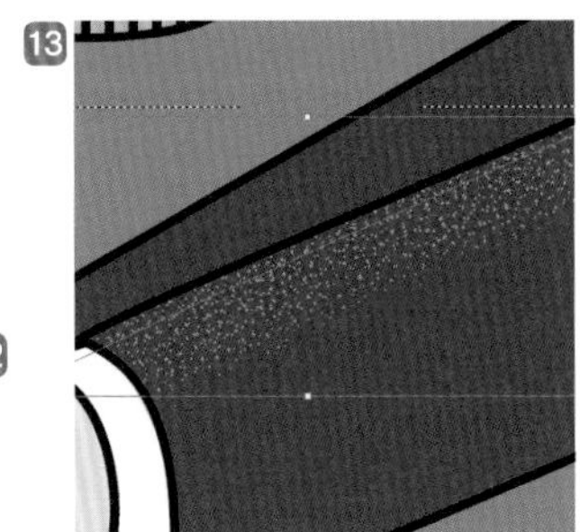

腕の上側にかすれ線が加わりました。

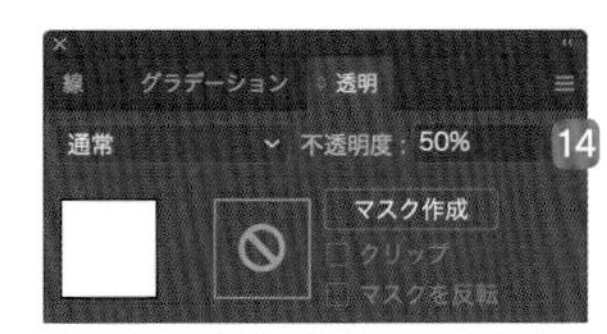

かすれ線の不透明度を50%にしてなじませます。

完成

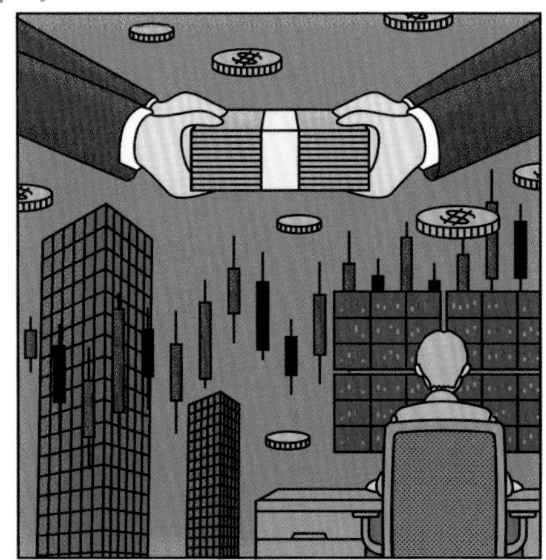

知っ得メモ

④ではブラシのカラーを白にして「不透明度」を少し下げたものを重ねたので明るくなりましたが、カラーを黒やグレーにして「透明パネル」で描画モードを「乗算」にし、「不透明度」をやや高めにすることで影のような表現も再現できます。

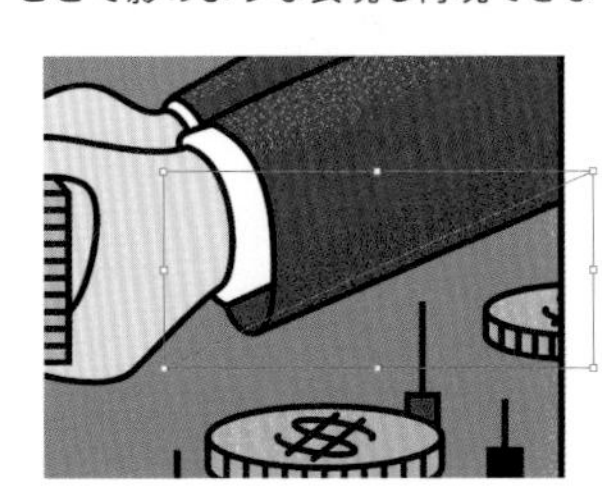

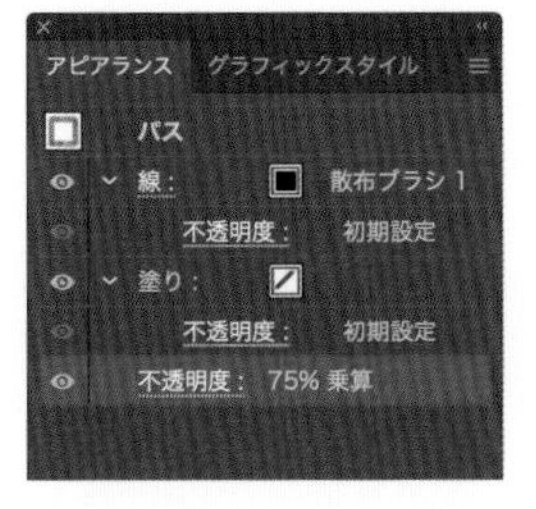

Illustratorでトレースしてラフ効果で手描き感を+

076 手描きのイラストをパスデータにする

手描きのイラストやPhotoshopで描いたイラストを、Illustratorでトレースしていきます。ラフの効果を加え、レトロな雰囲気に仕上げていきます。

DLデータ sample076.ai

1 ペンツールでトレースする

手描きイラストや、Photoshopで描いたイラストを「ファイル」メニュー ➡「配置」でアートボードに配置します1。
ペンツールを使ってイラストをトレースしていきます2。

2 イラストを調整する

トレースが完了したら、線幅や塗りを加え、ハチワレの猫に仕上げていきます。

3 パスをアウトライン化する

仕上げたイラストをすべて選択し、「オブジェクト」メニュー ➡「パス」➡「パスのアウトライン」を選択して、パスをアウトライン化します3。

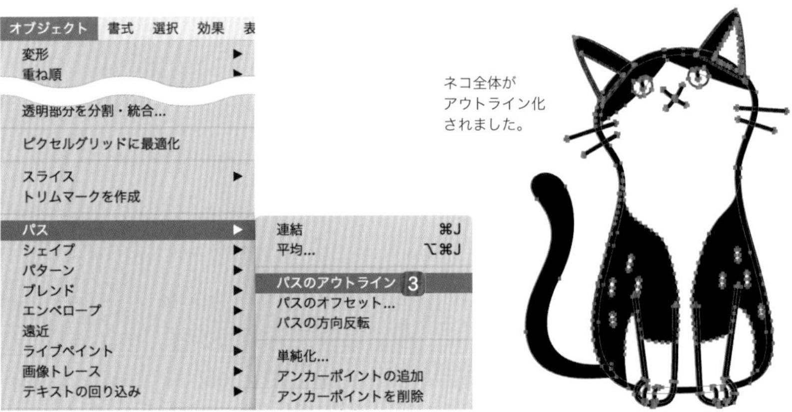

4 パスファインダーで黒塗り一色にする

アウトライン化したイラストを選択して「パスファインダー」パネルの「刈り込み」をクリックし4、黒い部分をグループ選択ツールで選択します5。
「選択」メニュー ➡「共通」➡「カラー(塗り)」を選択して6、共通の黒い塗りを選択します。
そのまま「コピー」して黒塗りのオブジェクトのみを「前面へペースト」します。
ペーストが完了したら、「パスファインダー」パネルで「合体」7します。

共通の塗りを選択させるためのものなので、
選択するのは一部分でOKです。

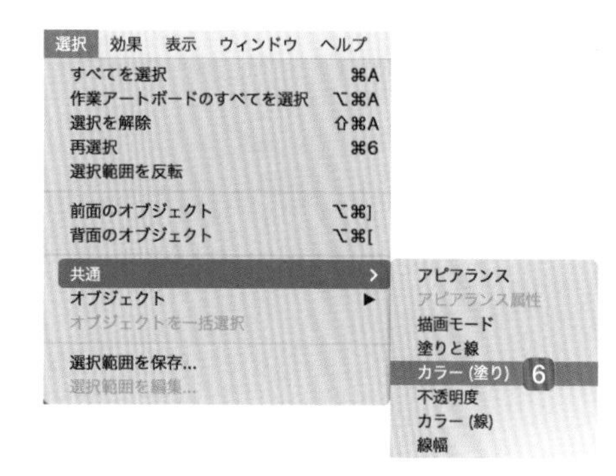

5 ラフ効果を加えて手描きの雰囲気にする

すべてを選択し、「オブジェクト」メニュー ➡「複合パス」➡「作成」を選択して複数のパスを1つのパスにします。重なり合った部分は透明に抜けます。
最後に「効果」メニュー ➡「パスの変形」➡「ラフ」を選択して、「ラフ」ダイアログボックス8で輪郭をギザギザにして完成です。

※数値は参考です。オブジェクトのサイズによって好みの数値に調整してください。

シンボルを登録して花群れスプレーで描画する

シンボルスプレーで簡単に桜の花を表現

DLデータ sample077.ai

1枚の花びらを描いて回転・複製し、シンボルに登録すれば、シンボルスプレーで手軽に桜の花が描けます。

1 花びらと雄しべを描く

ペンツールで花びらのイラスト1と雄しべのイラスト2を作ります。
「グラデーション」パネルで「種類」を「線形グラデーション」3にし、花びらのカラーを[M:62 Y:30]から[M:30 Y:15]4、雄しべのカラーを[ホワイト]から[M:10 Y:56]5のグラデーションに設定します。
花びらと雄しべのオブジェクトを選択して「効果」メニュー ➡「パスの変形」➡「ラフ」6を選択し、「ラフ」ダイアログボックス7で花びらにギザギザ効果を適用します。

左が花びら、右が雄しべです。

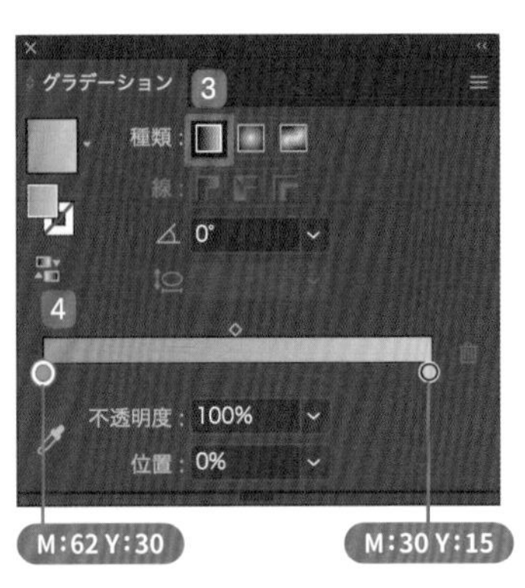

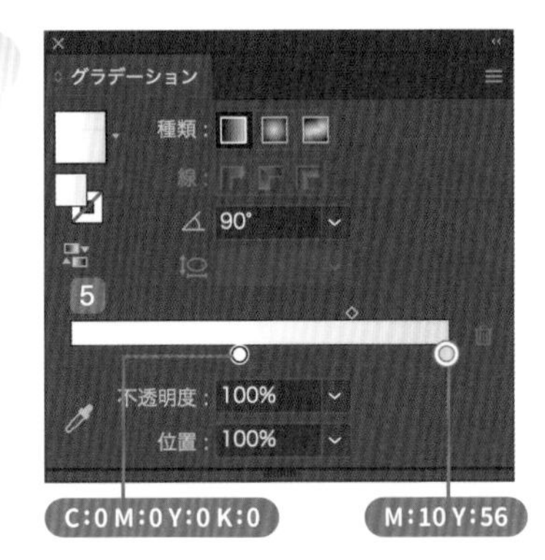

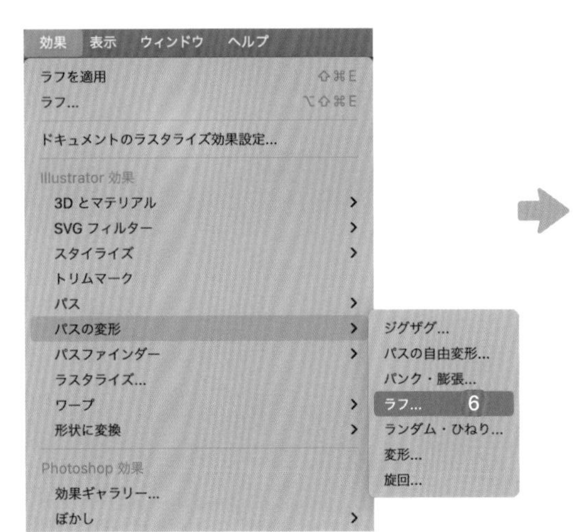

花のパーツそれぞれにグラデーションをかけました。

2 回転させて複製する

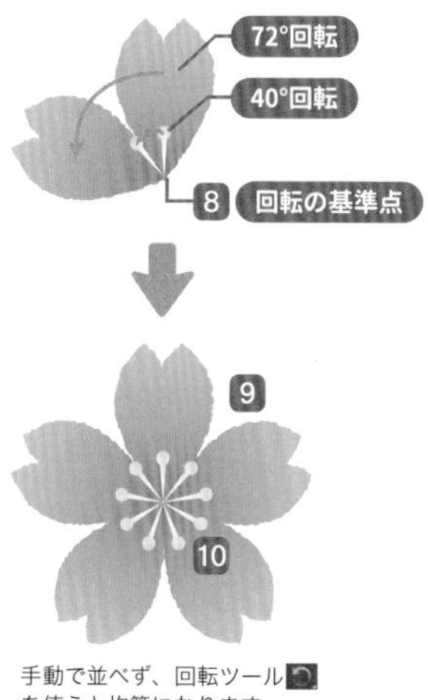

手動で並べず、回転ツールを使うと均等になります。

バランスを見ながら花びらと雄しべの大きさを決め、両方選択して下中央で揃えておきます。
花びらを選択し、回転ツールで花びらの下中央8を(option)キー+クリックします。「回転」ダイアログボックスが開くので、「角度」を設定して「コピー」をクリックすると1つコピーされます。
「オブジェクト」メニュー ➡「変形」➡「変形の繰り返し」((command)+(D)キー)をして花びらを複数回転させ桜の花を作ります9。
雄しべも同じように複製していきます10。
※(command)+(D)キーは直前の操作を繰り返すショートカットキーです。

3 シンボルに追加する

②で作った桜の花を、「シンボル」パネルにドラッグしてシンボルに登録します11。
シンボルに設定した桜を選択し、シンボルスプレーツール12を選択してドラッグし、花のかたまりを描いていきます13。

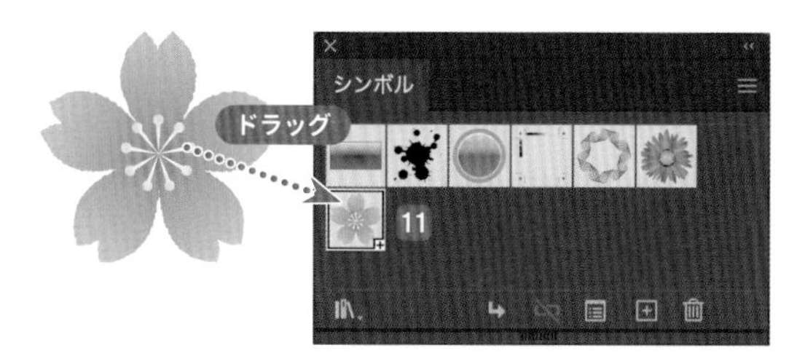

シンボルスプレーツールでドラッグして描きます。

4 花の色や傾きを変える

シンボルスプレーツールを長押しして表示されるシンボルスクランチツール14を使い、花びらの向きをランダムに変えていきます。
次に、シンボルスクリーンツール15で奥にある花の色を薄くしていきます。

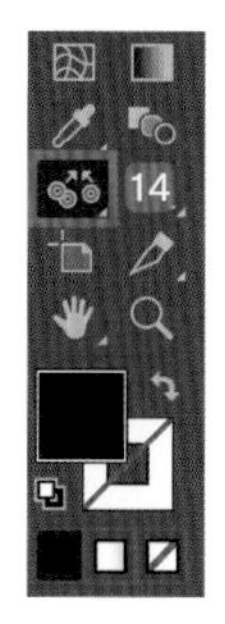

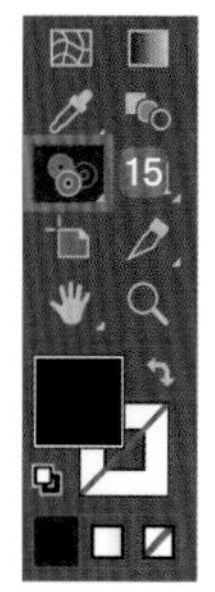

自然な配置や色になるよう整えます。

5 枝を足す

桜の花のかたまりを複数作り、最後に枝のイラストを加えたら完成です。

Part 4

手描きの三角形を並べたメッシュイラスト

078 写真トレースで簡単ポリゴンイラスト

ポリゴン風のイラストの作り方です。フリーグラデーションを使ってランダムに混じり合った色を適用し、バーチャル空間にいるようなイラストを作ります。

DLデータ sample078.ai

1 写真をベースに三角形を描く

元になる写真を用意し、不透明度を下げてトレースしやすくします。
「表示」メニュー ➡「スマートガイド」をオンにし、ペンツールで塗りなしで線だけのクローズパスの三角形を複数接するように描いていきます 1。

知っ得メモ

商用利用する場合は自分で撮影した写真や、権利関係をクリアしているフリー素材などを使いましょう。

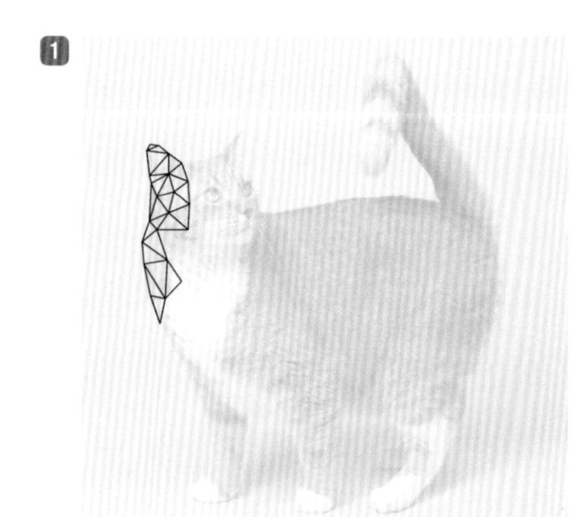

素材写真の凹凸も意識しながら描いていくと、立体感が増します。

2 イラストを描き進めていく

三角形のサイズや角度を変えながら描き進めます。全体を描かずに部分的に塗りにしました 2。

鼻先やつま先など、手前に出ている部分の三角を小さくすると、奥行きがでます。

3 線と塗りを分ける

三角形のオブジェクトをすべて選択し、「コピー」しておきます。
選択したまま「パスファインダー」パネルで「合体」を選択をして、1つの塗りのみのオブジェクトにします 3。

「パスファインダー」パネルで「合体」し、適当な色で塗りつぶします。

④ フリーグラデーションで着色する

グラデーションを適用したいオブジェクトを選択し、「グラデーション」パネルを表示させ、「種類」の「フリーグラデーション」 4 を選択します。
グラデーションの基点にしたい場所をクリックしてポイントを作ります 5 。
ポイントをダブルクリックして 6 色を設定します。
いくつかのポイントを作りドラッグして、グラデーションの分布を調整します 7 。
ポイント外側にある点線の円の◉をドラッグして、分布量を調節できます。

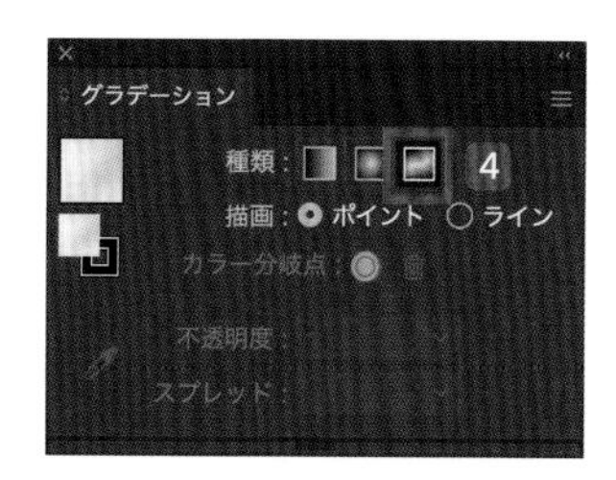

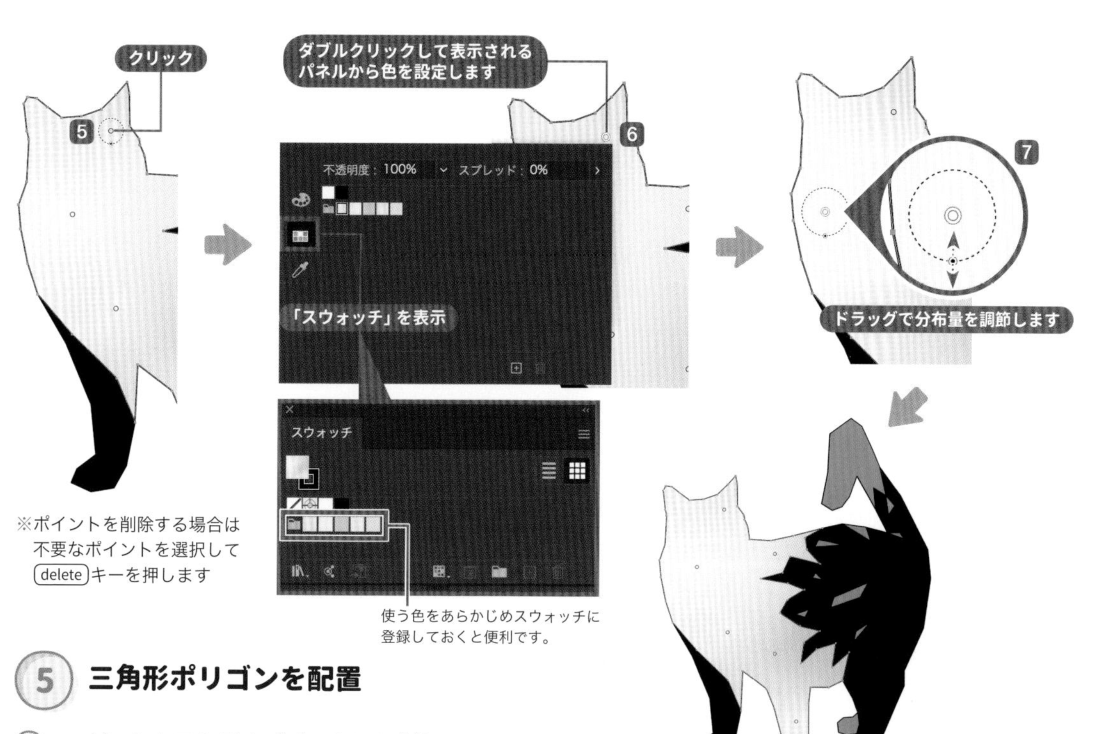

※ポイントを削除する場合は不要なポイントを選択して delete キーを押します

使う色をあらかじめスウォッチに登録しておくと便利です。

⑤ 三角形ポリゴンを配置

③でコピーした三角形オブジェクトを「前面へペースト」します 8 。
描いた三角の塗りはないので、フリーグラデーションの上にポリゴンが表示されます。
線幅やグラデーションの調整をして完成です。

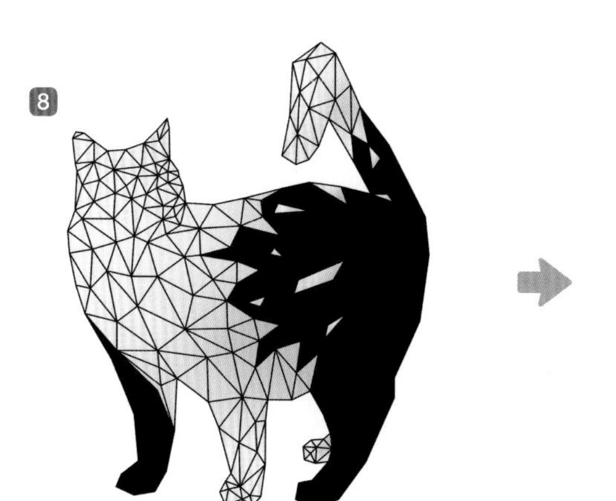

Part 4

楕円や長方形を合体・型抜きで作るカップ

DLデータ sample079.ai

079 図形の合体や型抜きでカフェアイコンを作る

基本的な図形の組み合わせや、図形と図形の合成・型抜きを駆使することで、さまざまなアイコンが作れます。ここでは、カフェのアイコンを作ってみましょう。

1 カップのパーツを作る

「表示」メニュー ➡「スマートガイド」をオンにします。
楕円形ツール や長方形ツール を使ってコーヒーカップのパーツとなる図形を描きます1。
カップの上面・底面となる楕円の左右のアンカーポイントは、側面となる長方形の角とぴったり合わせます。

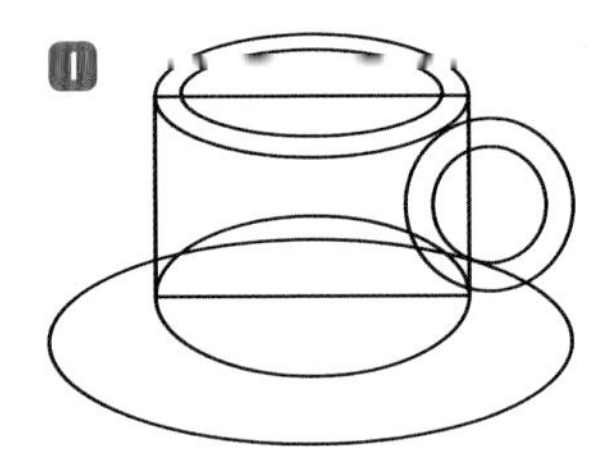

基本図形だけでカップの形を作りました。

2 図形を合体させ塗りを設定する

カップの上面・側面・底面のオブジェクトを3つ選択し、「パスファインダー」パネルにある「合体」 2を選択すると、3つの図形が1つの筒状オブジェクトに合体されます3。
すべてのオブジェクトの塗りカラーを設定します4。

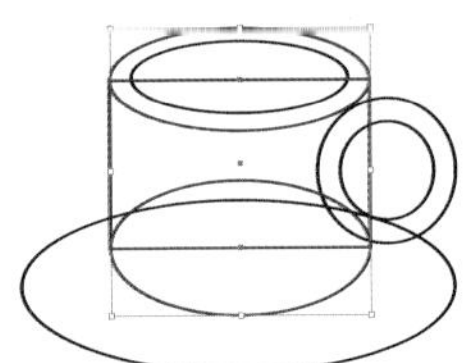

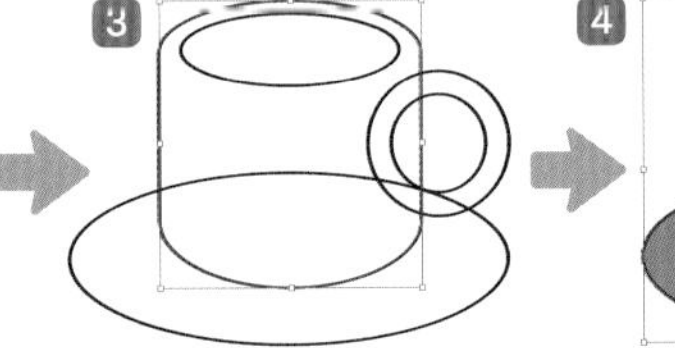

カップ本体とソーサーができました。

3 カップのハンドルを作る

カップのハンドルとなる2つの円のうち内側の円が前面にあり見えていることを確認し両方を選択します5。
「パスファインダー」パネルで「前面オブジェクトで型抜き」 をクリックして、ドーナツ状にくり抜きます6。
②で合体させた筒状の図形とカップ上面の楕円についても、同様の操作でくり抜きます7。

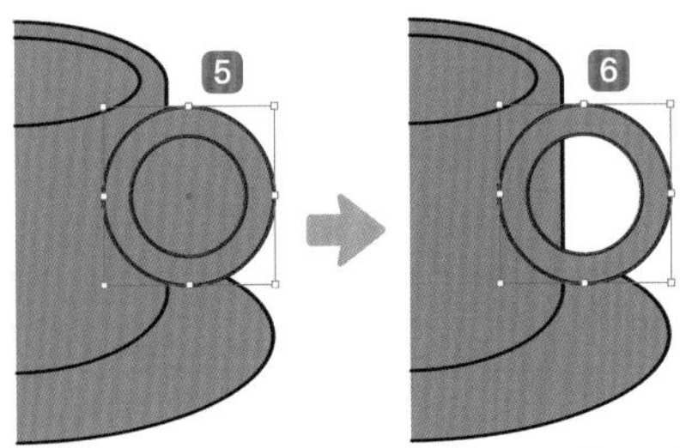

ハンドルをくり抜きます。

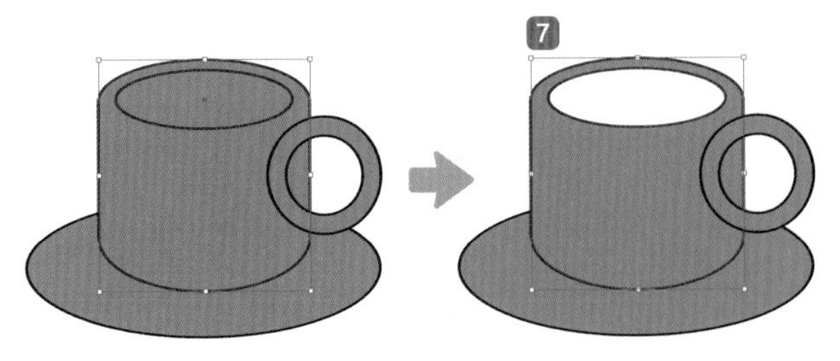

カップ上面をくり抜きます。

4 重なった部分を調整する

ハンドルとカップの重なった部分を消すための長方形を描き、ドーナツ上のオブジェクトと一緒に選択し8、「パスファインダー」パネルの「前面オブジェクトで型抜き」をクリックします。

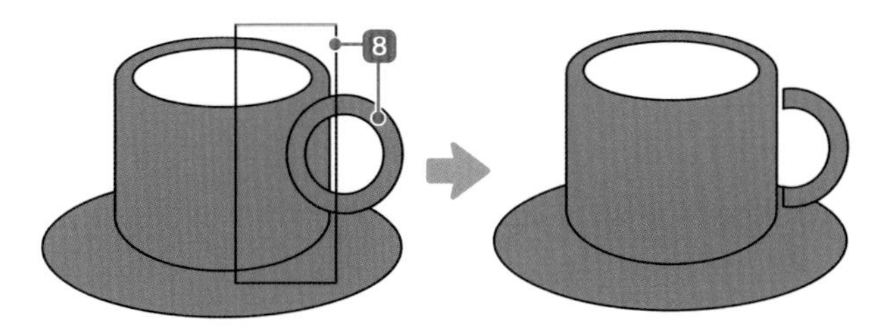

カップ本体のパスぎりぎりに長方形のパスを配置しないと、余分に型抜きされてしまい、持ち手部分が短くなってしまいます。

5 画像をくり抜く

カップの本体とハンドルの2つのオブジェクトを選択し、「オブジェクト」メニュー ➡「パス」➡「パスのオフセット」を選択しダイアログボックスで「オフセット」の値を調整して9、「OK」をクリックします10。
できたオブジェクトとコーヒー皿のオブジェクトを両方選択し11、「パスファインダー」パネルの「前面オブジェクトで型抜き」でくり抜きます12。
最後に線を「なし」にして、文字を追加してアイコンを完成させます。

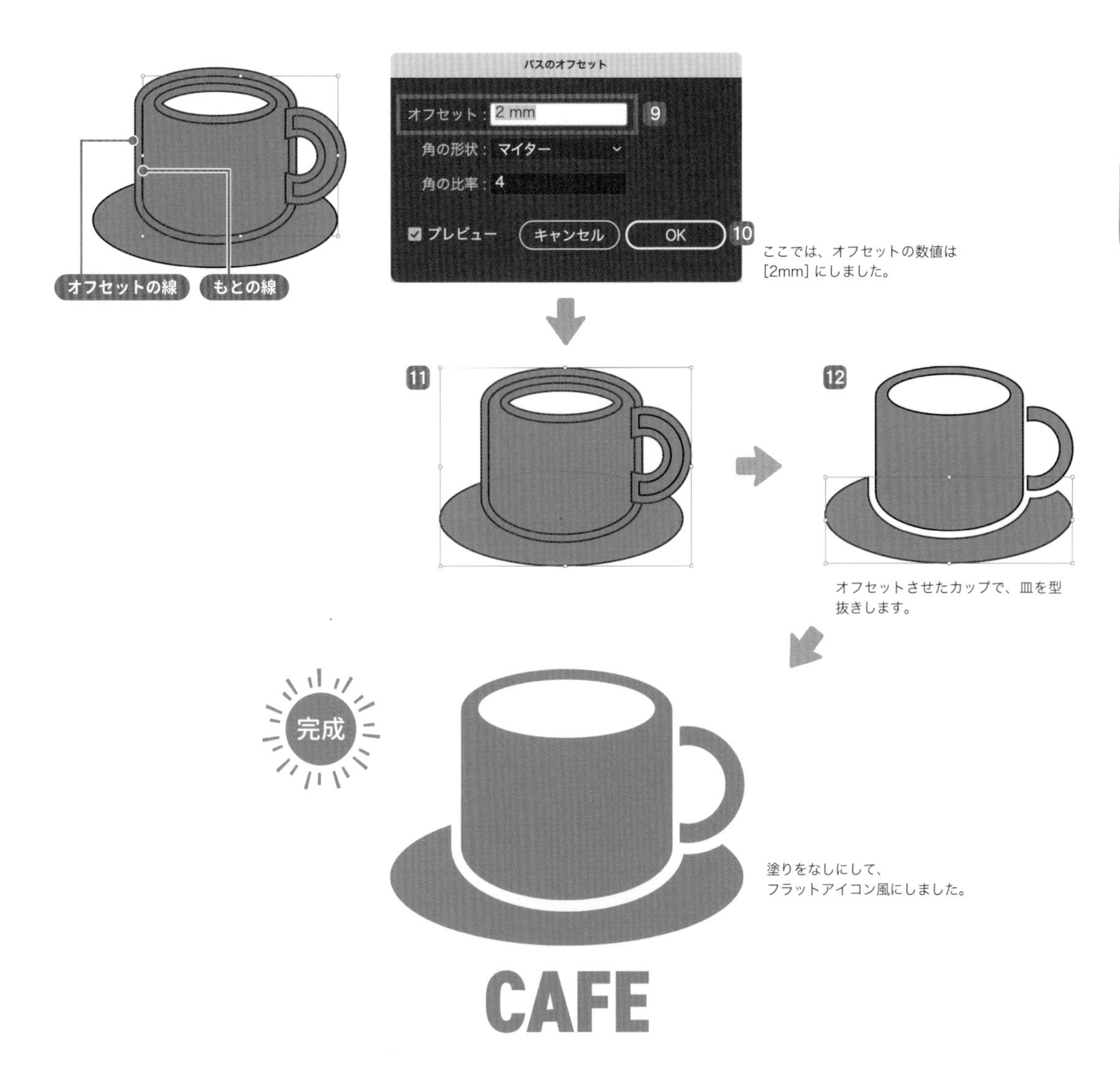

ここでは、オフセットの数値は[2mm]にしました。

オフセットさせたカップで、皿を型抜きします。

塗りをなしにして、フラットアイコン風にしました。

ブレンドツールで葉を量産

080 表彰シーンで使える月桂樹リース

数字を入れてランキングのアイコンにしてみたり、実績をアピールする文字を入れてみたり、いろいろなデザインで幅広く使える月桂樹リースを簡単に自作します。

1 パーツを作る

月桂樹のパーツを作成します。
茎は長方形ツール で細長い長方形を描きます1。
葉は楕円形ツール で楕円形を描き2、アンカーポイントツール 3で突き出ている側の両端のアンカーポイントをクリックして曲線を角に変えます4。
できた葉の形のオブジェクトを2つ複製し、片方は［45°］、もう片方は［-45°］に回転させます。

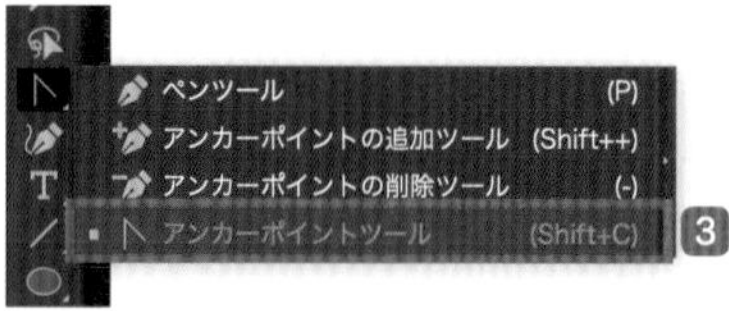

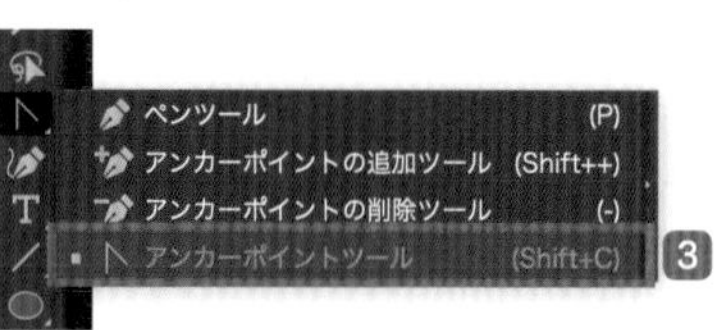

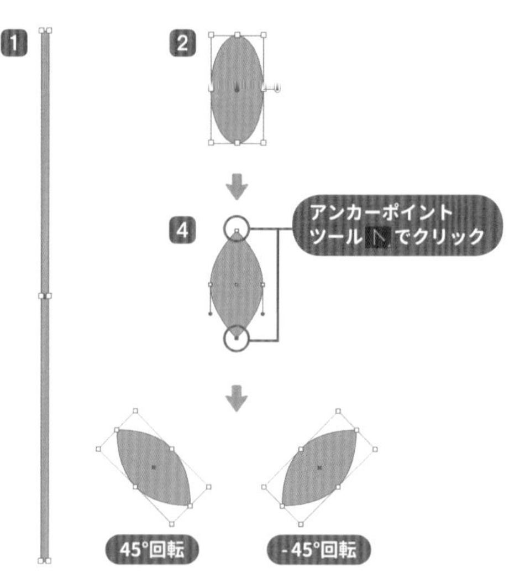

茎と葉のパーツを作ります。

2 複製しながら葉を並べる

①で作ったパーツを、必要に応じて複製しながら並べていきます。
枝先の葉は少し縮小し、一番根元側の葉はそれより少し大きめにします。間に8〜9個ぐらい葉が並ぶスペースを確保しておきます。
ブレンドツール をダブルクリックして「ブレンドオプション」ダイアログボックスを表示させます。
「間隔」を「ステップ数」5に、その横の数値を［8］から［9］6くらいにして「OK」7をクリックし、そのまま右側の上の葉と右側の下の葉を順にクリックします。
すると2つの葉が設定したステップ数の葉で補完されます8。

葉を上下に配置しブレンドします。

③ 葉の並びを整える

ブレンドが完了したら、「オブジェクト」メニュー ➡「分割・拡張」を選択し、ダイアログボックスで「オブジェクト」にチェックを入れて「OK」をクリックします。
オブジェクトが拡張されたら、グループ化を解除します。
枝の先になるほど葉と葉の間隔が広くなっているので、「整列」パネルの左下にある「垂直方向等間隔に分布」9で間隔を均一化させます。
片側の葉も同じように作成します。

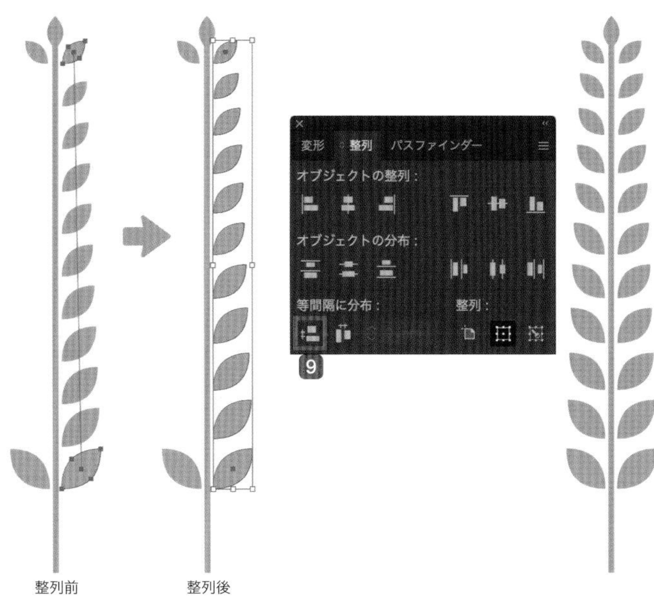

④ 伸縮するアートブラシとして登録する

オブジェクトをすべて選択して「ブラシ」パネル下部の「新規ブラシ」をクリックし、「新規ブラシ」ダイアログボックスで「アートブラシ」10を選択して「OK」11をクリックします。
「アートブラシオプション」ダイアログボックスが開くので「ブラシ伸縮オプション」の「ガイド間で伸縮」12を選択し、左下の点線部分をドラッグして調節します13。
葉のない枝の部分だけを伸縮させるように設定し、「OK」14をクリックすると「ブラシ」パネルに登録されます15。

新規ブラシ
新規ブラシの種類を選択：
○ カリグラフィブラシ
○ 散布ブラシ
10 ◎ アートブラシ
○ パターンブラシ
○ 絵筆ブラシ
11
キャンセル　OK

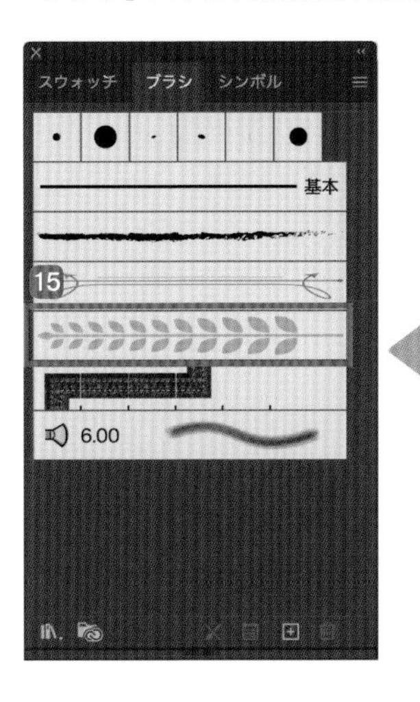

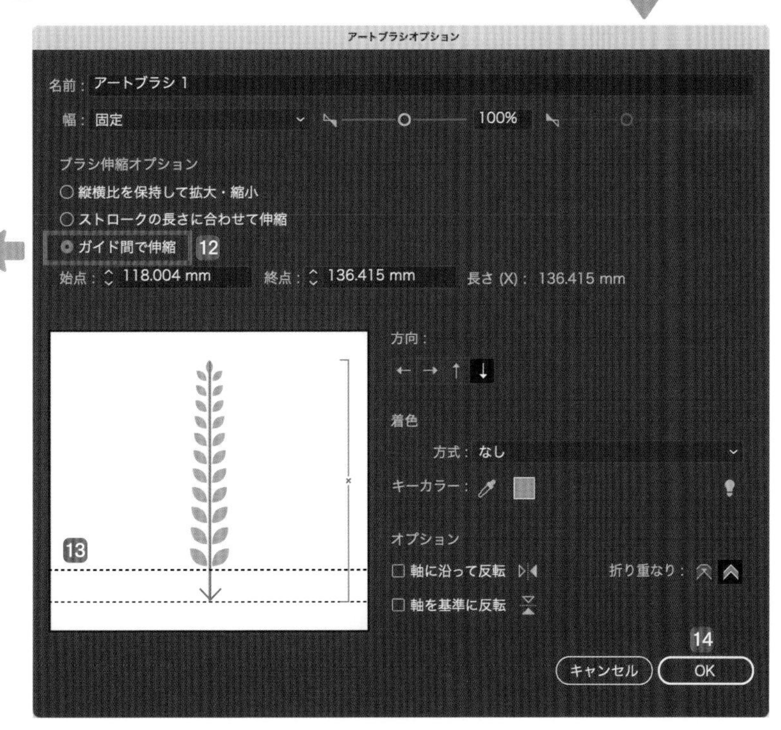

5 リースの形に整える

楕円形ツール で塗りのない正円のラインを描き16、はさみツール でリースの片側の長さにカットし、不要な部分を消します17。
「ブラシ」パネルで先ほど登録したアートブラシ18を選択すると、月桂樹のリースの片側ができます19。
できたオブジェクトを複製し、垂直方向に反転させ、少し距離をあけて完成です。

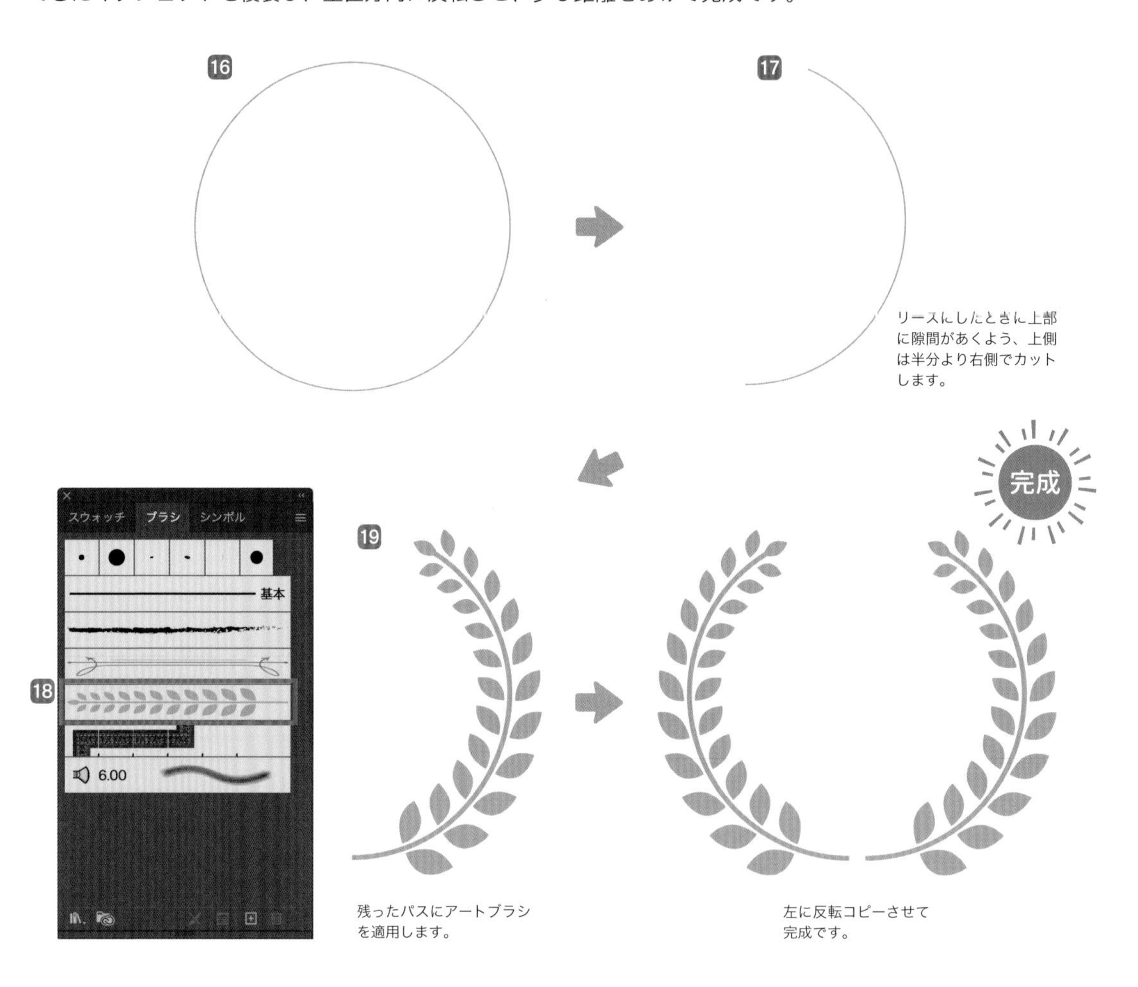

リースにしたときに上部に隙間があくよう、上側は半分より右側でカットします。

残ったパスにアートブラシを適用します。

左に反転コピーさせて完成です。

応用 リースの間にテキストを入れる

月桂樹リースを左右のパーツに分けて配置し、間にテキストを入れることもできます。

全体の線幅を均等比率で太くするワザ

081 イラストの線幅を一気に太くする

イラストを描き終えてから線を全体的に太くしたり細くしたりしたいときは、「個別に変形」という機能を使って線幅だけを拡大・縮小させることができます。

DLデータ sample081.ai

1 個別に変形を選択する

イラストの線の太さを決めるのは「線」パネルの「線幅」ですが、数値による入力なのでバラバラの幅の線をまとめて太くしたり細くしたりすることはできません。
そんなときは、線幅を変えたい線のオブジェクトをすべて選択 1 して、「オブジェクト」メニュー ➡「変形」➡「個別に変形」を選択します。

線幅を変えたいオブジェクトを選択します。

2 数値を入力する

「個別に変形」ダイアログボックスの「オプション」にある「オブジェクトの変形」2 のチェックを外し、「線幅と効果を拡大・縮小」3 にチェックを入れます。
「拡大・縮小」で%指定して線幅だけを太くしたり細くすることができます。
例えば、「水平方向」「垂直方向」ともに [200%] 4 と入力すると、線の太さが2倍になります。「水平方向」「垂直方向」ともに [50%] 5 と入力すると、線の太さが半分になります。

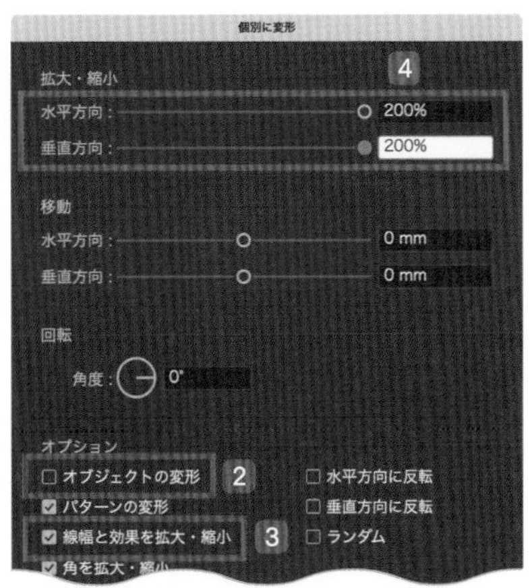

「オブジェクトの変形」のチェックを外し、「線幅と効果を拡大・縮小」にチェックを入れると、オブジェクトは変形せずに、線幅だけを同じ比率で太くできます。

個別に変形
拡大・縮小
5
水平方向：
50%
垂直方向：
50%
移動
水平方向：
0 mm
垂直方向：
0 mm

線幅を細くすることもできます。

Part 4

一発で作るモザイクイラスト

082 レトロゲーム風のピクセルイラスト

ビットマップ画像で作られたイラストやオブジェクトをベクターデータの正方形（ピクセル）で表現する方法。ピクセルのサイズを調整することで雰囲気の異なるイラストを作れます。

DLデータ sample082.ai

1 ベースとなる画像を用意する

ビットマップ画像を配置します。
作業しやすくするために、タテヨコが1：1の正方形の背景を作ります 1 。
背景の塗りは白にしておきます。

1

ビットマップのリンゴイラストの背景に正方形を配置します。

2 背景ごとラスタライズする

正方形の背景とイラストを選択し、「オブジェクト」メニュー ➡「ラスタライズ」2 ➡「ラスタライズ」ダイアログボックス 3 を開き、1枚の画像にします。

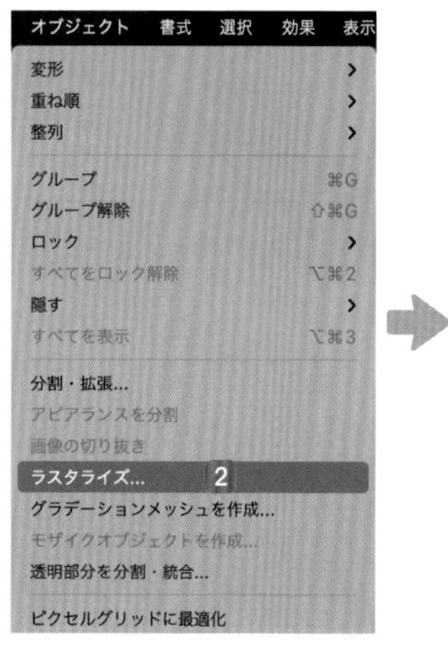

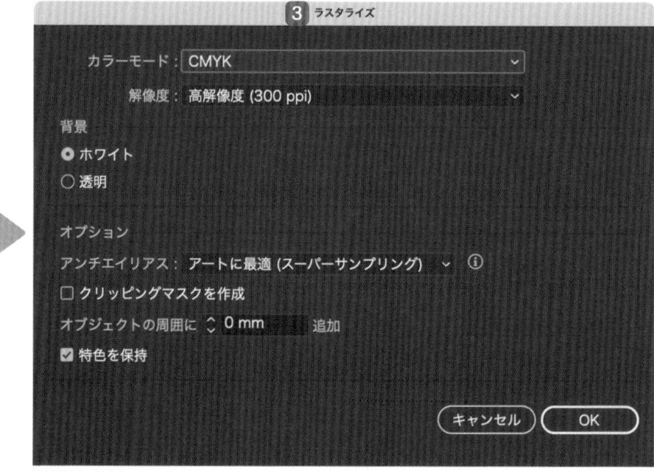

印刷物を想定して、カラーモードはCMYKを選びました。

③ モザイクオブジェクトに変換する

ラスタライズされた１枚の画像を選択し、「オブジェクト」メニュー ➡「モザイクオブジェクトを作成」4を選択します。「モザイクオブジェクトを作成」ダイアログボックス5が開くので画像の大きさに合わせてモザイクタイルの数を設定します6。

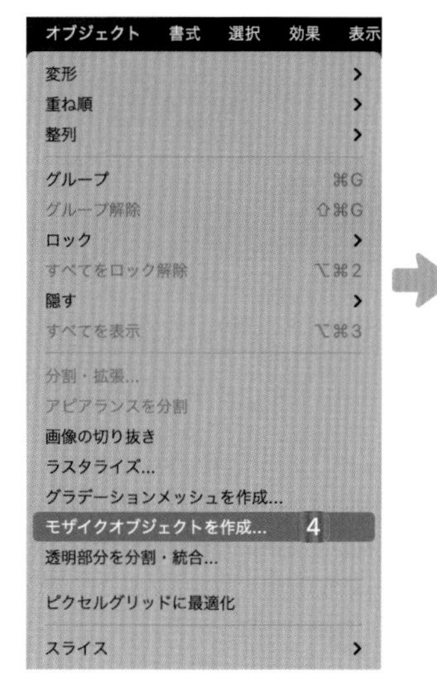

6

知っ得メモ

①で正方形の背景画像を作ったことで、タイルの数がタテヨコ同じになるので計算せずに正方形のモザイクに変換することができます。

④ 背景の不要なピクセルを消去

背景部分のタイルを選択して削除します7。

7

リンゴの周りのタイルは削除します。

⑤ 境界部分の調整

ピクセル化したイラストの境界部分が背景になじむよう、ピクセルの色を変更したり全体の形を調整します。仮の背景を背面に配置すると、オブジェクトの境界を判別しやすくなります8。
調整ができたら仮の背景を消去して、完成です。

8

オブジェクトの数が多いので、グループ化しておきましょう。

スウォッチオプションでスムーズな配色替え

083 色分けしておけば一発でカラー変更

スウォッチオプションを使い、配色変えをスムーズに行う方法です。データ内の同じ色を一括で変更できるため、カラー展開が必要なデザインなどにとても役立つ機能です。

DLデータ sample083.ai

1 イラストの色分け

イラストを用意し、ダイレクト選択ツール で選択します 1 。
「スウォッチ」パネルを開き、選択したカラーをドラッグしてスウォッチに追加します。

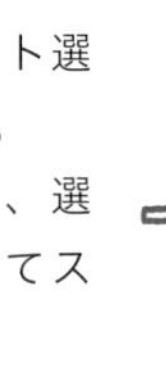

たてがみの色を選びました。

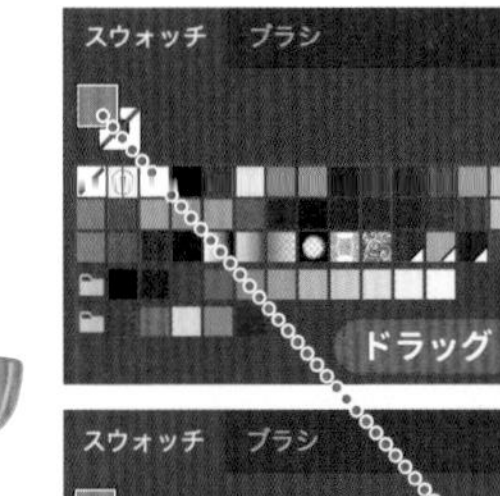

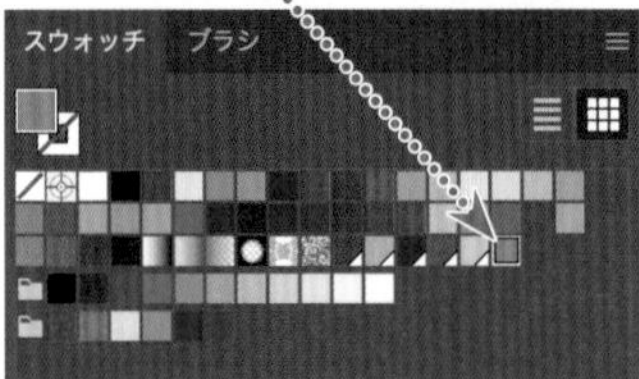

2 グローバルカラーにする

オブジェクトを選択している状態でスウォッチ 2 をダブルクリックし、「スウォッチオプション」パネルを開きます。
パネル内の「グローバル」にチェックを入れます 3 。
グローバルカラーを適用したオブジェクトは、あとからスウォッチオプションで一括カラー変更できます。

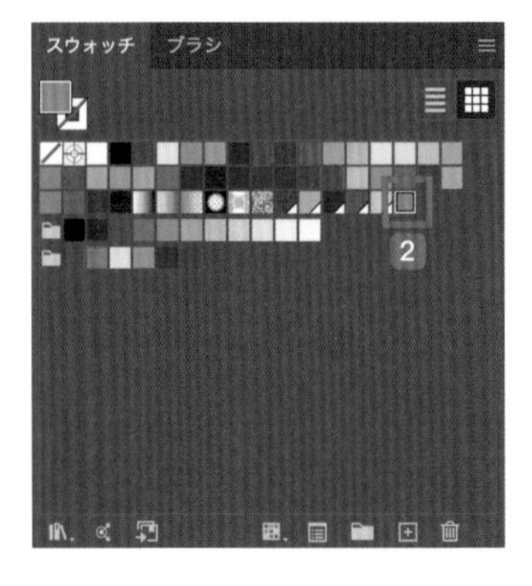

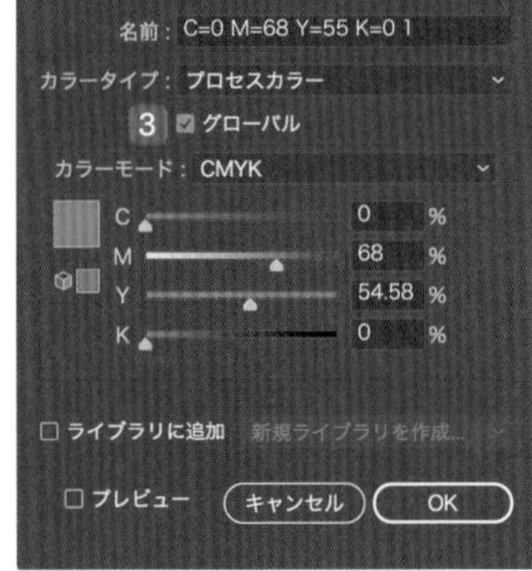

グローバルカラーに設定します。

3 グローバルになっているか確認する

「グローバル」にチェックを入れると、スウォッチに白三角マークが入ります。白三角マークが入ったことを確認したら色を変更できます。

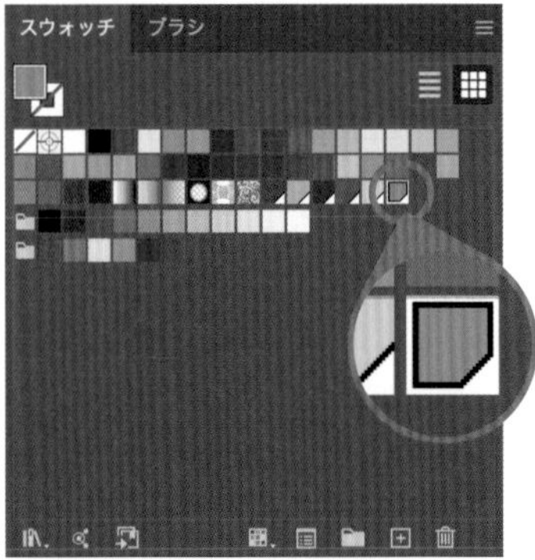

右下に白三角マークが入りました。

カラーを変更する

③で登録したスウォッチをダブルクリックして「スウォッチオプション」パネルを開き、「プレビュー」4 にチェックを入れた状態で、CMYKの数値を変更します。
グローバルカラーなので、適用されているオブジェクトはすべてカラー値が変わります。

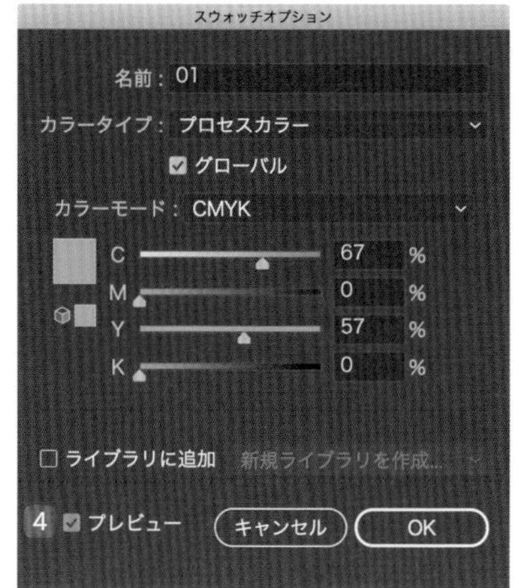

CMYK数値を変更して、好きな色に設定します。

たてがみ同様、その他のパーツの色も変更しました。

知っ得メモ

スウォッチを統合することで、色数を削減することもできます。まず、スウォッチから残したい色を選択します。次に、command キーを押しながら統合したいカラーを選択し、「スウォッチ」パネルのメニュー ➡「スウォッチを統合」を選択します。

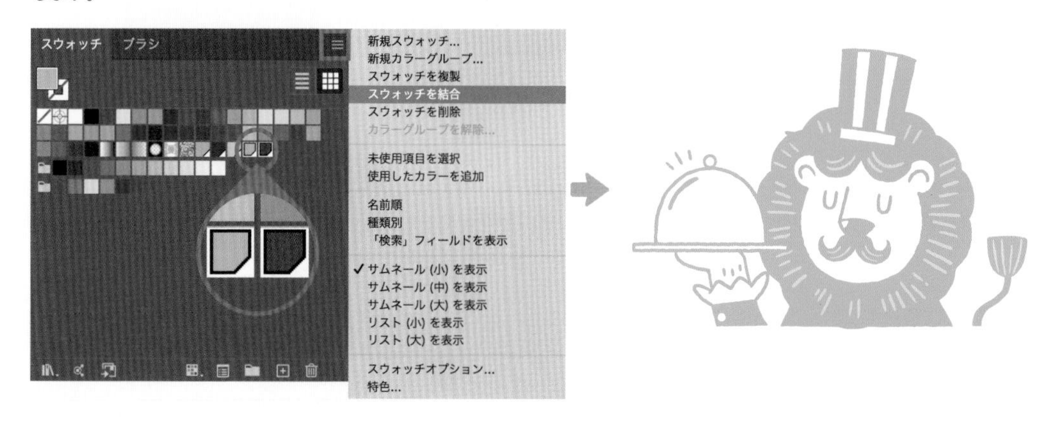

DLデータ sample084.ai

うねりツールで柄をマーブルさせる

084 サイケデリックな彩色の背景

背景素材やパーツのアクセントに使えるサイケデリック模様の作り方です。色味やツールの設定を変えることで様々な表現ができます。

1 ストライプを作る

長方形を横に並べて、カラフルなストライプ柄を作ります1。

サイケデリック感を表現するため、彩度が高い色を配色しました。

2 うねりツールの設定

うねりツール 2 をダブルクリックして「うねりツールオプション」ダイアログボックス3を表示させ、「旋回量」「詳細」「単純化」の数値を設定します。

線幅ツールを長押しして表示されるメニューからうねりツールを選択してツールパネル上に表示します

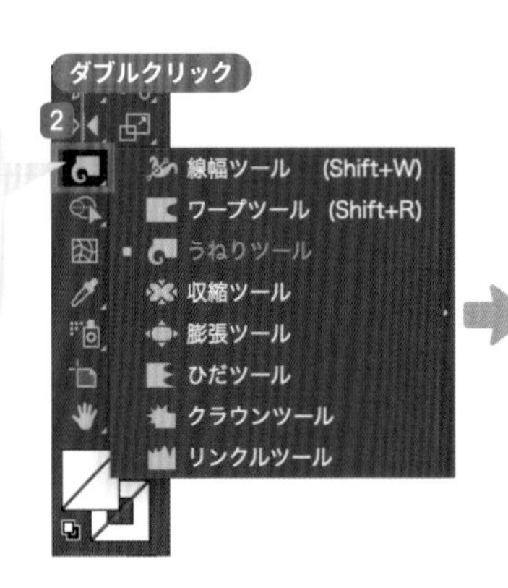

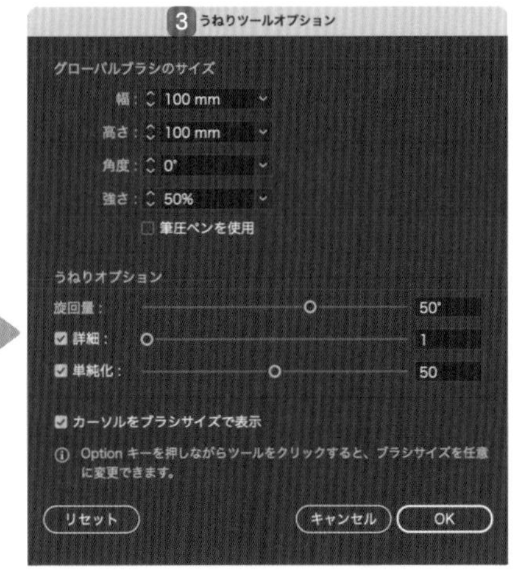

3 オブジェクトにうねりを加える

うねりツール でストライプオブジェクトの上を長押ししたり、ドラッグしたりしてストライプにうねりを加えます4。

ストライプがぐにゃりと変形しました。

知っ得メモ

長押しやドラッグをしすぎるとアンカーポイントが増えるので、適度なところでやめましょう。
オプションの数値を変更して様々な表現が試せます。

形を整える

素材として使いたい形のオブジェクト（四角形）を作り、クリッピングマスクで形を整えます。

ここでは、正方形にクリッピングしました。

完成

「PSYCHEDELIC」と文字を入れて完成です。

知っ得メモ

「編集」メニュー ➡「カラーを編集」➡「オブジェクトを再配色」を選択し、色味などを変更するとバリエーションが作れます。

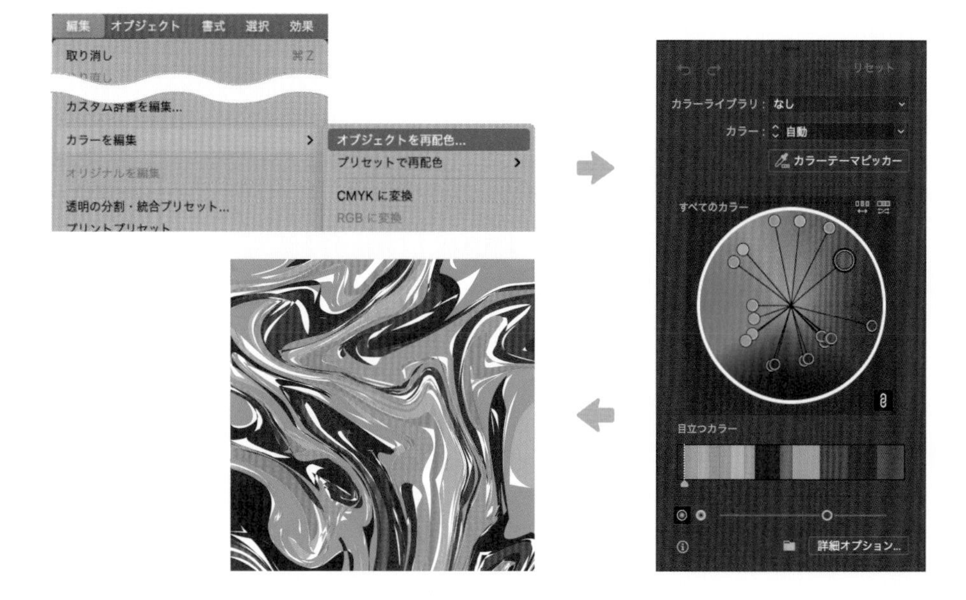

Part 4

DLデータ sample085.ai

グリッドを使って四角と円だけでイラストを作る

085 図形だけを使ったピカソ風イラスト

グリッドを使ってまずは単純な形を描き、そこから少しずつ形を整えていくことで直線と曲線を両方活かしたキレイなベクターアートを描くことができます。

1 正円と正方形を描く

方眼のマス目のある用紙に下書きを描き1、アートボードに配置します。
「表示」メニュー ➡「グリッドを表示」を選択。さらに「表示」メニュー ➡「グリッドにスナップ」を選択してチェックを入れます。
下書きを目安に、正円と正方形を描きながら幾何学的なピカソ風のイラストを描いていきます2。

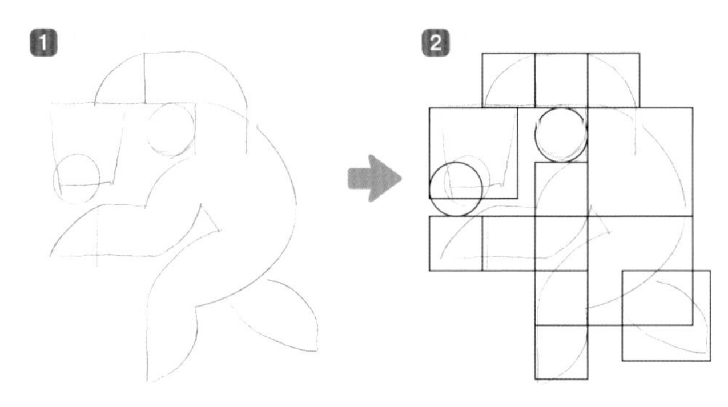

方眼ノートに書いた下書きです。

下書きの大枠を捉えるように図形を配置します。

知っ得メモ

グリッドのサイズや分割数は、「Illustrator」メニュー ➡「環境設定」で「環境設定」ダイアログボックスを開き、「ガイド・グリッド」で設定の変更が可能です。

2 角を丸める

ダイレクト選択ツールで描いた正方形の1つの角を選択し、内側の◉（ライブコーナーウィジェット）を引っ張って角丸にします3。
その他の正方形についても、下書きの形に近づくように角を丸くします。

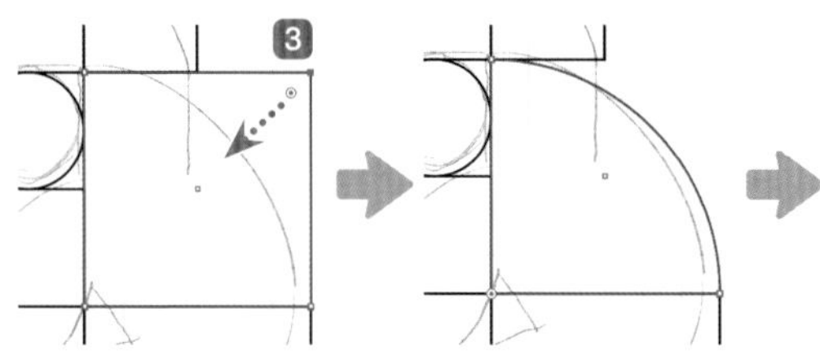

角を丸めて扇形に変形させました。

3 台形状に変形させる

バスケットゴールを描いた正方形も、左下と右下の角のポイントをダイレクト選択ツールでそれぞれ内向きに移動し、台形のように変形します4。

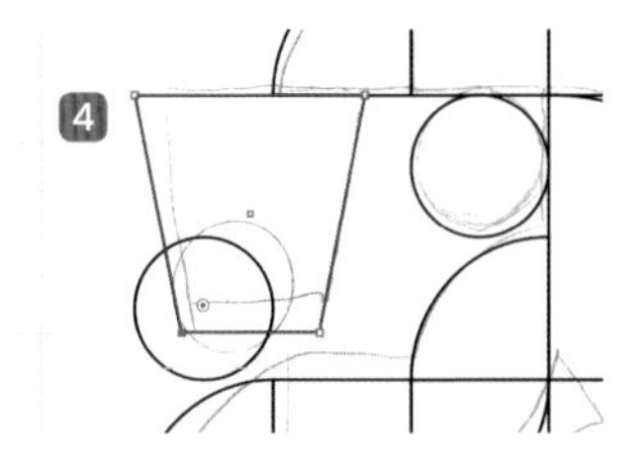

4 細部を整える❶

下書きを削除するか、非表示にします。
アートボード上のすべてのオブジェクトの塗りと線を入れ替え、それぞれのオブジェクトに色をつけます5。
背景となる正方形も描き、最背面に移動させます。さらに右腕の付け根の部分を描き足すなど、イラストとして整えていきます6。

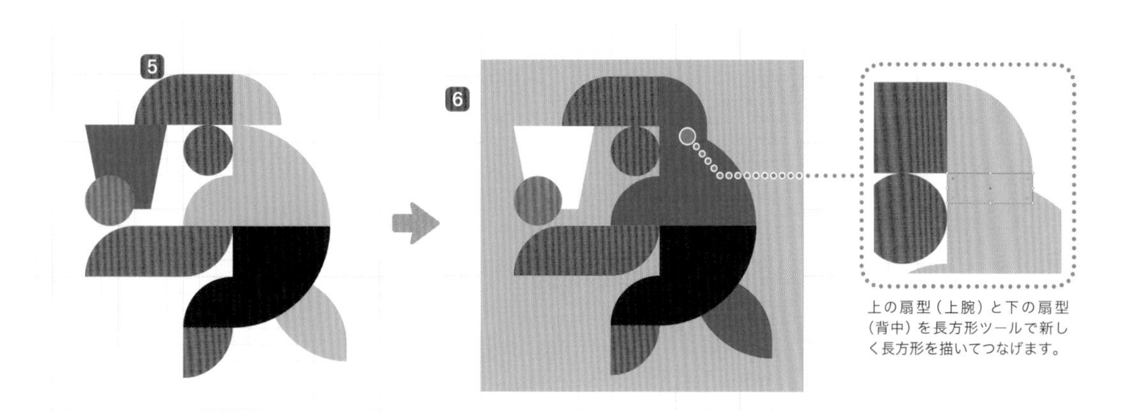

上の扇型（上腕）と下の扇型（背中）を長方形ツールで新しく長方形を描いてつなげます。

図形が描けたら線の色を［なし］にして、塗りに色をつけます。

背景に正方形の平面を設置し、全体のバランスを見ながら配色を整えます。

5 細部を整える❷

「表示」メニューの「グリッドを隠す」を選択して、同じく「表示」メニューの「グリッドにスナップ」のチェックを外します。
左腕の位置や肩の角丸の具合を変えたり、ゴールネットの形をダイレクト選択ツール で歪めて躍動感を出したり、ネットの模様を描き込んだり、身体のオブジェクトすべてを複製し、「パスファインダー」パネルの「合体」で1つにした白いオブジェクトを少し傾けて配置するなど、イラストとしての味を出していき、完成させます。

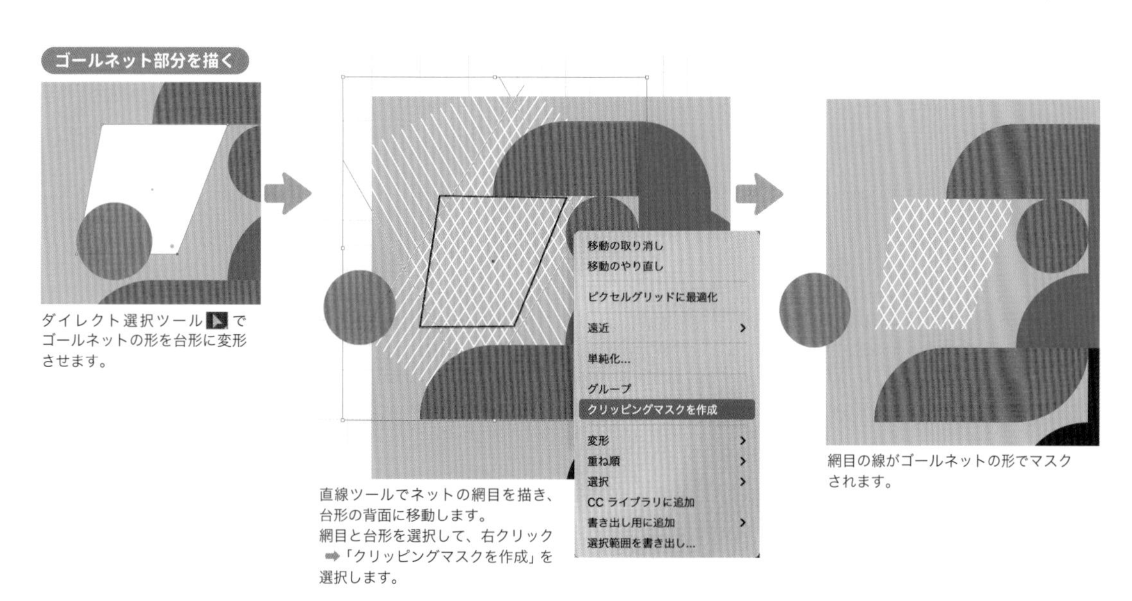

ダイレクト選択ツール でゴールネットの形を台形に変形させます。

直線ツールでネットの網目を描き、台形の背面に移動します。
網目と台形を選択して、右クリック➡「クリッピングマスクを作成」を選択します。

網目の線がゴールネットの形でマスクされます。

イラストの後ろに白いオブジェクトを配置する

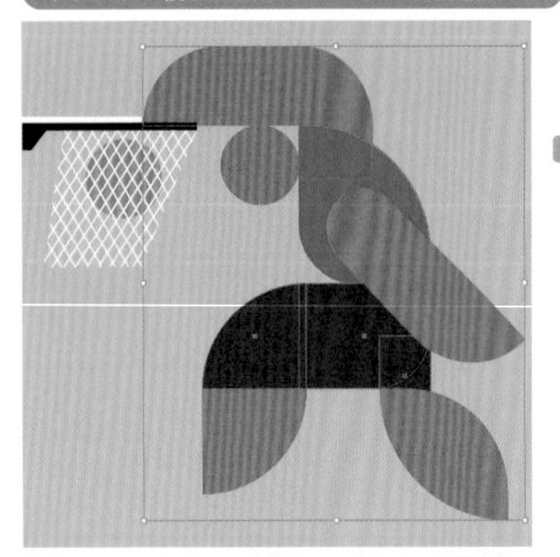

身体のパーツをすべて選択してコピーし、「同じ位置にペースト」します。

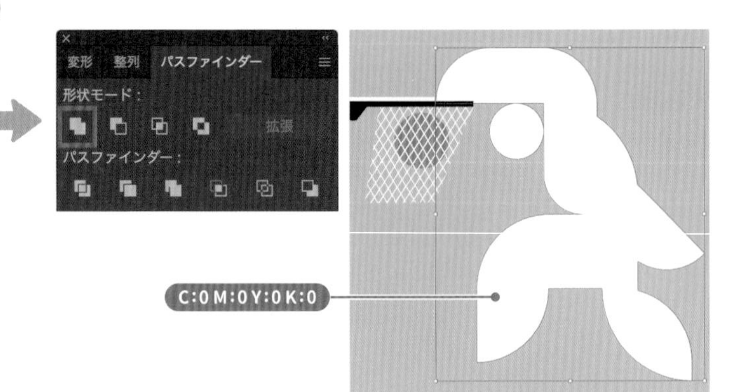

「パスファインダー」パネルで「合体」をクリックして、コピーした身体のカラーを白にします。

白の身体を元の身体より背面に移動させ、「プロパティ」パネルで角度を少し傾けて不透明度を下げます。

遠近グリッドツールに従うだけでパースが整う

086 グリッドに沿って描くだけの遠近感のあるイラスト

DLデータ sample086.ai

遠近グリッドツールを使用して、パース（遠近感）のあるイラストやオブジェクトを作ります。構造物のイラストや看板文字などに、違和感のない遠近感をつけることもできます。

1 遠近グリッドを表示させる

遠近グリッドツール に切り替え、遠近グリッドを表示させます 1。
遠近法の種類やオプションは、「表示」メニュー ➡「遠近グリッド」から設定できます 2。
遠近グリッドの表示／非表示は、shift＋command＋I キーで切り替えられます。

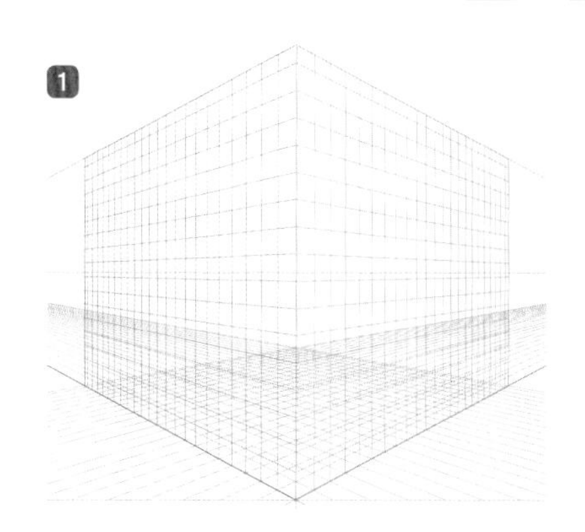

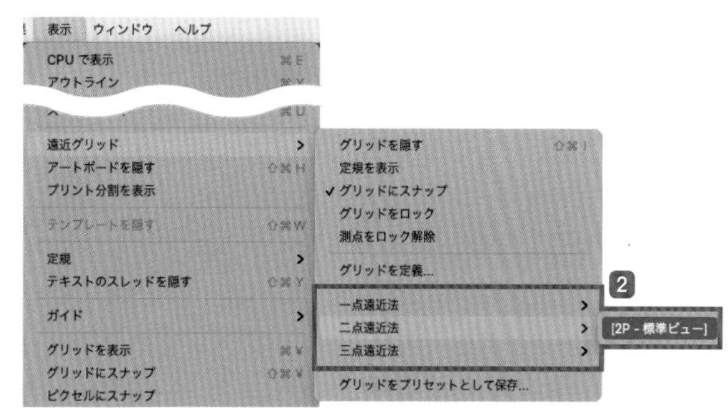

最初は「二点遠近法」のグリッドが表示されます。ここでグリッドの表示、ロックや遠近法の種類を選択できます。

2 遠近グリッドに沿って右面を描く

遠近グリッドツール 3 で画面内にある選択面ウィジェットの右面 4 をクリックして描画する面を選択します。
長方形ツール 5 に持ち替え、グリッドに沿って長方形を描きます 6。

3面のうち、どこを選択しているかよく確認しましょう。

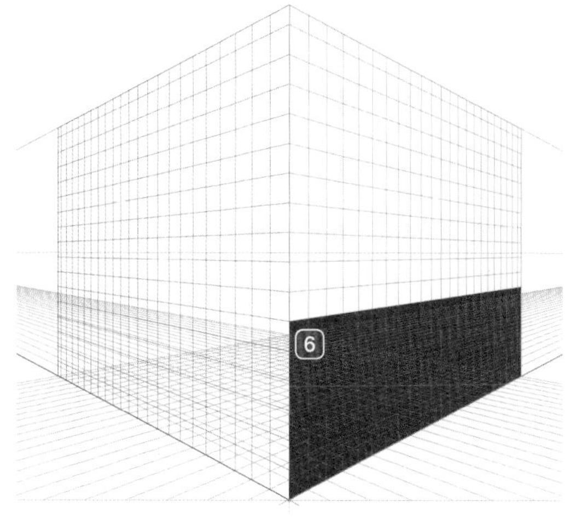

グリッドに沿って長方形を描きます。

知っ得メモ

「表示」メニューから「スマートガイド」をオンにしておくとグリッドに吸着するので正確に描けます。

3 左面と上面を描く

遠近グリッドツール で選択面ウィジェットの左面 7 をクリックし、長方形ツール に持ち替え、グリッドに沿って長方形を描きます。
同じ要領で、上面にも長方形を描きます 8。

※分かりやすいように色を変えています。

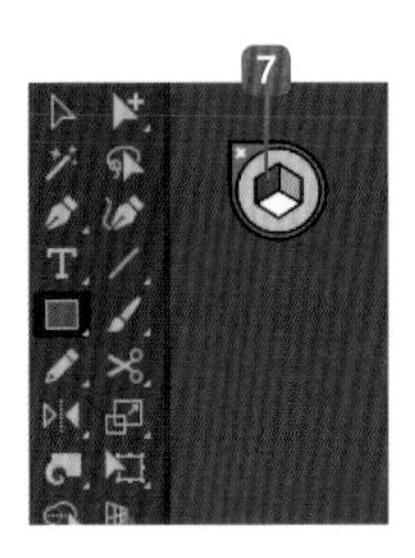

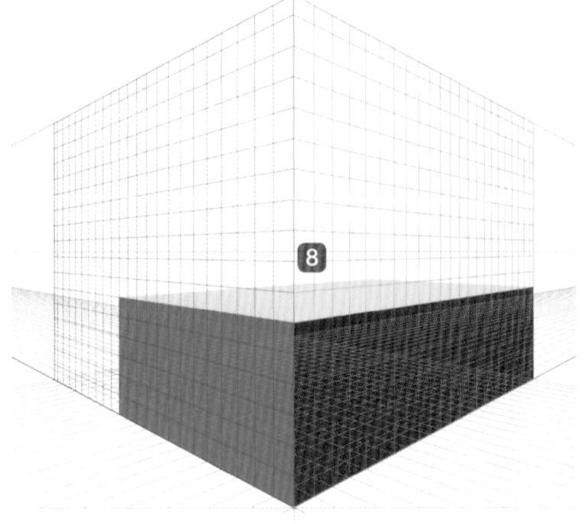

左面の青い長方形、上面の黄色い長方形をパースに沿って描きます。

4 文字を入れ、遠近グリッドに沿って配置する

文字ツール で余白に文字を入力します 9。
文字オブジェクトを選択し、遠近グリッドツール 10 にした状態で選択面ウィジェットの右面 11 をクリックします。
command キーを押しながら文字をドラッグ 12 すると、グリッドに沿ってテキストを配置できます 13。

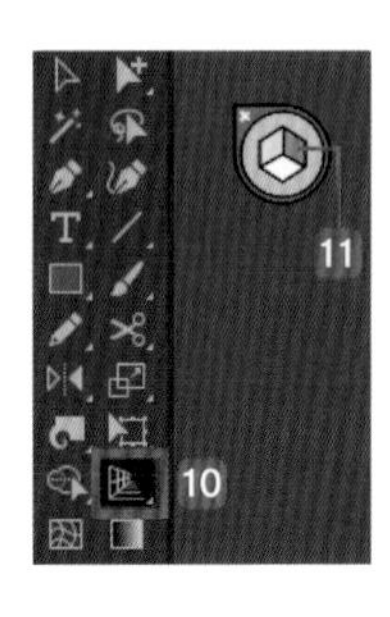

「ON AIR」と太い書体で入力します。

文字オブジェクトを赤いパース部分にドラッグします。

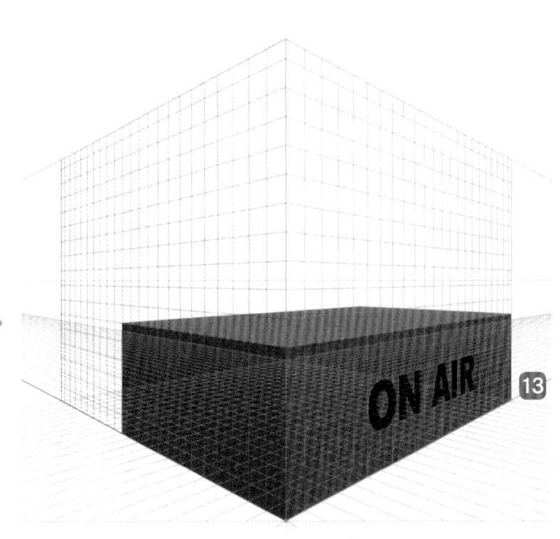

文字がパース内に配置され遠近感がつきました。

5 文字の色を変更する

文字が選択された状態で「コントロール」パネルの「選択オブジェクト編集モード」14をクリックすると、文字の打ち替えや色の変更ができます。

図形の上に文字を配置した後でも、文字の編集ができます。

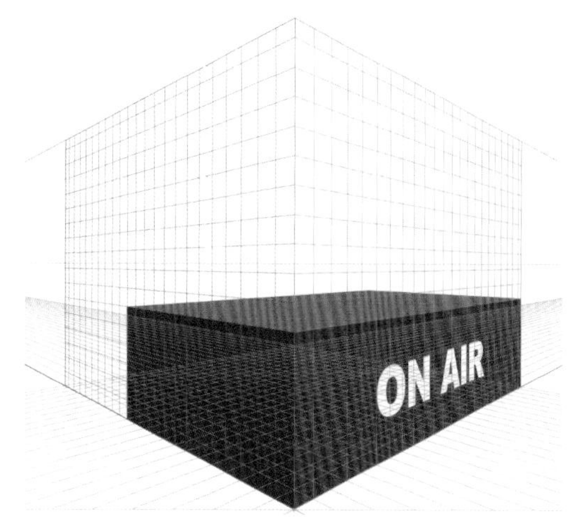

図形の上に文字を配置した後でも、文字の編集ができます。

6 文字のサイズを調整する

遠近グリッドツールでカーソルがに変わると選択面に沿ったオブジェクトの移動ができます。
の状態でオブジェクトの近くにカーソルを近づけるとカーソルの形がに変わり15、ドラッグしてグリッドに沿ったまま拡大縮小ができるようになります。

グリッドに沿って拡大します。

知っ得メモ

遠近テキスト（アウトライン化していない文字）のまま選択ツールで移動させると、文字が拡張（アウトライン化）されグリッドに沿った配置ができなくなります。遠近グリッドツール＋command キーで移動させると、遠近感を維持したまま移動ができます。

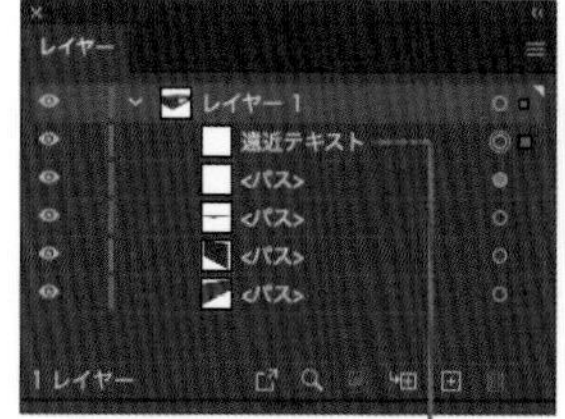

アウトライン化していないテキスト

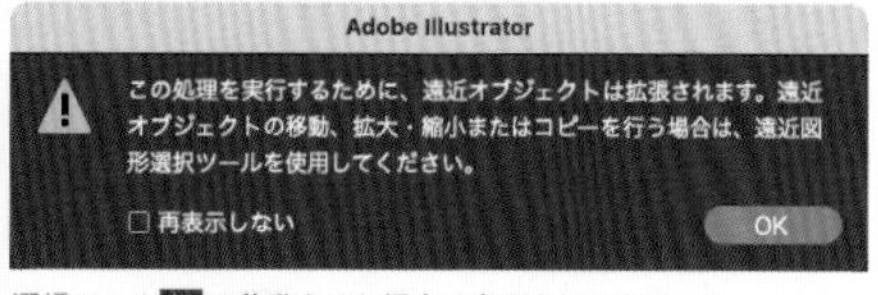

選択ツールで移動させた場合に表示されるアラート

基本図形の変形で花も葉も作れる

087 長方形と線だけを使ったボタニカルフレーム

基本図形や簡単な編集を加えた図形を組み合わせ、ミモザの花と葉を作り、ブラシ登録してボタニカルフレームにします。

DLデータ sample087.ai

1 葉と茎を作る❶

長方形ツール で正方形を描き1、ダイレクト選択ツール で対角のポイント2点を選択します2。
そのポイントの内側にある◉(ライブコーナーウィジェット)を掴み、ドラッグして角丸にします3。
できた葉のオブジェクトを3つ複製し、1つはリフレクトツール で反転させます。
もう1つは「変形」パネルで[45°]回転させます。
直線ツール で茎となる直線を描き、その周りに葉の形のオブジェクトを必要な数だけ複製しながら配置します4。

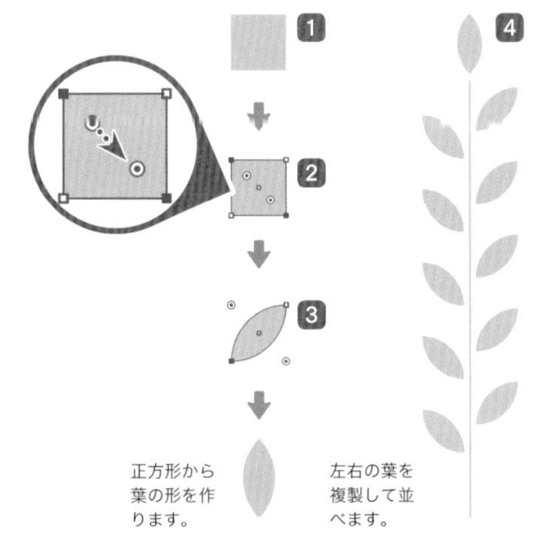

2 葉と茎を作る❷

楕円形ツール で楕円を描き5、アンカーポイントツール で下のアンカーポイントをクリックして尖らせます6。
そのまま他の点を上に移動させて丸い形の葉にし7、「変形」パネルで[30°]ほど回転させます。
オブジェクトを複製してリフレクトツール で反転させ、直線と組み合わせたら、茎と葉のパーツは完成です8。
ミモザの花のパーツは、楕円形ツール で描いた正円と、直線ツール で描いた直線を組み合わせて作ります9。

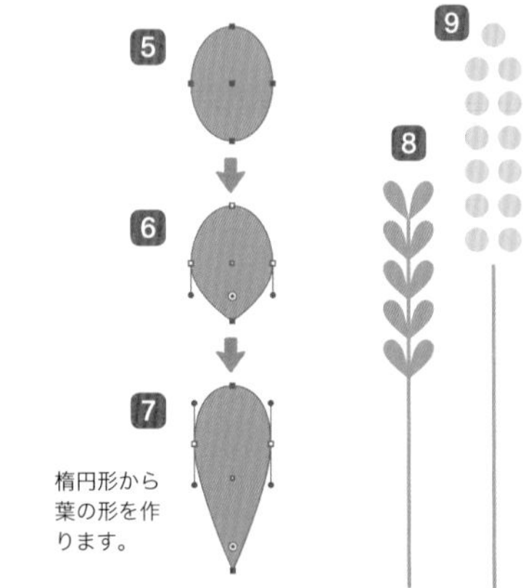

3 茎が伸縮するアートブラシとして登録する

茎と葉のセットを選択し10、「ブラシ」パネル下部の「新規ブラシ」 をクリックして「新規ブラシ」ダイアログボックスを表示させ、「アートブラシ」11を選択します。
「アートブラシオプション」ダイアログボックス12が表示されるので「ガイド間で伸縮」13を選択し、左下の破線をドラッグで図14のように移動させて茎の部分だけを伸縮させるようにします。
同じようにして、ミモザの葉と茎、花と茎もそれぞれアートブラシに登録します15。

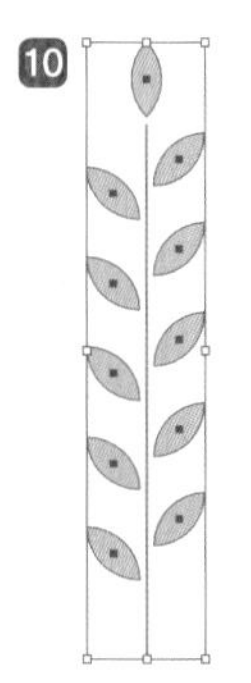

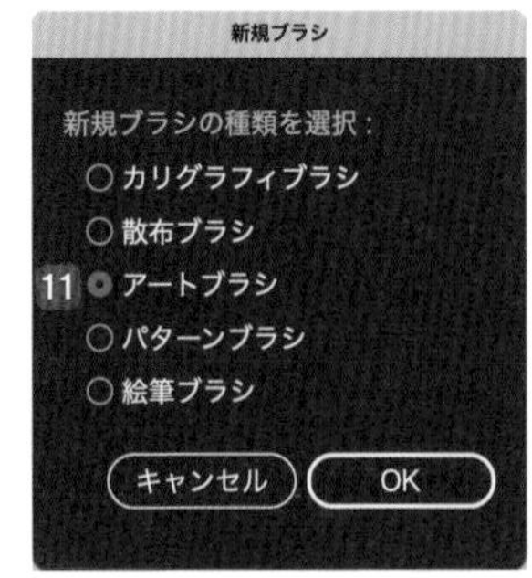

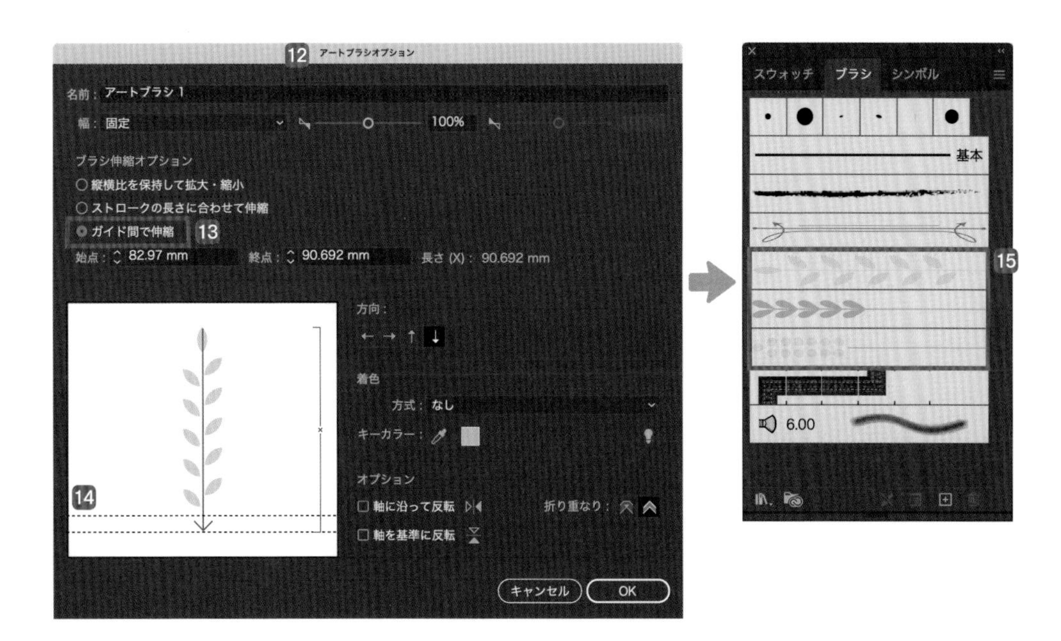

④ 花束を作る

ブラシツール で「ブラシ」パネルのミモザの葉のブラシを選び、カンバス上をなぞって葉を描いていきます。同じように花のブラシを選んで花も描いていきます。

何本かずつ描いて花束のようなものが描けたら16、それらすべてを選択し、③と同じ手順で花束を新しいアートブラシとして登録します17。

花束のブラシができました。

⑤ フレームを作る

再びブラシツール を使い、③、④で作ったブラシを使ってボタニカルフレームを描いていきます。

選択ツール で位置のバランスを整えたり、ダイレクト選択ツール を使ってブラシで描いたパスのポイントを細かく移動させたりしながらバランスを整えて完成です。

ぼかし効果で影やハイライトを入れる

088 平面イラストから作る擬似3Dアイコン

ぼかし効果をかけた影やハイライトを使い、柔らかい印象の擬似3D的なアイコンを作成する方法です。もちろん顔以外のどんなモチーフにも応用ができます。

DLデータ sample088.ai

1 下書きをトレースする

下書き1を元にペンツールで主線をトレースします2。
その背面に、主線とは別に肌の塗りのオブジェクト、そして髪の塗りのオブジェクトをそれぞれ描画します3。
描き上がったら主線のオブジェクトのみロックしておきます。

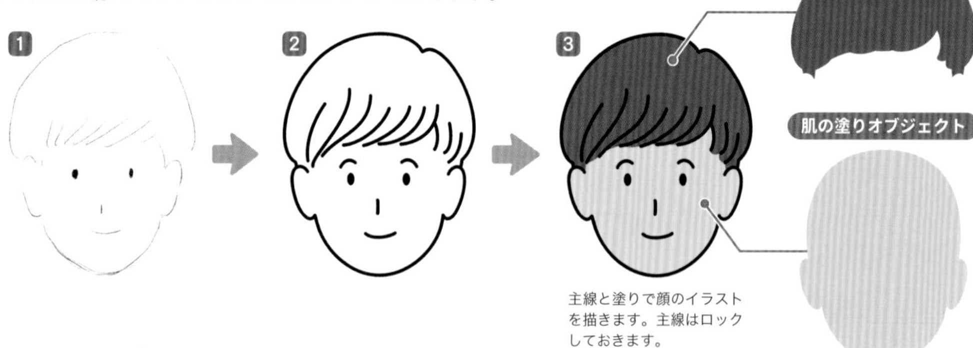

主線と塗りで顔のイラストを描きます。主線はロックしておきます。

2 肌の周りに影を入れる

ペンツール、または塗りブラシツールなどを使い、影を描いていきます。
肌より少し濃い色で髪の毛のかかるおでこ辺り、そして輪郭のあたりをざっくりと塗っていきます。
外側ははみ出すようにします。
描けたらその影に、「効果」メニュー ➡「ぼかし」➡「ぼかし(ガウス)」を選択してぼかしをかけます4。
できた影は、肌の塗りのオブジェクトをマスク用に複製してクリッピングマスクを作成します5。

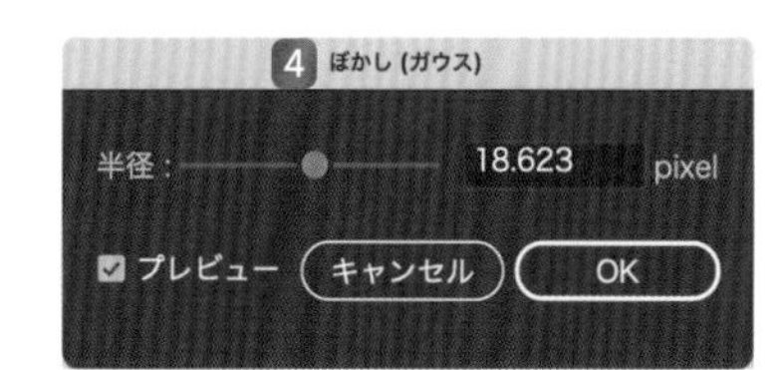

影をブラシで描いて、さらに「ぼかし(ガウス)」でぼかします。

肌の塗りのオブジェクトでクリッピングマスクをして影をマスクします。

③ 髪の周りに影を入れる

同じように髪の毛の周りにも、髪の毛よりも少し濃い色で影を描いていきます6。
②と同じ手順で影のオブジェクトに「ぼかし(ガウス)」をかけ7、最後に髪の塗りのオブジェクトをマスク用に複製してクリッピングマスクを作成します8。

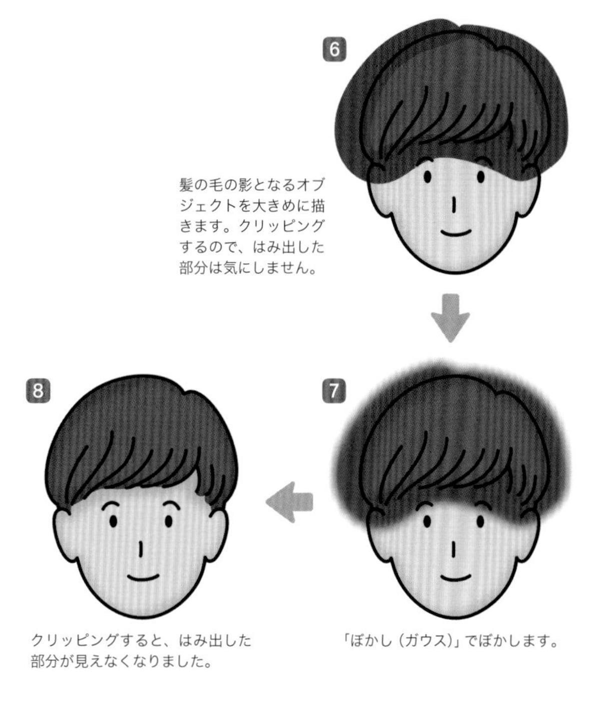

髪の毛の影となるオブジェクトを大きめに描きます。クリッピングするので、はみ出した部分は気にしません。

クリッピングすると、はみ出した部分が見えなくなりました。

「ぼかし（ガウス）」でぼかします。

④ 顔にハイライトや影を入れる

ペンツールや鉛筆ツールなどで、ハイライトや細かい影、頬の赤みなどを描きます9。
それぞれに「ぼかし(ガウス)」をかけます（ぼかしの量はそれぞれちょうど良く見える数値にします）10。
必要に応じて、ハイライトや影のカラーや不透明度を調整します。

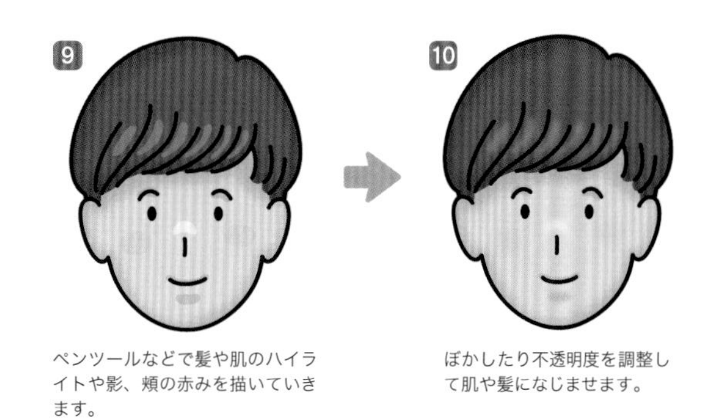

ペンツールなどで髪や肌のハイライトや影、頬の赤みを描いていきます。

ぼかしたり不透明度を調整して肌や髪になじませます。

⑤ 瞳にハイライトを入れる

瞳のオブジェクトに「グラデーション」パネルで「円形グラデーション」をかけ、小さなハイライトを入れます11。仕上げに輪郭や鼻の主線を消し、前髪の主線の色を髪の毛に近い色にして完成です。

瞳にハイライトが入り、温かみが出ました。

エンベロープメッシュで自在に動かせる

089 風になびく旗の作り方

旗が風を受けてなびいているような表現の基本的な作り方です。自由に編集ができるので、さまざまなバリエーションが作れます。

DLデータ sample089.ai

1 旗オブジェクトを配置し、設定を行う

旗の原型のデザインを配置し、選択ツールで選択します1。
「オブジェクト」メニュー ➡「エンベロープ」➡「メッシュで作成」2を選択します。
「エンベロープメッシュ」ダイアログボックスで3メッシュの数（ここでは行列ともに4）を設定します。

※数が多ければ細かい表現が可能になります。

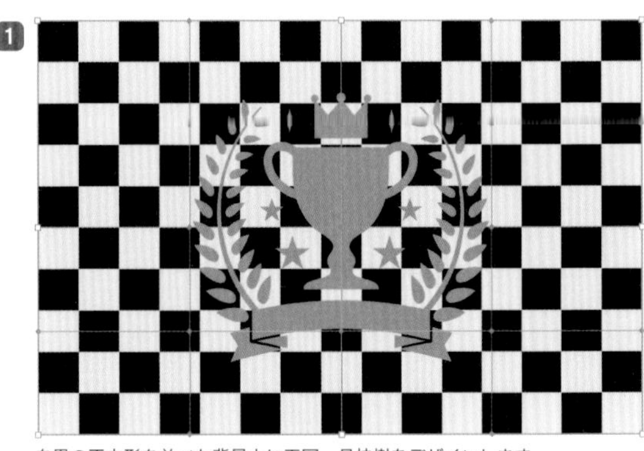

白黒の正方形を並べた背景上に王冠、月桂樹をデザインします。

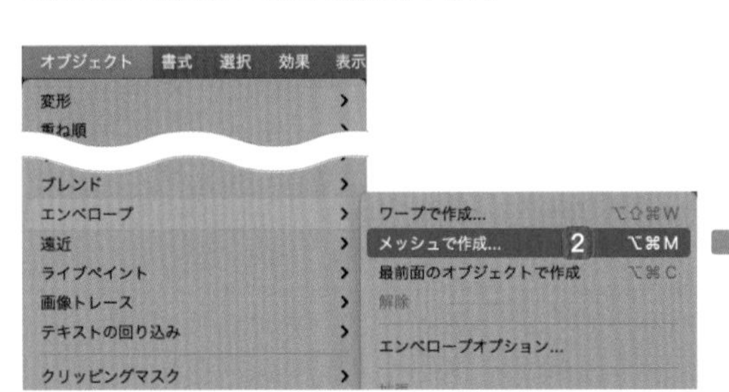

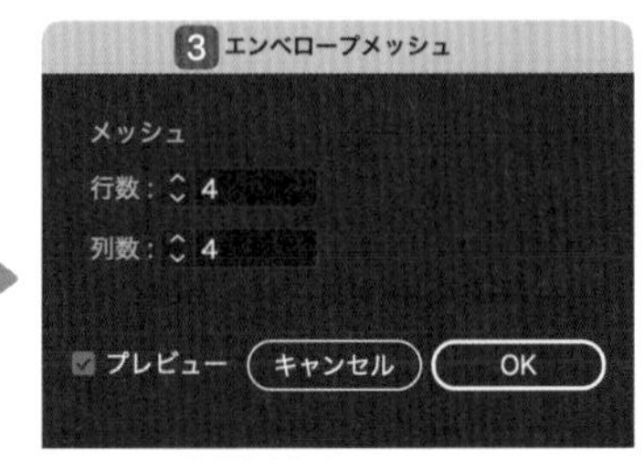

メッシュの分割数を指定します。

2 波状のゆらぎを作る

ダイレクト選択ツールで縦列のアンカーポイントをドラッグして選択します4。
選択したアンカーポイントを垂直下方向に移動させます5。
キーボードの↓キーを押しても、垂直下方向に移動することができます。

4 左から2列、4列目のアンカーポイントをドラッグして囲んで選択します。

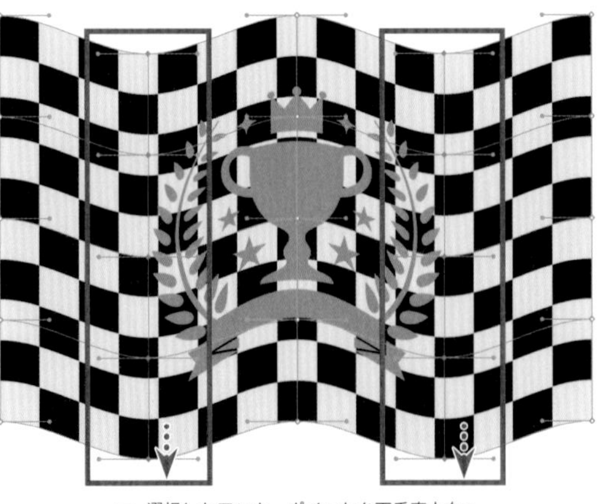

選択したアンカーポイントのハンドルはすべて並行になっています。

5 選択したアンカーポイントを下垂直方向へ移動します。

3 斜めに変形させる

ワープしたオブジェクトをすべて選択します。
「アピアランス」パネルの「新規効果を追加」fx. 6 ➡「ワープ」➡「上昇」7 を選択すると「ワープオプション」ダイアログボックス 8 が開くので、斜め上になびいているように設定します。

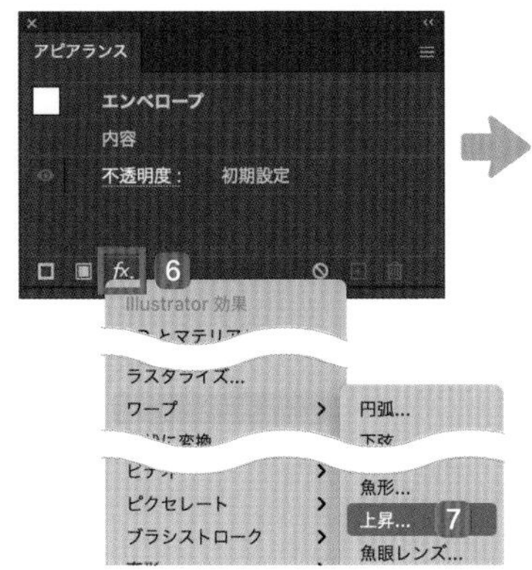

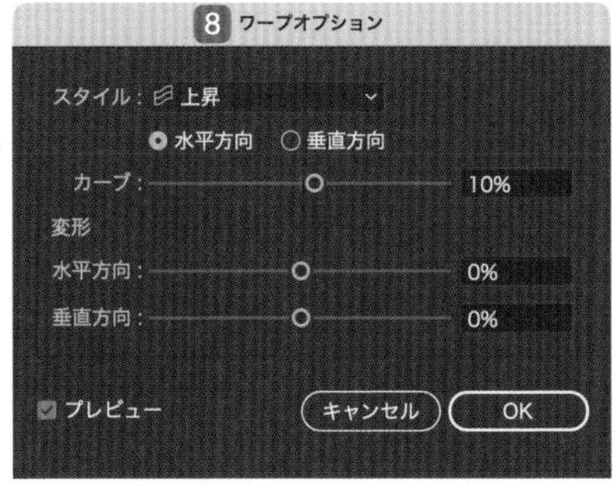

「カーブ」を［10%］にすると、右上がりの旗になります。

風の向きやポールの位置を考えて、違和感が無いように傾けましょう。

4 オブジェクトの調整

旗オブジェクトを回転させ、ポールのオブジェクトを追加します 9。

旗を傾かせ、ポールのイラストを追加します。

応用 細かい調整を行う

旗オブジェクトを管理しているメッシュのアンカーポイントのハンドルを操作したり、囲み部分をクリック＆ドラッグすると、細かいゆらぎの調整が可能です 1。
影のオブジェクトを追加すると、さらにリアリティが増す表現ができます 2。

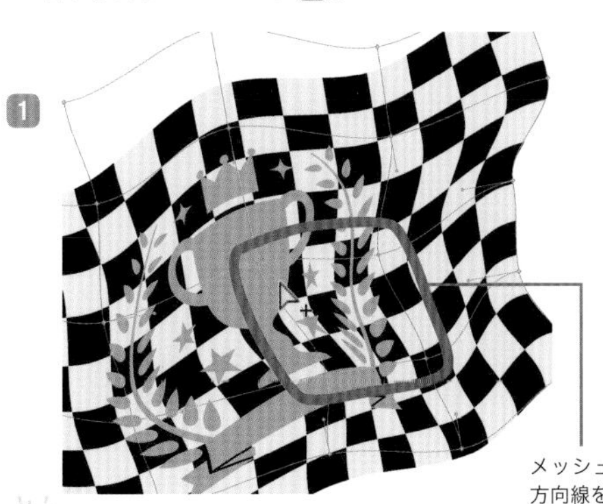
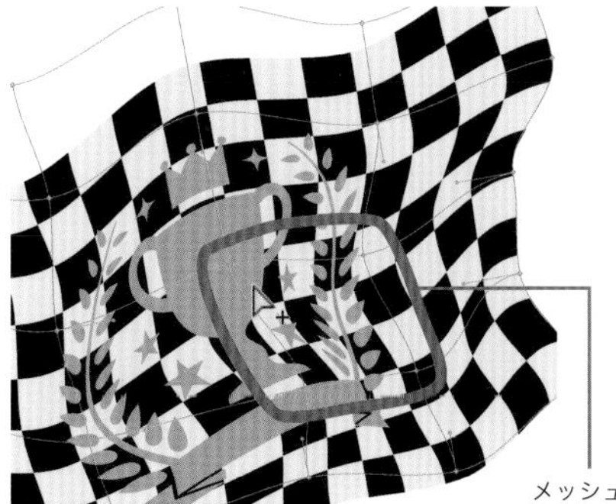

メッシュポイントを移動したり、方向線を調整すると、部分的にゆがませることができます。

ペンツールで影のオブジェクトを作成し、凹んだ部分に配置することで立体感を与えました。

知っ得メモ

「アピアランス」パネルとコントロールパネルで設定を変更できるので、納得のいくまで調整が可能です。

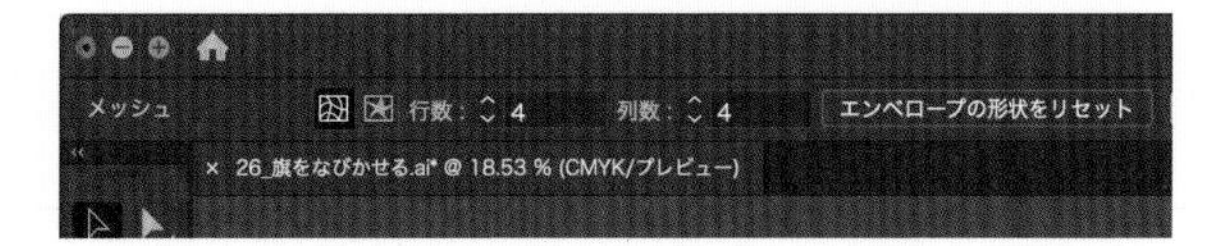

塗りを点に変換してレトロ表現

090 ドットをカスタムして スクリーントーン風に

「スウォッチライブラリ」メニューにあるベーシック点を使い、ハーフトーンのような網がけを作る方法です。古い印刷物のようなレトロな雰囲気のイラストができます。

DLデータ sample090.ai

イラストを用意して色分けする

使用するイラストを用意したら、好きな色2色で色分けします1。

緑とオレンジの配色にしています。

塗りのパスを作成する

ペンツールを使い、網がけをしたい部分に塗りのパスを作成していきます2。
塗りのパスを作成する際は、何色でも構いません。

塗りたい部分にペンツールでクローズパスを作ります。

「スウォッチライブラリ」メニューを開く

「スウォッチ」パネルの画面左下にある「スウォッチライブラリ」メニュー3 ➡「パターン」➡「ベーシック」➡「ベーシック_点」を選択し4、「ベーシック_点」パネルを開きます。

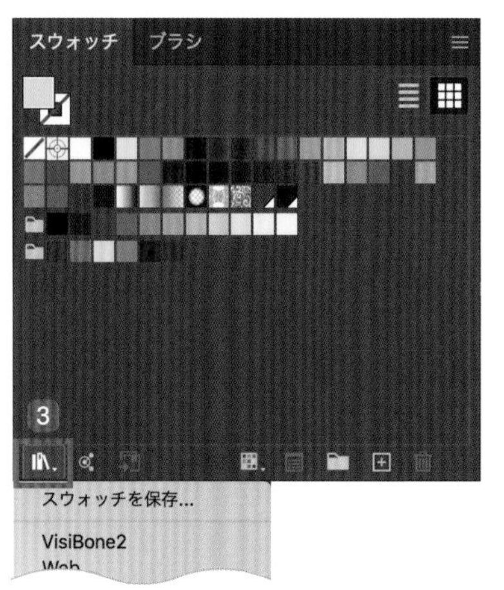

「ベーシック_点」パネルには点のバリエーションが、デフォルトでいくつか登録されています。

4 点をカスタムする

「ベーシック_点」パネルの「10dpi 50%」を選択すると5、スウォッチ内に移動します。
先ほど作成した塗りオブジェクトを選択し、塗りを「点（10dpi 50%）」に変更します。
次に、スウォッチに移動した「点（10dpi 50%）」をダブルクリックすると、画像Aのようなドットの詳細が表示されます。
ドットを選択し、好きな色に変更します6。

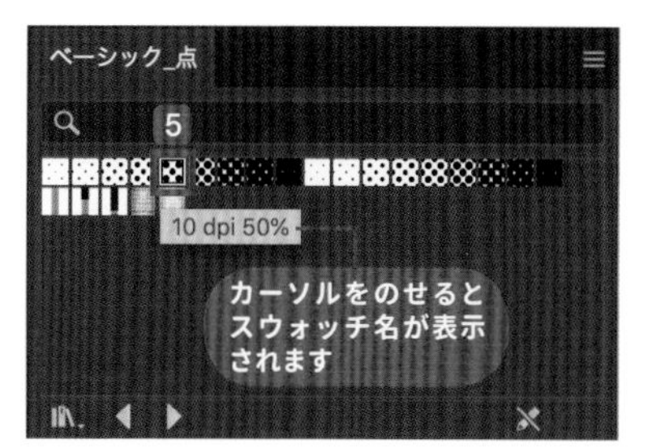

スウォッチで適用したドットをダブルクリックします。

線の色に合わせて、緑に変更しました。

5 点を細かくする

点の塗りの部分のみを選択し、「オブジェクト」メニュー ➡「変形」➡「個別に変形」を選択します。
「個別に変形」ダイアログボックス7が表示されたら、右図のように数値を変更して縮小します。
「オブジェクトの変形」のチェックは外しているので8、パターンや効果だけが縮小されます。

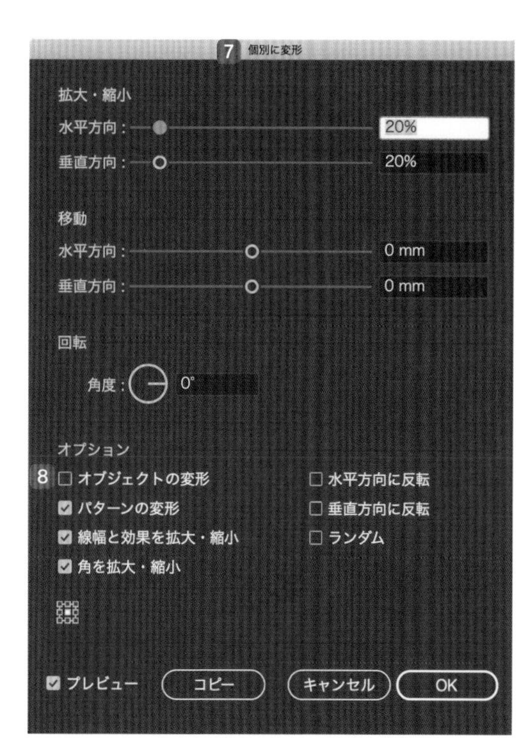

「オブジェクトの変形」のチェックは外し、個別に変形で縮小します。

塗りオブジェクトは「乗算」モードにしました。

直線とリフレクトで任意のガイド線を作成

091 自作のガイド線でアイソメトリック描画

DLデータ sample091.ai

オリジナルのガイド線を作って、斜め上から俯瞰したイラストを描く方法です。角度を固定して描くので、たくさん描いてもイメージが統一されます。

1 ガイドを作成

直線ツールで30°の線を描き、真下にコピーしていきます1。
すべての線を選択し、リフレクトツールをダブルクリックします。
「リフレクト」ダイアログボックスで「リフレクトの軸」の「垂直」にチェックを入れ、「コピー」をクリックします。
30°に傾けたストライプが交差します2。

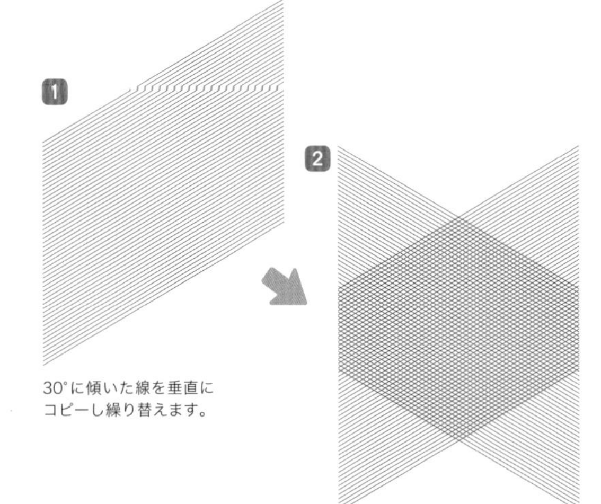

30°に傾いた線を垂直にコピーし繰り替えます。

垂直軸でリフレクトのコピーを作成します。

2 ガイドの調整

すべての線を選択し、「パスファインダー」パネルで「分割」3を行います。
線が無しになるので、再度線に色をつけ線幅とサイズを調整し、「オブジェクト」メニュー ➡「ロック」➡「選択」をしておきます。

「分割」すると、交差部分以外は消去され、編み目状の交差部分のパスだけが残ります。

3 ガイド線に沿って描いていく

ペンツールでガイド線やアンカーポイントに沿ってイラストを描いていきます4。
「表示」メニュー ➡「スマートガイド」をオンにして、ガイドのアンカーポイントに吸着させながら描いていきます。

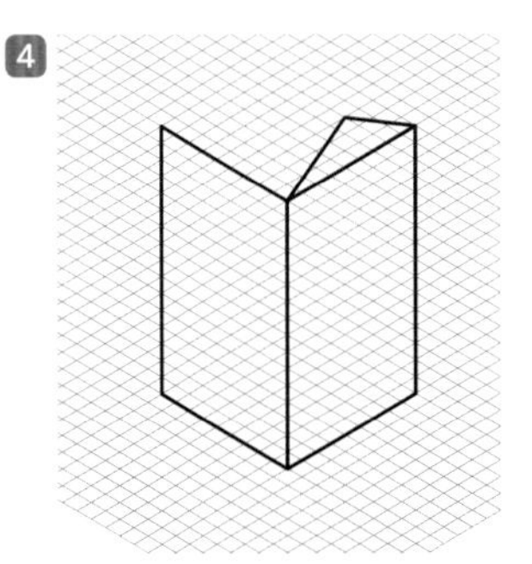

編み目に沿ってイラストを描きます。

知っ得メモ

クローズパスを意識して面ごとに描いていくと、後々の色塗りが効率的に行えます。

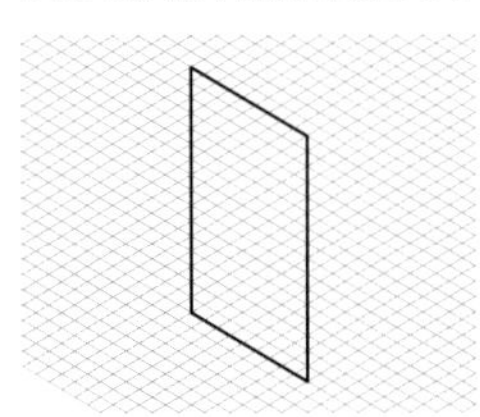

イラストの調整

ひと通り描き終えたら、全体のバランスを見ながら角丸やオブジェクトの長さを調整します。
完成が見えてきたら無理にガイド線に沿わさず、角度の統一を意識しながら微調整をします。クローズパスで描いたので、いったんすべての塗りを白にします5。

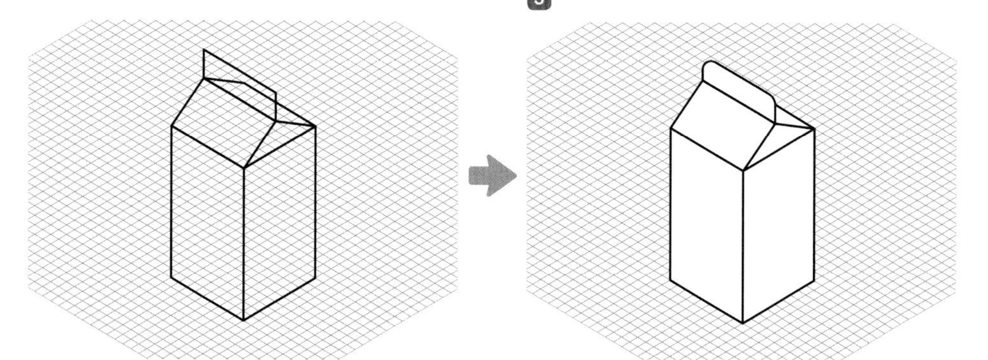

角丸や長さを調整し、塗りを白にします。

5 要素の追加

線画が完成したら、文字やパーツなどを描き足していきます。
縦書き文字は「オブジェクト」メニュー ➡「変形」➡「シアー」を選択し、「シアー」ダイアログボックスで角度を[30°]6に揃えて傾けます。

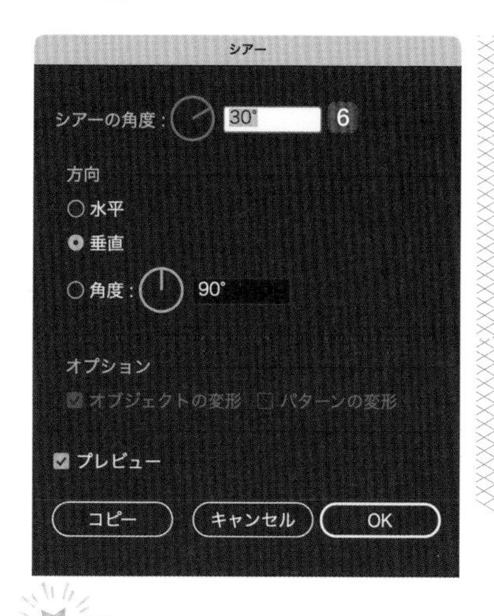

文字を面の角度に沿って傾けます。

知っ得メモ

「環境設定」で「スマートガイド」の「コンストラクションガイド」を（60°＆水平角）にしておくと、ガイド線やアンカーポイントからのズレを軽減できます。

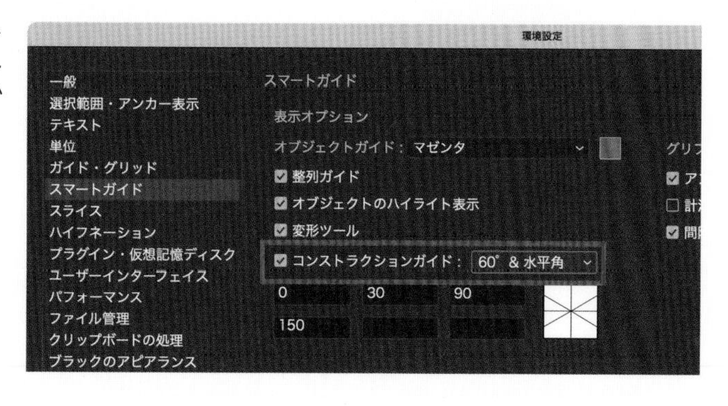

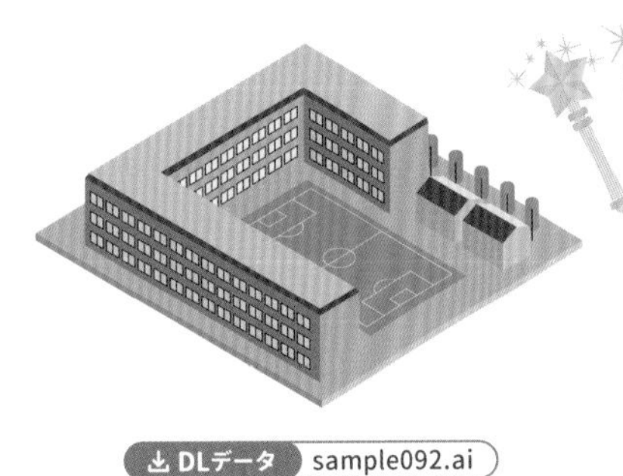

押し出しとベベルで描ける立体的な建物

092 3D機能で簡単に立体物を描く

建物の俯瞰イラストなどを描く際に、Illustratorの3D機能を利用して下書きとして使ったり、そのままパーツに使用したりすることができます。

DLデータ sample092.ai

1 平面図を描く

学校の校舎と倉庫、サッカーコートを俯瞰で立体的に描いていきます。
まずは大まかに敷地と建物の平面図を描きます。サッカーコートのラインもこの時点で描いておきます 1。

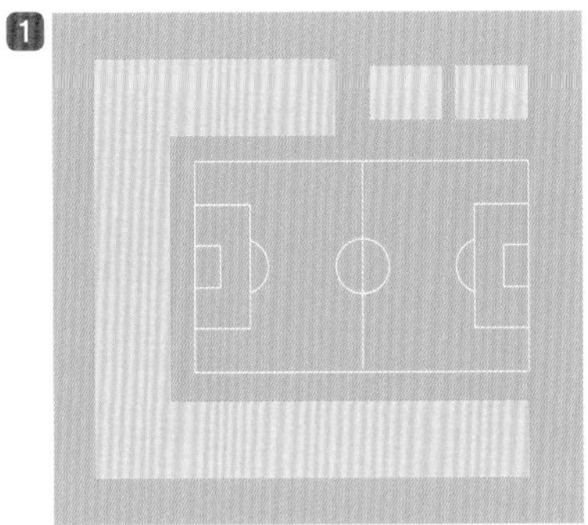

校舎、倉庫、サッカーコートを描きます。
ピンクの部分は建物を表しています。

2 建物部分を立体化する

描いた図形を立体化します。
建物のオブジェクト3つをグループ化し、「効果」メニュー ➡「3Dとマテリアル」➡「3D(クラシック)」➡「押し出しとベベル(クラシック)」を選択します。「3D 押し出しとベベルオプション(クラシック)」ダイアログボックスの「位置」で「アイソメトリック法 - 上面」2 を選択し、「押し出しの奥行き」3（建物の高さ）を設定します。
最後に「OK」4 をクリックします。

ここでは、X軸を［45°］、Y軸を［35°］、Z軸を［-30°］に設定し、「押し出しの奥行き」は［100pt］に設定しました。

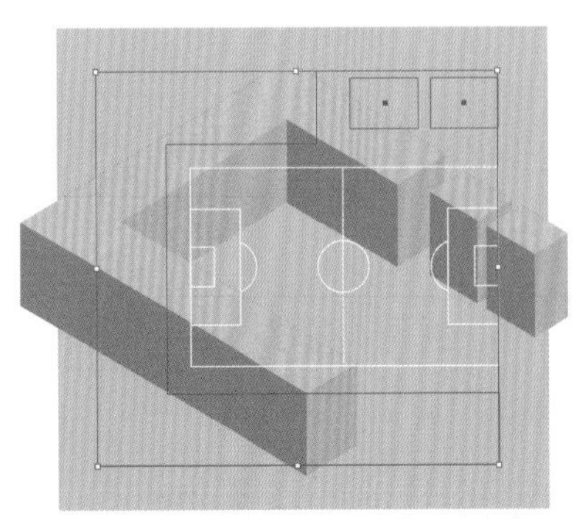

校舎と倉庫の3つの建物をグループ化し、押し出しとベベルで奥行きを設定し、立体化します。

③ その他のパーツを立体化する

②と同様の手順で敷地とサッカーコートも3Dの形状にします。
敷地のほうは「押し出しの奥行き」を建物よりかなり小さい数値（ここでは［10pt］5）にして薄い平面にします。
サッカーコートは「押し出しの奥行き」を［0pt］6にして単に傾きをつけるだけです。

緑の敷地は「押し出しの奥行き」を［10pt］で押し出します。

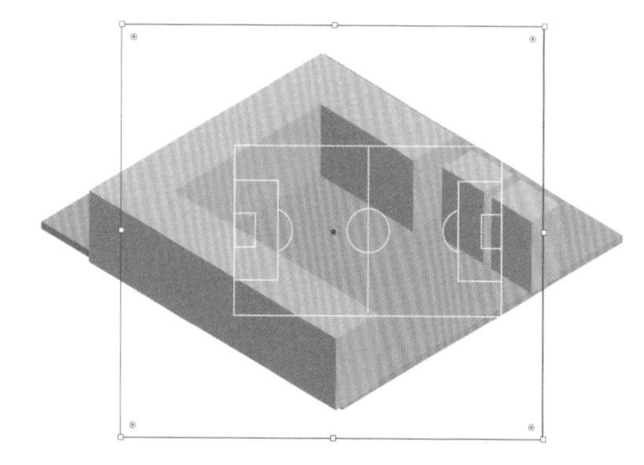

サッカーコート

「押し出しの奥行き」を［0pt］にすると、平面のままイラストを傾けることができます。

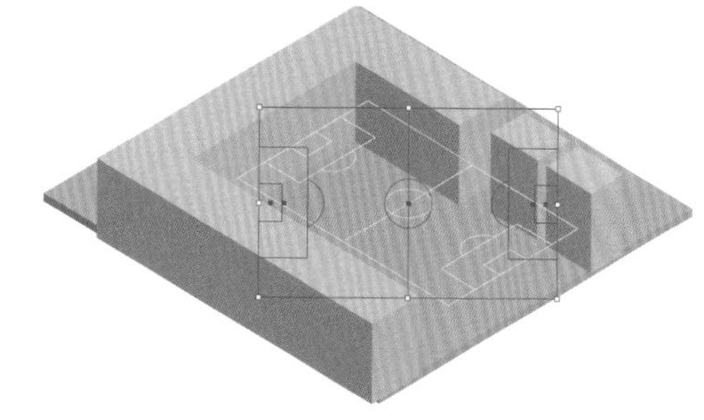

④ 位置関係を調整する

3D化したオブジェクトを選択し、「オブジェクト」メニュー ➡「アピアランスを分割」を選択すると、3D化したオブジェクトを平面の図形オブジェクトに変換することができます。
建物とコートが敷地の平面上にあるように見えないので、選択ツールで移動して位置関係を調整します7。

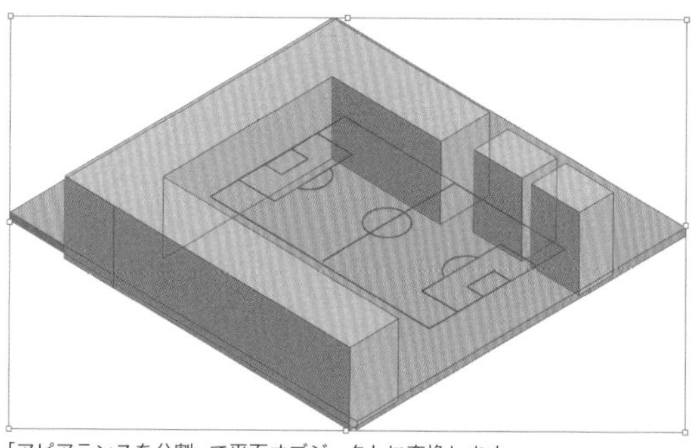

「アピアランスを分割」で平面オブジェクトに変換します。

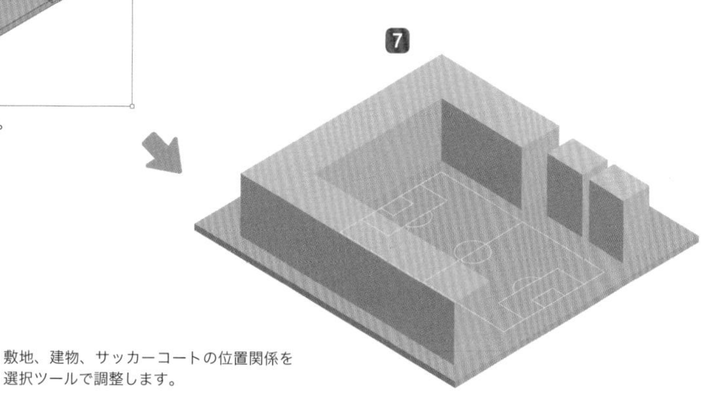

敷地、建物、サッカーコートの位置関係を選択ツールで調整します。

5 細部を加える

サッカーコートで建物とかぶっている場所をクリッピングマスクで隠します。
窓や木など、建物や景観の細部を、長方形ツール や直線ツール などを使って描き込んでいきます。
最後に色のバランスを整えて完成させます。

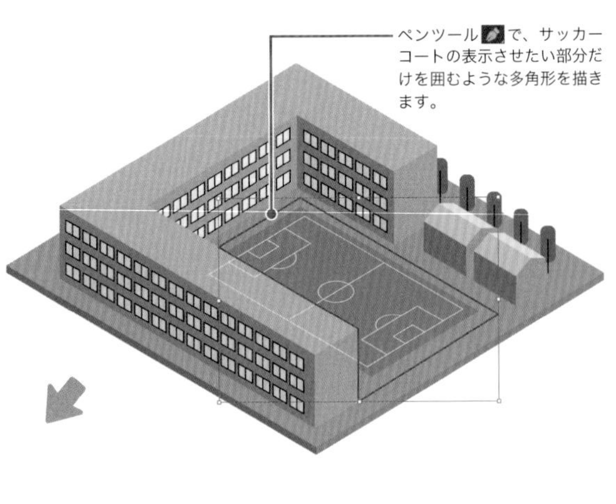

ペンツール で、サッカーコートの表示させたい部分だけを囲むような多角形を描きます。

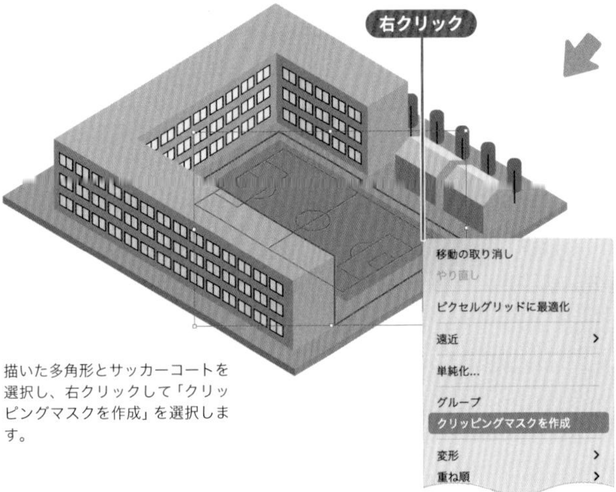

右クリック

移動の取り消し
やり直し
ピクセルグリッドに最適化
遠近 >
単純化...
グループ
クリッピングマスクを作成
変形 >
重ね順 >

描いた多角形とサッカーコートを選択し、右クリックして「クリッピングマスクを作成」を選択します。

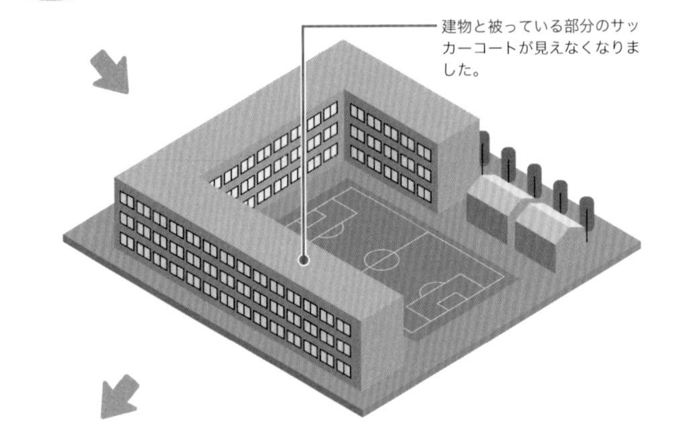

建物と被っている部分のサッカーコートが見えなくなりました。

DLデータ sample093.ai

Adobe Colorを使って配色アイディアを得る

093 他のクリエイティブから配色を作る

配色を考える際は、他の人が作った作品から特定の色数をピックアップするのもひとつの方法です。Adobe Colorを使ってCCライブラリと連携すると便利です。

1 イラストを用意する

Illustratorで通常の線と塗りを使ったイラストを描きます。

くすんだ濃紺の背景にコーヒーのイラストを描きます。

2 配色の参考元を用意する

Google画像検索などで、色のイメージから連想するワードを入力して画像を検索します。
好みの配色の画像を1枚選び1、ローカルフォルダに保存します2。

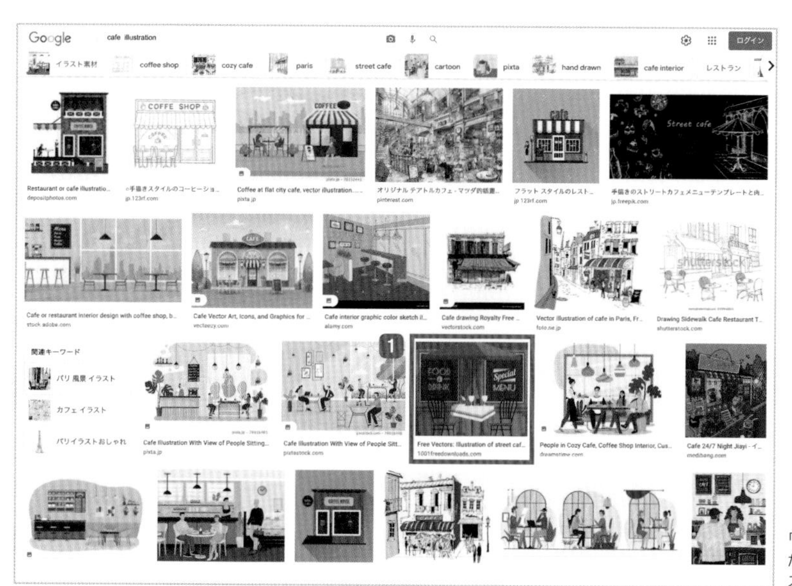

「cafe illustration」と検索した結果、イメージに合うイラストが見つかりました。

2

フリー素材サイトから、このイラストを保存しました。

③ Adobe Colorで配色を抽出する

「Adobe Color」の「テーマを抽出」ページ3（https://color.adobe.com/ja/create/image）を開き、②で保存した画像を画面中央の枠4にドラッグ＆ドロップします。
画像から自動で5色が選び出されます5。
画像の中の丸いポイントを動かして、配色を選びなおすこともできます。
アドビアカウントにログインした状態で右側の「保存」6をクリックすると、「CCライブラリ」に配色が保存されます。

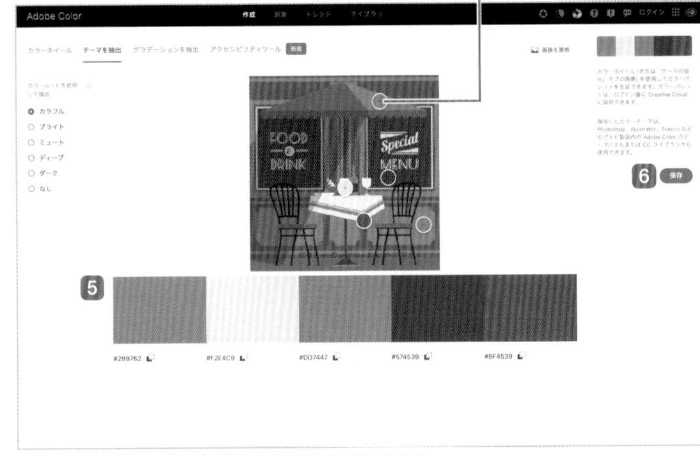

納得できる色が抽出できるまで何度も選び直すことができます。

④ 配色をスウォッチに追加する

「ウィンドウ」メニュー ➡「CCライブラリ」で「CCライブラリ」パネル7が開くので、③で保存したライブラリをクリックして開きます。
ライブラリの中から配色を見つけ、右クリックして「テーマをスウォッチに追加」8をクリックすると「スウォッチ」パネルに配色が追加されます9。

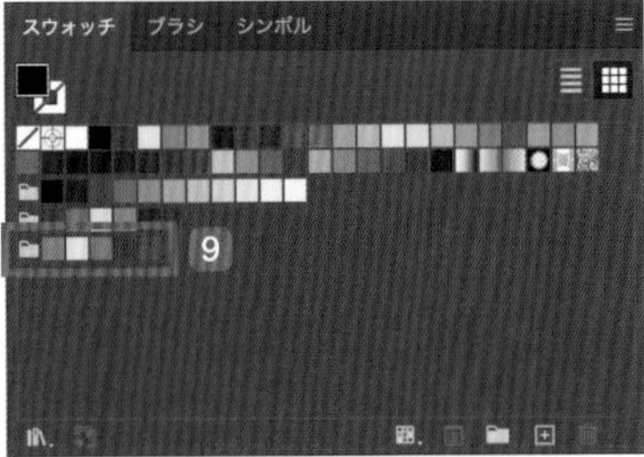

配色がすべてスウォッチに登録されました。

⑤ 配色を適用する

①で作成したイラストのオブジェクトをすべて選択し、「スウォッチ」パネルに追加された④の配色グループのフォルダをダブルクリックします。
「オブジェクトを再配色」ダイアログボックス⑩が開き、イラストの色が③の配色で置き換えられます。
「新規」と書かれた再配色後のカラー⑪はドラッグして入れ替えることもできます。
配色が決定したら「OK」をクリックし、色の編集を終了します。

「スウォッチ」パネルの配色を割り当てます。

新規の配色を入れ替えながら配色を決定します。

Part 4

塗りブラシツールで手早くおしゃれに着彩

094 抜け感のある手描き風の塗り

DLデータ sample094.ai

塗りブラシツールは手描き感覚でスピーディーに色を塗れるツールです。ラフで抜け感のあるイラストを描いていきます。

1 線画を作る

「ファイル」メニュー ➡「配置」で下書きをアートボードに読み込みます1。
「レイヤー」パネルで下書きのレイヤーをロックします。
「レイヤー」パネルにある「新規レイヤーを作成」ボタンで新しいレイヤーを作成し、そのレイヤーにブラシツールで手描き風の線画を描いていきます2。

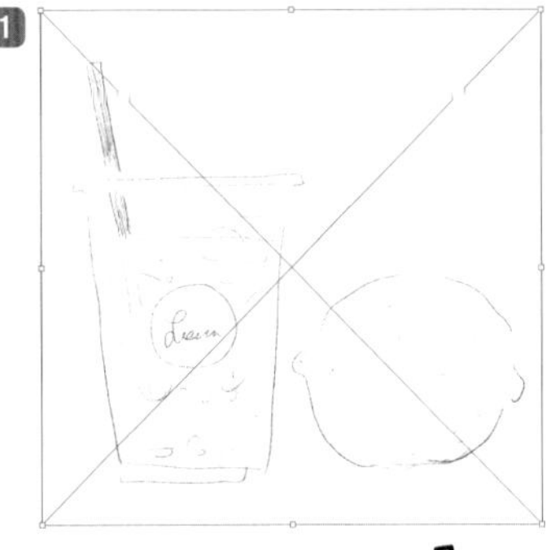

1 手描きの下絵を配置し、レイヤーをロックします。

2 新規レイヤーにブラシでイラストを描きます。

知っ得メモ

ブラシツールとペンタブレットを使えば簡単に手描き風の線が描けますが、マウスだと思うように描けない場合はペンツールなどを使用しても良いでしょう。

2 塗りブラシツールで色を塗る❶

「レイヤー」パネルで線を描いたレイヤーの下に、さらに新しく塗りのレイヤーを作成します。
ブラシツール3の長押しで表示される塗りブラシツール4を選択し、線を黄色にしてざっくりと手描きで色を塗っていきます5。
ブラシでなぞった面が、1つの平面オブジェクトになります。

塗りブラシツールを選択します。

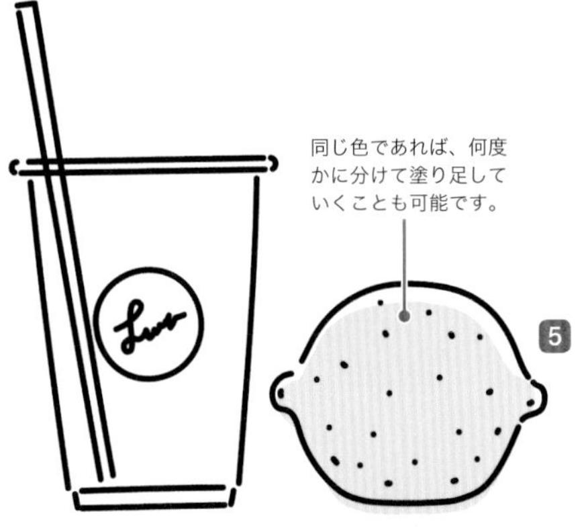

下の新規レイヤーに塗りブラシツールで黄色い面を作ります。

知っ得メモ

ブラシのサイズは、キーボードの[キーで縮小、]キーで拡大できます。

 塗りブラシツールで色を塗る❷

広い面をすべて塗りたい場合は、塗りブラシツールで輪郭線だけを塗り、ダイレクト選択ツールで内側のパスを選択して削除することで時短できます。

 細かい部分も塗る

同じように、塗りブラシツールでカラーを変えながらラベルやストローなどを塗っていきます。
新しいカラーを選んで塗るごとに別のオブジェクトが作成されます。
1つ1つを細かく動かしたりポイントを移動したり、通常のオブジェクトと同じように扱うことができます。

5 微調整する

氷の部分は少し薄い水色で塗って「透明」パネルで少し不透明度を下げてみました。
さらに塗りブラシツールで白いハイライトやソーダの泡を描いていきます。
最後にストローとコップの線が重なっているところが気になったので、線をはさみツールでカットして完成です。

内側描画やぼかしを駆使したにじみ表現

095 絵筆ブラシを使った水彩風イラスト

くっきりとした曲線や塗りが得意なIllustratorですが、豊富なブラシライブラリやぼかしなどのPhotoshop効果のアピアランスを使ってアナログ風の味をプラスすることもできます。

DLデータ sample095.ai

1 ベースのイラストを描く

「レイヤー」パネルでラフ用のレイヤーを作成して下絵のラフ画像を配置し、「透明」パネルで不透明度を[50%]ほどに下げてレイヤーをロックします。
ラフ用のレイヤーのすぐ直下に別レイヤーを作成し、ペンツールで椿の花びら、葉、茎を描き、バランスを整えます1。

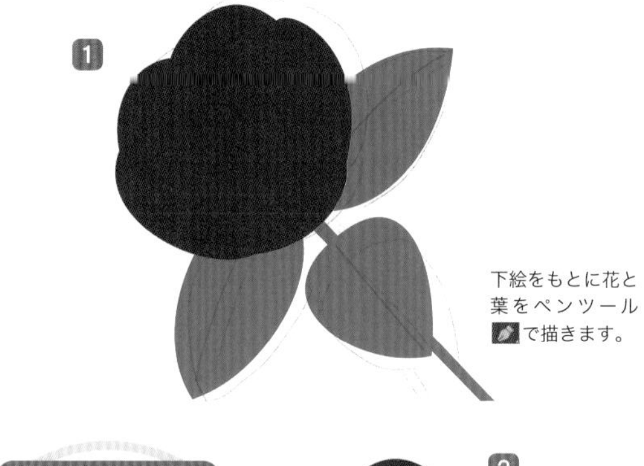

下絵をもとに花と葉をペンツールで描きます。

2 雄しべを作る

筒状の雄しべは、楕円形ツールと直線ツールを組み合わせたものを、45度傾けて配置します2。

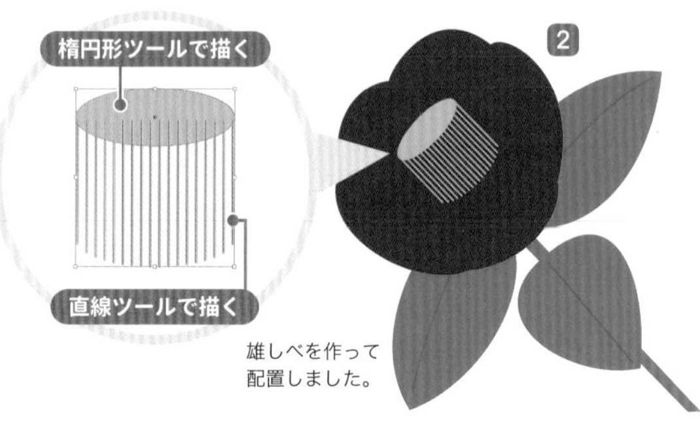

雄しべを作って配置しました。

3 花にハイライトと影を入れる

花びらのオブジェクトを選択し、ツールパネル下部の「描画方法」3で「内側描画」にチェックを入れます4。「ブラシ」パネルの「ブラシライブラリ」5から「絵筆ブラシ」➡「絵筆ブラシライブラリ」を選択します。パネルで「丸筆-モップ」6を選択し、花びらの内側に少し薄めの色でハイライトを、少し濃いめの色で影を描いていきます7。

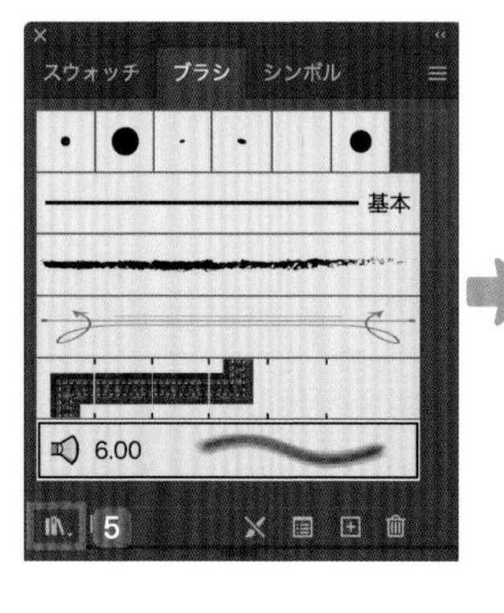

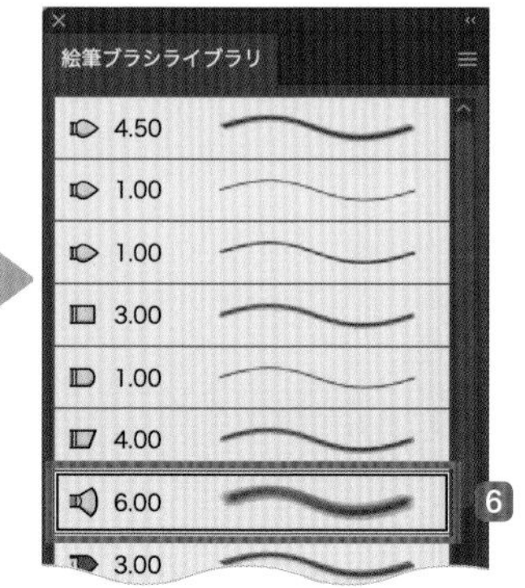

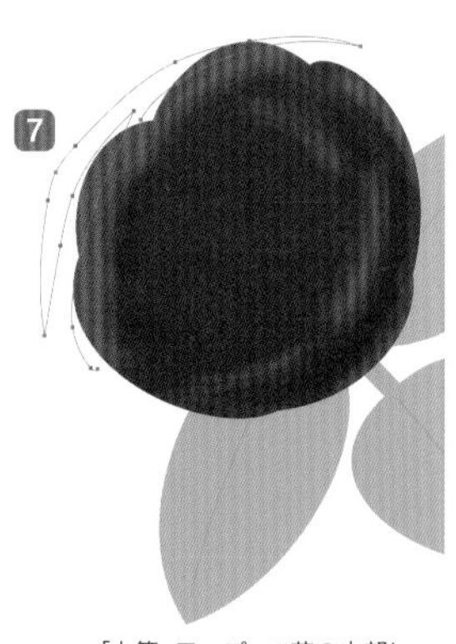

「丸筆-モップ」で花の内部にハイライトとシャドウを描きます。

4 葉にハイライトと影をつける

同様の手順で、葉っぱもひとつひとつ内側描画でハイライトと影をつけていきます。

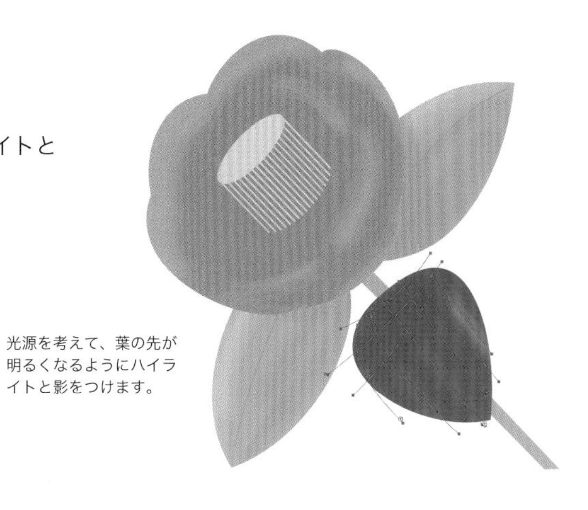

光源を考えて、葉の先が明るくなるようにハイライトと影をつけます。

5 ぼかし効果をかける

花びらのグループを選択し、「アピアランス」パネル ➡「新規効果を追加」fx. 8 ➡「スタイライズ」➡「ぼかし」を選択します。
「ぼかし」ダイアログボックスで輪郭が少しにじんだように見える程度の「半径」を入力します 9。
同様に、葉や茎のグループにもそれぞれ同じ半径でぼかしのアピアランスを適用します。

アピアランス　グラフィックスタイル
グループ
内容
ぼかし　fx
不透明度：　初期設定
fx. 8

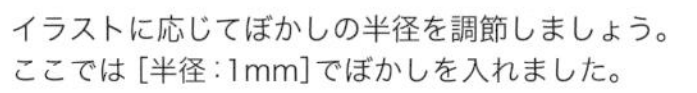
イラストに応じてぼかしの半径を調節しましょう。
ここでは［半径：1mm］でぼかしを入れました。

パスファインダーで色分解する

096 印刷時に役立つ簡単な色分け方法

パスファインダーを使って簡単に色分解を行う方法です。特色印刷の入稿時に、レイヤーごとに色を分ける必要がある場合に役立ちます。

DLデータ sample096.ai

① イラストをパスファインダーで刈り込む

色を分解したい、2色で作ったイラストを用意します 1 。すべてのオブジェクトを選択し、「パスファインダー」パネルで「刈り込み」をクリックし、上のオブジェクトで分割します。

イラストすべてを選択して「刈り込み」ます。

② 1色選んでコピー&ペースト

「刈り込み」オブジェクトはグループ化されているので、グループ選択ツールで赤い色のオブジェクトを選択します 2 。
選択した状態で、「選択」メニュー ➡「共通」➡「カラー（塗り）」を選択し、同じ赤い塗り部分を選択します。
その後「コピー」しておきます。

赤い塗りオブジェクトだけ選択して「コピー」します。

③ レイヤーを複製する

②の状態で、新規レイヤー（レッド）を作成し 3 、赤い塗りを新しく作成したレイヤーに「前面へペースト」します。

④ さらにレイヤーを複製する

②と同様の手順で黒い部分も選択し、「選択」メニュー ➡「共通」➡「カラー（塗り）」を選択します。
黒がすべて選択されている状態で、新規レイヤー（ブラック）を作成し 4 、そのレイヤーに「前面へペースト」します。
最後に一番下のレイヤー 5 を削除して完成です。

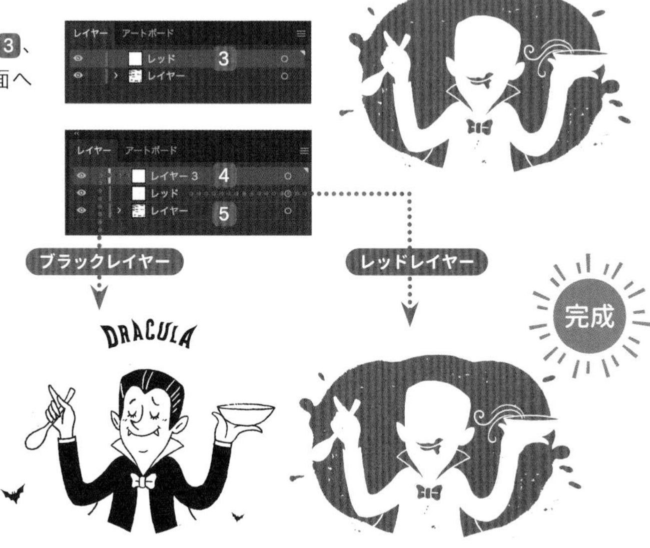

黒い塗りのレイヤーと赤い塗りのレイヤーに分けることができました。

INDEX

数字・アルファベット

あ

か

さ

た

な

は

ま

ら

わ

✦ 著者紹介 ✦

● 小尾 洋平（オビワン）

1987年、山梨県出身。
広告、玩具、パッケージ、謎解きイベントのデザイナーを経て2021年より個人での活動も開始する。
個人の活動では、イラストやロゴデザイン、書籍の装丁やパッケージデザインなど幅広く制作しております。
どのデザインもレトロで可愛いコンセプトに、日々制作に取り組んでいます。

Twitter　Instagram　HP

● 坂口 拓

グラフィックデザイナー／イラストレーター
三重県出身大阪府在住。
アパレル企業→職業訓練校→印刷会社を経て、2017年個人屋号「IMAGINATION」として独立。
各種広告媒体へのグラフィックデザインとイラストレーションの制作提供を行なっている。
大学・専門学校非常勤講師。日本タイポグラフィ協会員。

Twitter　Instagram　HP

● 北川 ともあき

神戸芸術工科大学でメディアデザインを専攻。
卒業後はWEBデザイナーとして神戸の会社に勤務し、2016年にフリーのデザイナーとして独立。
その後商業イラストレーターに転身し4年活動の後、先端技術関連の財団法人広報部に入職。
イラストレーターとしては書籍、雑誌、企業冊子、一部上場企業展示会などを担当。

Twitter　Instagram　YouTube　HP

イラレ 魔法のデザイン

2022年8月20日　初版 第1刷発行
2023年12月10日　初版 第2刷発行

著者　小尾洋平　坂口拓　北川ともあき
装幀　広田正康
発行人　柳澤淳一
編集人　久保田賢二
発行所　株式会社ソーテック社
〒102-0072　東京都千代田区飯田橋4-9-5　スギタビル4F
電話（注文専用）03-3262-5320　FAX03-3262-5326
印刷所　図書印刷株式会社

Printed in Japan
ISBN 978-4-8007-1306-3

イラスト素材　1001FreeDownloads.com